高等学校规划教材

有机化学实验

Organic Chemistry Experiment

胡富强 张 勇 主 编
周 亮 关金涛 副主编

化学工业出版社

·北京·

内容简介

《有机化学实验》共 5 章，包括有机化学实验基本知识、有机化学实验基本操作、有机化合物物理性质的测定、有机化合物的性质实验、有机化合物的制备实验。其中性质实验和制备实验根据有机化合物的类别进行编排，与经典的有机化学教材内容保持一致，体现更好的适应性。全书共 68 个实验，包括 53 个基本实验、8 个综合性实验、7 个设计性实验，通过这三个层次实验的学习，培养学生的动手及创新能力。

本书可作为化学、化工、材料、环境科学、生命科学、食品、农业等专业的教材，也可供相关专业人员参考使用。

图书在版编目(CIP)数据

有机化学实验/胡富强,张勇主编;周亮,关金涛副主编.—北京:化学工业出版社,2023.2(2025.7重印)
ISBN 978-7-122-42647-5

Ⅰ.①有… Ⅱ.①胡…②张…③周…④关… Ⅲ.①有机化学-化学实验-高等学校-教材　Ⅳ.①O62-33

中国国家版本馆 CIP 数据核字(2023)第 001015 号

责任编辑：李　琰	文字编辑：朱　允
责任校对：宋　玮	装帧设计：韩　飞

出版发行：化学工业出版社(北京市东城区青年湖南街 13 号　邮政编码 100011)
印　　装：北京科印技术咨询服务有限公司数码印刷分部
787mm×1092mm　1/16　印张 15¼　字数 320 千字　2025 年 7 月北京第 1 版第 3 次印刷

购书咨询：010-64518888　　　　　售后服务：010-64518899
网　　址：http://www.cip.com.cn

凡购买本书，如有缺损质量问题，本社销售中心负责调换。

定　价：39.00 元　　　　　　　　　　　　　　版权所有　违者必究

参加编写人员名单
（排姓氏拼音排序）

董玉宝	武汉轻工大学
龚　军	湖北科技学院
关金涛	武汉轻工大学
贺峥嵘	湖北工程学院
胡富强	湖北工程学院
胡新良	湖北工程学院
金盈盈	湖北理工学院
陆何林	湖北科技学院
吕桂英	湖北理工学院
王治国	湖北理工学院
肖祖峰	湖北工程学院
熊　俊	湖北科技学院
徐玉林	湖北理工学院
张　勇	湖北理工学院
周　亮	湖北科技学院

前　言

本书主要由从事有机化学实验教学的一线教师进行编写，充分总结了实际教学过程中的宝贵经验和注意事项。内容分为以下几个部分：第一部分为有机化学实验的基本知识，重点强调了实验室安全方面内容，并对实验室常见的危险源进行了介绍，将安全作为实验课程的第一课进行学习安排，同时对常用的仪器类型进行了简要介绍。第二部分为有机化学实验基本操作，结合具体的实验操作来编写，有利于对基本操作原理的理解与掌握，在实际教学过程中也可以作为独立的实验操作课程进行安排。第三部分为有机化合物物理性质的测定，包括熔点的测定、沸点的测定、折射率的测定和旋光度的测定。第四部分为有机化合物的性质实验，介绍了有机化合物的元素定性分析方法及十余种常见有机化合物的性质实验。第五部分为有机化合物的制备实验，其中基础有机化学实验部分，根据有机化合物的类别进行编排，与经典的有机化学教材内容保持一致，体现更好的适应性。除此之外，天然产物的提取和分离、综合性实验和设计性实验等内容可针对性地提升学生文献查阅、实验路线设计能力，培养研究意识和创新思维，满足不同层次培养目标的需求，使本教材具备较好的选择性和适应性。

本书的第1章、附录由胡富强编写，第2、3章由周亮编写，第4章由关金涛编写，第5章由张勇编写。参加审稿的单位有：湖北工程学院、湖北理工学院、湖北科技学院、武汉轻工大学，参与审稿的人员有贺峥嵘、胡新良、肖祖峰、熊俊、陆何林、龚军、董玉宝、金盈盈、徐玉林、王治国、吕桂英，在此表示感谢。全书最后由胡富强统稿。本书在出版的过程中得到了湖北工程学院教务处和化学工业出版社的大力支持和帮助，在此表示衷心的感谢！同时也要感谢本书参考文献的作者以及支持和关心本书出版的朋友们！

由于编者水平有限，在编写的过程中难免存在遗漏及不足之处，敬请读者批评指正。

编者
2022年12月

目 录

第1章 有机化学实验基本知识　1

1.1 有机化学实验室规则　1
1.2 有机化学实验事故的预防和处理　2
　1.2.1 实验室事故的预防　2
　1.2.2 实验室事故处理措施　5
1.3 预习、实验记录和实验报告　7
　1.3.1 实验预习　8
　1.3.2 实验记录　8
　1.3.3 实验报告　8
1.4 有机化学实验室常用仪器　9
　1.4.1 常用玻璃仪器　9
　1.4.2 常用电器　12
　1.4.3 金属用具　15
　1.4.4 有机反应常用装置　15
1.5 常用玻璃仪器的洗涤、干燥　17
　1.5.1 玻璃仪器的洗涤　17
　1.5.2 玻璃仪器的干燥　17

第2章 有机化学实验基本操作　18

2.1 过滤和脱色　18
　2.1.1 过滤　18
　2.1.2 脱色　22
2.2 干燥与干燥剂　23
　2.2.1 液体的干燥　24
　2.2.2 固体的干燥　27
　2.2.3 气体的干燥　29

2.3 重结晶 ———————————————————————————— 29
  实验一 重结晶 ——————————————————————— 29
2.4 升华 ————————————————————————————— 32
  实验二 升华 ————————————————————————— 32
2.5 蒸馏 ————————————————————————————— 35
  实验三 常压蒸馏 ——————————————————————— 35
  实验四 减压蒸馏 ——————————————————————— 39
  实验五 水蒸气蒸馏 —————————————————————— 43
2.6 分馏 ————————————————————————————— 47
  实验六 分馏 ————————————————————————— 47
2.7 萃取 ————————————————————————————— 50
  实验七 萃取 ————————————————————————— 50
2.8 色谱分离技术 —————————————————————————— 54
  实验八 柱色谱 ———————————————————————— 54
  实验九 薄层色谱 ——————————————————————— 59
  实验十 纸色谱 ———————————————————————— 63

第3章　有机化合物物理性质的测定　　67

3.1 熔点测定 ———————————————————————————— 67
  实验十一 熔点测定 —————————————————————— 67
3.2 沸点的测定 —————————————————————————— 74
  实验十二 沸点的测定 ————————————————————— 74
3.3 折射率的测定 ————————————————————————— 77
  实验十三 折射率的测定 ———————————————————— 77
3.4 旋光度的测定 ————————————————————————— 83
  实验十四 旋光度的测定 ———————————————————— 83

第4章　有机化合物的性质实验　　90

4.1 有机化合物的元素定性分析 ———————————————————— 90
  实验十五 有机化合物的元素定性分析 —————————————— 90
4.2 烷烃的制备和性质 ——————————————————————— 95
  实验十六 烷烃的制备和性质 —————————————————— 95
4.3 不饱和烃的制备和性质 ————————————————————— 98
  实验十七 不饱和烃的制备和性质 ———————————————— 98
4.4 芳烃的性质 —————————————————————————— 102
  实验十八 芳烃的性质 ————————————————————— 102

- 4.5 卤代烃的性质 ·············· 105
  - 实验十九 卤代烃的性质 ·············· 105
- 4.6 醇和酚的性质 ·············· 107
  - 实验二十 醇和酚的性质 ·············· 107
- 4.7 醛和酮的性质 ·············· 110
  - 实验二十一 醛和酮的性质 ·············· 110
- 4.8 羧酸及其衍生物的性质 ·············· 113
  - 实验二十二 羧酸及其衍生物的性质 ·············· 113
- 4.9 胺的性质 ·············· 117
  - 实验二十三 胺的性质 ·············· 117
- 4.10 糖类化合物的性质 ·············· 119
  - 实验二十四 糖类化合物的性质 ·············· 119
- 4.11 氨基酸和蛋白质的性质 ·············· 122
  - 实验二十五 氨基酸和蛋白质的性质 ·············· 122

第5章 有机化合物的制备实验　125

- 5.1 基础有机化学实验 ·············· 125
  - 5.1.1 烯烃 ·············· 125
    - 实验二十六 环己烯的制备 ·············· 125
  - 5.1.2 卤代烃 ·············· 128
    - 实验二十七 1-溴丁烷的制备 ·············· 128
    - 实验二十八 2-甲基-2-氯丙烷的制备 ·············· 131
  - 5.1.3 醇 ·············· 134
    - 实验二十九 二苯甲醇的制备 ·············· 134
      - 方法一：硼氢化钠还原 ·············· 135
      - 方法二：锌粉还原 ·············· 135
    - 实验三十 无水乙醇的制备 ·············· 136
  - 5.1.4 醚 ·············· 138
    - 实验三十一 正丁醚的制备 ·············· 138
  - 5.1.5 醛、酮及其衍生物 ·············· 140
    - 实验三十二 环己酮的制备 ·············· 140
      - 方法一：铬酸氧化法 ·············· 141
      - 方法二：次氯酸氧化法 ·············· 142
    - 实验三十三 联甲基苯乙烯酮的制备 ·············· 144
    - 实验三十四 正丁醛的制备 ·············· 146
  - 5.1.6 羧酸及其衍生物 ·············· 148
    - 实验三十五 己二酸的制备 ·············· 148

　　　　方法一：高锰酸钾氧化法 ———————————————— 149
　　　　方法二：硝酸氧化法 —————————————————— 150
　　实验三十六　苯甲醇和苯甲酸的制备 ———————————— 151
　　实验三十七　邻氨基苯甲酸的制备 ————————————— 154
　5.1.7　羧酸酯 ————————————————————— 156
　　实验三十八　乙酸乙酯的制备 ——————————————— 156
　　　　方法一：回流法 ——————————————————— 157
　　　　方法二：滴加蒸出法 ————————————————— 158
　　实验三十九　乙酰水杨酸的制备 —————————————— 160
　　实验四十　乙酸异戊酯的制备 ——————————————— 163
　　实验四十一　苯甲酸乙酯的制备 —————————————— 165
　　实验四十二　乙酸正丁酯的制备 —————————————— 167
　5.1.8　酰胺 —————————————————————— 168
　　实验四十三　乙酰苯胺的制备 ——————————————— 168
　　实验四十四　己内酰胺的制备 ——————————————— 170
　　实验四十五　对乙酰氨基酚的制备 ————————————— 172
　5.1.9　硝基化合物、胺及其衍生物 —————————————— 175
　　实验四十六　2-硝基-1,3-苯二酚的制备 ——————————— 175
　　实验四十七　甲基橙的制备 ———————————————— 178
　5.1.10　杂环化合物 ——————————————————— 181
　　实验四十八　8-羟基喹啉的制备 —————————————— 181
5.2　天然产物的提取和分离 ————————————————— 183
　　实验四十九　从茶叶中提取咖啡因 ————————————— 183
　　　　方法一：乙醇提取法 ————————————————— 184
　　　　方法二：二氯甲烷提取法 ——————————————— 186
　　实验五十　从橙皮中提取柠檬烯 —————————————— 187
　　实验五十一　从黄连中提取黄连素 ————————————— 189
　　实验五十二　从肉桂皮中提取肉桂醛 ———————————— 191
　　实验五十三　从胡椒中提取胡椒碱 ————————————— 193
5.3　综合性实验 ————————————————————— 195
　　实验五十四　结晶玫瑰的制备 ——————————————— 196
　　实验五十五　对硝基苯胺的制备 —————————————— 198
　　实验五十六　苯佐卡因的制备 ——————————————— 201
　　实验五十七　二苯乙二酮的制备 —————————————— 203
　　实验五十八　植物生长调节剂 2,4-D 的制备 ————————— 206
　　实验五十九　巴比妥酸的制备 ——————————————— 209
　　实验六十　紫罗兰酮的制备 ———————————————— 211
　　实验六十一　平面镜的制作 ———————————————— 214

5.4 设计性实验 ———————————————————————————— 216
 实验六十二 对氯甲苯的制备 ———————————————— 217
 实验六十三 对氨基苯磺酰胺的制备 ———————————— 217
 实验六十四 昆虫信息素 2-庚酮的制备 ————————————— 218
 实验六十五 驱蚊剂 N,N-二乙基间甲基苯甲酰胺的制备 ——— 218
 实验六十六 手工皂的设计与制作 ——————————————— 218
 实验六十七 外消旋 α-苯乙胺的合成与拆分 ————————— 219
 实验六十八 肉桂酸的绿色合成 ————————————————— 219

附录   221

 附录一 常用溶剂物理常数表 ———————————————————— 221
 附录二 有机化学常见物质名称 ——————————————————— 222
 附录三 水饱和蒸气压 ———————————————————————— 226
 附录四 关于有毒化学药品的知识 —————————————————— 227
 附录五 常用干燥剂的性能与应用范围 ———————————————— 229
 附录六 常见共沸混合物组成 ——————————————————— 230
 附录七 常用有机溶剂纯化方法 ——————————————————— 231

参考文献   234

第1章 有机化学实验基本知识

为了保证有机化学实验的安全进行，同时培养良好的有机化学实验能力和方法，掌握有机化学实验的基本知识和基本技能，学生必须严格遵守有机化学实验室的基本规则。

1.1 有机化学实验室规则

① 对需进行的实验内容必须认真预习，并完成预习实验报告。通过预习初步掌握实验的基本过程、相关实验操作、仪器及注意事项。

② 进入实验室后，首先要熟悉实验室及周围基本环境，了解实验室配备灭火器材、急救药箱、实验室应急淋洗装置、实验室安全出口位置信息，以便安全地进行实验和及时处理意外事故。同时了解实验室意外事故应急处理措施，了解实验室水电使用相关安全注意事项。

③ 进入实验室必须穿实验服，不得穿拖鞋及暴露过多的衣服进入实验室。在指定的实验台进行实验操作，不得随意更换实验台。实验过程中不得擅自离开，不要随意走动、聚集聊天、喧哗打闹，不做与实验无关的事情。

④ 严格按照标准实验操作规程进行实验，不得随意更改操作规程。按照标准操作进行药品的称量和添加及实验装置的装配，药品使用后放入指定位置。注意保持安静，同时仔细观察，积极思考，并详细记录实验过程及实验现象。

⑤ 严禁在实验室内吸烟及饮食。实验过程中要保持实验台面整洁，不使用的仪器放入指定位置进行存放。严格按照要求进行废液的回收处理，严禁将任何废液直接倒入水槽，固体废物倒入指定的回收桶内，严禁直接倒入普通垃圾桶内。严禁将实验室

药品带出实验室。

⑥ 爱护仪器，节约水、电和药品。如果损坏仪器，要及时报告，并填写仪器破损记录。

⑦ 实验完成后，将实验仪器清洗干净后放入指定位置，并对实验台面进行清理，拔掉电源插头，关闭通风柜电源，确认水龙头关闭。经实验老师同意后，方可离开实验室。

⑧ 每次实验完毕后，值日生需对整个实验室进行清理，检查实验药品的使用及放置位置情况，确认实验室水、电、气阀门关闭。

1.2 有机化学实验事故的预防和处理

1.2.1 实验室事故的预防

1.2.1.1 火灾

由于有机化学实验会使用到很多有机溶剂，大多数有机溶剂为易燃物质，极易发生着火事故，要特别注意实验室火灾事故的预防，预防的基本措施如下：

（1）易燃物质的保存及取用原则

① 对于易燃物质，必须妥善保管，放置于专用柜中并张贴明显标识，同时远离火源及强电源装置，且保证通风良好。

② 使用易燃溶剂时，应首先确保附近无火源，且在通风柜内进行操作，并佩戴防护眼镜等实验防护装备。易燃物质用后如有剩余，绝不能随意丢弃，必须回收到专门容器内，严禁将易燃、易挥发的废物倒入下水道、垃圾桶中。

③ 严禁将易燃溶剂放在敞口容器中直接加热，特别是挥发性溶剂。

（2）使用易燃物质应遵循的原则

① 反应开始前，确认实验装置附近没有其他可燃性溶剂及可燃物质。

② 检查实验装置是否完好，发现有破损及裂痕时，要及时进行更换。

③ 对易燃溶剂进行加热时，不能使用明火直接加热，应根据溶剂的性质利用沙浴或可调电压的电加热套进行加热，且加热过程中勿使容器密闭。

④ 反应瓶内溶液量不能超过瓶容积的 2/3，且加热速率不宜过快，避免造成局部过热而发生危险。加热开始前，瓶内应放数粒沸石或者素烧瓷片，或者一端封口的毛细管，防止发生暴沸。

⑤ 蒸馏装置不能漏气，如发现漏气，应立即停止加热，检查原因，排除后继续加热。接收瓶不宜用敞口容器，如广口瓶、烧杯等，而应用窄口容器，如磨口锥形瓶等，蒸馏的过程中保持冷凝水畅通。如有尾气排出，应配备相应的尾气吸收装置。

（3）使用加热装置时应遵循的原则

① 使用水浴进行加热时，应注意水浴锅中水位，避免将水蒸干而发生意外。若将易燃溶剂洒落进水浴锅中，应及时更换水，然后再开始加热。

② 使用油浴进行加热时，应绝对避免水滴溅入热油中使油外溢溅到热源上而引起火灾。

③ 使用电加热套进行加热时，应绝对避免将溶剂洒落进电热套内，以免加热时发生火灾。如不慎洒落进电热套内，应更换电热套后再进行加热。严格控制电热套的加热速率，避免加热太快而使溶剂冲出发生危险。

1.2.1.2 爆炸

① 蒸馏装置必须连接正确，绝对不能形成密闭体系。进行减压蒸馏时，应使用耐压容器，不可用锥形瓶作为接收器，应选用圆底烧瓶。

② 各种可燃气体与空气混合都有一定的爆炸极限（表1-1），使用易燃易爆气体时，应严禁接近明火。进行大量气体实验时，要保持室内良好的通风，同时应避免加热、电火花而引起爆炸。

③ 硝化棉、三硝基苯、银氨溶液等易爆炸药品，不易保存，应随用随配。有些氧化剂（尤其是强氧化剂）能与其他物质混合形成爆炸物，如 K_2CO_3、KNO_3、$NaNO_3$、NH_4NO_3、$KMnO_4$、$K_2Cr_2O_7$ 等，这些药品要严格保管，使用时一定要正确操作，绝不能撞击、研磨，注意取用量，以确保安全。

④ 对于易形成过氧化物的药品，如二噁烷、四氢呋喃、乙醚等，在使用前应检查有无过氧化物存在，如发现有过氧化物时，应使用硫酸亚铁来除去过氧化物，避免过氧化物引起爆炸。

⑤ 金属钠、钾等样品应按照规定的方式进行存储，使用时严格按照操作规程进行。如氯代烷勿与金属钠接触，避免反应剧烈而发生爆炸。

⑥ 使用气体发生及洗涤装置时，正确连接进出管路，避免因洗气瓶接反而造成洗液倒流，从而引起爆炸。

表1-1 常见易燃物质爆炸极限

名称	分子式	爆炸极限(体积分数)/%
氢气	H_2	4~75
甲烷	CH_4	5~15
丙烷	C_3H_8	2~9
乙炔	C_2H_2	2.5~80
一氧化碳	CO	12~75
氨气	NH_3	16~25
汽油(液体)	C_4~C_{12}	1.1~5.9
液化石油气		1~12
乙醚	$(C_2H_5)_2O$	2.3~48
丙酮	C_3H_6O	2.6~12.8
乙醇(液体)	CH_3CH_2OH	3.3~19
甲醇(液体)	CH_3OH	6.7~36

1.2.1.3 中毒

① 掌握实验室常见警告标志的含义，明确相应的操作规程，有毒化学药品详细内容见表1-2及附录四。

② 实验室剧毒药品如氰化物、砷化物、汞化物、铅化物、汞等必须专柜存放，要严格管控，由专人负责管理与分发、回收。使用者必须熟练掌握使用操作规程，使用过程中产生的任何残渣必须进行安全有效的回收处理，严禁随意丢弃。

③ 使用过程中应佩戴防护手套，应避免药品接触手或其他皮肤部分，防止有毒物质经皮肤渗入。在通风良好的通风柜内进行操作，操作完成后应立即洗手，所有使用的器皿都要及时进行清洗。

④ 实验过程中如果有尾气产生，要配备相应的尾气吸收装置，且实验操作时不要将头部伸入通风柜内。

表1-2　实验室常用试剂毒性列表

试剂名称	毒性表现
苯酚	高毒类，可经呼吸道、皮肤和消化道吸收，有腐蚀性，可致严重烧伤。中毒症状：头昏、恶心、虚脱、呼吸困难、失去知觉甚至死亡
乙醚	主要毒性作用为全身麻醉，液体或高浓度蒸气对眼有刺激性。急性大量接触，早期出现兴奋，继而嗜睡、呕吐、面色苍白，甚至有生命危险
氯仿	具有特殊气味的无色液体，易挥发，是一种致癌剂，可损害肝、肾及中枢神经系统，对皮肤、眼、黏膜和呼吸道有刺激作用。中毒症状：头疼、恶心、昏迷，长期慢性暴露可致癌
丙酮	无色透明液体，易挥发、易燃，对眼、鼻、喉有刺激性，毒性主要表现为对中枢神经系统的麻醉作用，出现乏力、恶心、头痛、头晕、易激动等症状，重者发生呕吐、气急、痉挛，甚至昏迷
甲醛	对眼、鼻有刺激作用，可经呼吸道、消化道吸收，轻度中毒有视物模糊、头晕、乏力等症状，重者可出现喉水肿及窒息、肺水肿、支气管哮喘
苯	有致癌毒性的无色透明液体，对中枢神经和造血器官有损害，长期吸入会侵害人的神经系统，急性中毒会产生神经痉挛甚至昏迷、死亡
四氯化碳	高浓度蒸气对黏膜有轻度刺激作用，对中枢神经系统有麻醉作用，对肝、肾有严重损害
甲醇	甲醇的毒性对人体的神经系统和血液系统影响最大，经消化道、呼吸道或皮肤摄入都会产生毒性反应，甲醇蒸气能损害人的呼吸道黏膜和视力
二甲苯	可燃，高浓度有麻醉作用，吸入、摄入、皮肤吸收可造成伤害
N,N-二甲基甲酰胺(DMF)	刺激眼睛、皮肤和黏膜，慢性吸入可导致肝、肾损害，吸入、摄入、皮肤吸收可造成伤害
乙酸乙酯	有致敏作用，因血管神经障碍而致牙龈出血，对耳、鼻、咽喉有刺激作用，高浓度吸入可引起麻醉作用、急性肺水肿、肝损害和肾损害

1.2.1.4 割伤

① 在进行玻璃管截断操作时，严格按照正确的玻璃管截断操作进行，避免割伤手指。

② 在进行玻璃管插入塞子操作时，应先用水润湿选好的玻璃管的一端，然后左手拿住塞子，右手捏住玻璃管的另一端，稍稍用力转动逐渐插入，右手用力处不能离塞子太远［图 1-1(a) 为正确操作，图 1-1(b) 为错误操作］，用力不能过大，否则玻璃管易断裂刺破手掌。插入或拔出玻璃弯管时，手指不能捏在玻璃管弯曲的地方［图 1-1(c) 为正确操作，图 1-1(d) 为错误操作］。

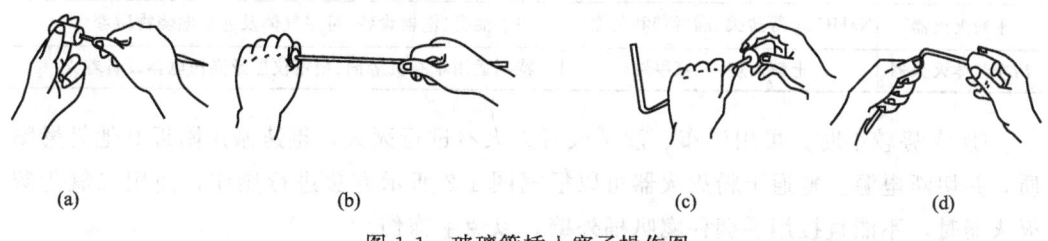

图 1-1　玻璃管插入塞子操作图

1.2.1.5　药品灼伤

① 取用盐酸、硝酸、浓氨水、液溴等挥发性药品时，应在通风橱内进行操作，严格按实验要求用量取用，同时佩戴防护手套。

② 稀释浓硫酸时，将浓硫酸缓慢倒入水中并不停搅拌，且不可将水倒入浓硫酸中。浓硫酸作为反应液时，要控制加料速度，缓慢加入，以防溅出。

1.2.1.6　烫伤

有机化学实验中的玻璃管的加工实验中，使用酒精喷灯加热使玻璃管软化，玻璃管从红热到无色，温度仍然很高，稍有不慎误拿未冷却的玻璃管极易烫伤。预防措施如下：

① 加热后的玻璃管放在石棉网上，不可乱放，不可串组拿取玻璃管，待充分冷却后，方可取用。

② 对于加热反应，在反应停止后，需等仪器设备完全冷却后再进行仪器的拆卸操作。

1.2.1.7　触电

使用电器时，防止人体与电器导电部分直接接触，不能用湿手直接接触电插头。为了防止触电，装置和设备的外壳等都应连接地线，实验结束后应切断电源，再将连接电源插头拔下。

1.2.2　实验室事故处理措施

（1）火灾的处理

有机化学实验室着火，通常不宜直接用水进行灭火，一旦发生了火灾，应保持沉着镇静，不要惊慌失措，根据火势情况采取相应措施。熟悉实验室用灭火器材放置位置及使用方法，如防火沙、灭火毯、灭火器，争取尽快将火扑灭，减少损失。表 1-3

给出了实验室常用灭火器及适用范围，应根据火灾类型正确使用。

表 1-3　实验室常用灭火器及适用范围

灭火器类型	成分	适用范围
泡沫灭火器	$Al(SO_4)_3$ 和 $NaHCO_3$	用于一般失火及油类着火
二氧化碳灭火器	液态二氧化碳	用于电器设备失火及忌水的物质和有机物着火
干粉灭火器	$NaHCO_3$ 等盐类、润滑剂和防潮剂	用于油类、电器设备、可燃气体及遇水燃烧物质着火
洁净气体灭火器	七氟丙烷、三氟甲烷	特别适用于有机溶剂、精密仪器及高压电器设备着火

① 火势较小时，可用湿布、沙子或者灭火器进行灭火，迅速搬走附近其他易燃物质，并切断电源。普通干粉灭火器可以根据图 1-2 所示方法进行操作，使用二氧化碳灭火器时，不能直接用手握住喇叭桶外壁，以免手冻伤。

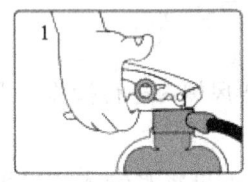
提起灭火器
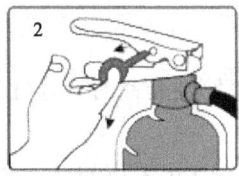
拔下保险销
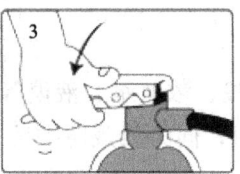
用力压下手柄
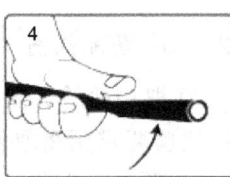
对准火源根部扫射

图 1-2　干粉灭火器使用方法

② 若衣服着火，切勿奔跑，用厚的外衣或毛毡包裹使其熄灭，或就近在地上打滚；火势较大时，应用灭火器扑救。

③ 电器着火时，应先切断电源，使用二氧化碳灭火器进行灭火，不能使用水和泡沫灭火器灭火，防止发生触电事故。

④ 油类着火时，使用灭火器或者防火沙进行灭火，也可使用干燥的固体碳酸钠粉末进行灭火。

⑤ 如果火势已开始蔓延，应及时通知消防（拨打 119 电话）和安全部门，切断所有电源，尽量移除可能使火灾扩大、有爆炸危险的物品以及重要物资。

(2) 爆炸的处理

如果发生爆炸事故，应首先将受伤人员送往医院进行急救，同时立即切断电源、水源及气源，并迅速将实验室内其他危险源移除，如引起其他事故，按照相应的事故处理措施进行处理。

(3) 中毒的处理

① 如果有毒物质接触皮肤，应立即用大量水冲洗，然后用肥皂水清洗。如硝基苯滴在皮肤上亦可引起中毒，如不慎滴在皮肤上应先用酒精擦洗，然后用温热肥皂水擦洗。

② 不慎将有毒物质溅入口中，应立即吐出并用大量清水冲洗口腔。如已吞下，应根据有毒物质的性质服用解毒剂，并立即送医急救。

③ 误食强酸、强碱等腐蚀性有毒物质，需先饮用大量水，并灌注牛奶。对于强

酸，可服用氢氧化铝膏、蛋清；对于强碱，应服用醋、酸果汁、蛋清。并紧急送医处理。

④ 吸入性气体中毒，应先将中毒者转移至室外空气流通处，吸入少量氯气或者溴气时，可先用碳酸氢钠溶液漱口，然后送医处理。

（4）割伤的处理

如果不慎发生割伤事故，要及时将伤口中污物（如玻璃碎片）取出。如果伤口不大，用蒸馏水洗净伤口，涂上红药水，撒上止血粉，再用纱布包扎好。若伤口较大或割破血管，则应用力按住血管，防止出血过多，并及时送医院治疗。

（5）药品灼伤的处理

① 酸灼伤：若溅到皮肤上，擦掉酸液后立即用大量水冲洗，然后用2%~5%碳酸氢钠溶液冲洗，最后涂上烫伤膏，严重者立即送医处理。若溅到眼睛上，擦掉明显的酸液后，用洗眼器对准眼部进行冲洗。严重者在用上述处理方法急救后，立即送医处理。

② 碱灼伤：若溅到皮肤上，擦掉碱液后立即用大量水冲洗，再用1%乙酸或饱和硼酸溶液冲洗，然后再用水冲洗，最后涂上烫伤膏。若溅到眼睛上，擦掉眼睛外部碱液后，立即用大量水冲洗眼部，再用饱和硼酸溶液洗涤后，滴入蓖麻油。严重者在用上述处理方法急救后，立即送医处理。

③ 溴灼伤：应立即用大量的水冲洗，继而用酒精擦洗，再用2%硫代硫酸钠溶液洗至灼伤处呈白色，然后涂上甘油，再敷上烫伤膏。

④ 苯酚灼伤：应先用水冲洗，再用酒精擦洗至灼伤处呈白色，然后涂上甘油。

⑤ 铬酸灼伤：先用大量水冲洗，再用2%的碳酸氢钠溶液冲洗，然后用5%的硫代硫酸钠溶液冲洗。以上处理方法适用于灼伤不严重者，若伤势较重，在用上述处理方法急救后，立即送医处理。

（6）烫伤的处理

轻微烫伤涂以烫伤油膏，重伤者涂以烫伤油膏后立即送医治疗。

（7）触电的处理

立即关闭电源开关，或者用绝缘物使触电者迅速脱离电源，将触电者转移至通风处，情况严重者需迅速进行人工呼吸，并送医处理。

1.3　预习、实验记录和实验报告

有机化学实验是一门理论与实践相结合的综合性课程，在理论学习的基础上，可以进一步培养学生进行科学研究、分析和解决实际问题的能力。一个完整的有机化学实验过程，包含从实验开始的理论准备阶段，到最终的实验结果分析阶段，具体包括实验预习、实验记录、实验报告三个部分。

1.3.1 实验预习

实验预习最终以预习报告的形式呈现，通过实验预习来了解基本的实验目的、实验原理、实验过程、实验注意事项等内容。一份详细的预习报告，是实验课程开始的必备条件，具体内容包括以下几个部分。

① 实验目的：简述实验的目的。
② 实验原理：以化学反应方程式的形式表示实验原理及反应条件。
③ 实验药品：查阅相关资料，以表格的形式列出实验用主要试剂、药品及产物和副产物的理化性质特点（如分子量、熔点、沸点、性状、密度、溶解度、折射率、毒性等）。
④ 实验仪器：画出实验用仪器装置图。
⑤ 实验过程：以流程图的形式，详细表示实验的基本过程。
⑥ 注意事项：明确实验过程中可能存在的危险环节，并给出相应的处理措施。

1.3.2 实验记录

实验过程中要养成做实验记录的习惯，对实验的整个过程进行详细的记录。详细的实验记录有助于实验结果的分析，更有助于培养实事求是的科研精神。应在实验的过程中实时进行详细的记录，不能等实验完成后根据记忆来描述。实验记录主要包含以下几部分内容。

① 实验时间（实验开始和结束时间）、实验地点、实验室环境条件（温度、湿度）。
② 实验名称、内容及反应物的投料量及时间。
③ 实验过程记录：包括反应现象及时间，主要有反应体系颜色的变化、温度的变化、性状的变化，有无沉淀、气体、变黏稠及分层现象，并详细记录变化对应的时间。必要时，可以照片的形式记录实验现象。
④ 实验结果记录：产物的质量、性状、颜色、熔点或熔程、沸点、折射率等物化参数。
⑤ 实验操作中异常情况的详细记录。

1.3.3 实验报告

实验报告是对整个实验过程的系统总结和分析，实验报告要求内容完整、文字精练、过程详细、结论严谨，真实反映实际的实验过程、实验结果、结果讨论与分析。实验报告主要包括以下内容：

① 实验目的。
② 实验原理（化学反应方程式）。
③ 主要试剂及仪器。

④ 仪器装置图。
⑤ 实验步骤及现象。
⑥ 产率计算。
⑦ 讨论。

1.4 有机化学实验室常用仪器

有机化学实验常用仪器（表 1-4）和设备主要包括玻璃仪器、金属用具及一些小型机电设备。了解相关仪器设备的特点、用途及使用注意事项等内容，正确合理地选择仪器设备，合理地装配各种仪器设备，对于有机化学实验的开展十分必要。

1.4.1 常用玻璃仪器

有机化学实验需要用到大量的玻璃仪器，常用的玻璃仪器一般可分为普通玻璃仪器和标准磨口玻璃仪器两类。

表 1-4 有机化学实验常用仪器应用范围

仪器名称	主要用途	使用方法及注意事项
锥形漏斗	过滤或向小口径容器注入液体	过滤时漏斗下端紧靠烧杯内壁
长颈漏斗	装配反应器，反应过程中滴加样品	下端应插入液面下，否则气体会从漏斗口跑掉
分液漏斗	用于分离密度不同且互不相溶的液体，也可组装反应器，以随时滴加液体	使用前先检查是否漏液，放液时打开上盖或将塞上的凹槽对准上口小孔，上层液体从上口倒出
试管	用作少量试剂的溶解或反应的仪器，也可收集少量气体，装配气体发生器	可直接加热，加热液体时，管口向上倾斜，与桌面成 45°，液体量不超过容积的 1/3，切忌管口向着人
烧杯	配制、浓缩、稀释溶液，也可作反应器、水浴加热器	加热时垫石棉网，液体不超过容积的 2/3，不可蒸干，不能长期存放化学物质
抽滤瓶	减压过滤使用，接收滤液	不能加热
干燥管	对水敏感反应体系使用	根据需求填装不同的干燥剂
布氏漏斗	减压过滤使用	与滤纸、抽滤瓶配套使用
圆底烧瓶	用作加热或不加热条件下的反应容器，如加热回流、蒸馏等，也可作接收容器	加热要垫石棉网，水浴或油浴加热
蒸馏烧瓶	可用于液体混合物的蒸馏或分馏，也可装配气体发生器	加热要垫石棉网，水浴或油浴加热
三颈圆底烧瓶	用作需要搅拌、回流、滴液操作的反应容器	加热要垫石棉网，水浴或油浴加热
直形或球形冷凝管	蒸馏或回流用冷凝器	不可骤冷骤热，注意冷凝液进出方向
空气冷凝管	蒸馏沸点较高的液体用冷凝器	一般要求沸点高于 140℃
蒸馏头	蒸馏装置的组装	使用过程防止磨口、接口粘连

续表

仪器名称	主要用途	使用方法及注意事项
分馏柱	多组分分馏装置组合使用	使用前先检查是否漏液
接引管	蒸馏或分馏馏分接收	采取固定装置,防止脱落
恒压滴液漏斗	反应过程中滴加液体	
锥形瓶	滴定中的反应器,也可收集液体、组装反应容器	加热要垫石棉网,不耐压,不可用作减压蒸馏接收瓶
集气瓶	收集气体,装配洗气瓶,气体反应器,固体在气体中燃烧的容器	不能加热,作固体在气体中燃烧的容器时,要在瓶底加少量水或一层细沙
坩埚	用于灼烧固体使其反应	可直火加热至高温,放在泥三角上,用坩埚钳夹取,不可骤冷,与坩埚盖配套使用
量筒	粗略量取液体体积	选合适规格减小误差,读数一般精确到 0.1mL
容量瓶	用于准确配制一定物质的量浓度的溶液	检查是否漏水,要在所标温度下使用,加液体用玻璃棒引流,不能长期存放溶液
托盘天平	称量质量	药品不能直接放在托盘上,易潮解、具有腐蚀性药品放在烧杯中称量

(1) 普通玻璃仪器(图 1-3)

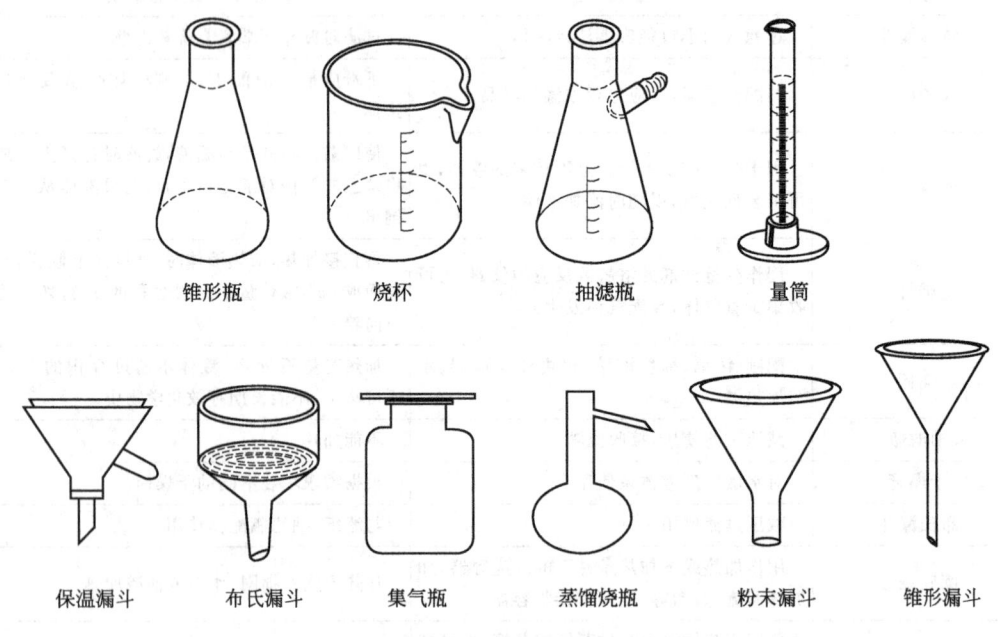

图 1-3 普通玻璃仪器

(2) 标准磨口玻璃仪器(图 1-4)

标准磨口玻璃仪器是具有标准磨口或磨塞的玻璃仪器,是有机化学实验中常用的一类玻璃仪器。由于口径和塞子均是标准化尺寸,且同一规格间可以随意互换使用,组装方便快速,其中一个组件损坏,可直接更换标准组件。磨砂构造使口塞之间结合紧密，使反应体系具有较好的密封性，能有效避免外界环境对反应的干扰，同时防止有害反应物的泄漏，对于普通蒸馏及减压蒸馏尤为重要。

标准磨口玻璃仪器的口径通过具体的标准化数值编号来表示，一般表示磨口最大端直径的大小，常用的规格有10、12、14、16、19、24、29、34、40。有时也用两组数字来表示，如19/30表示磨口直径最大处为19mm，磨口长度为30mm。除此之外，通过相应变径接头，可以实现不同口径磨口仪器之间的转换连接，如14变19接头等。

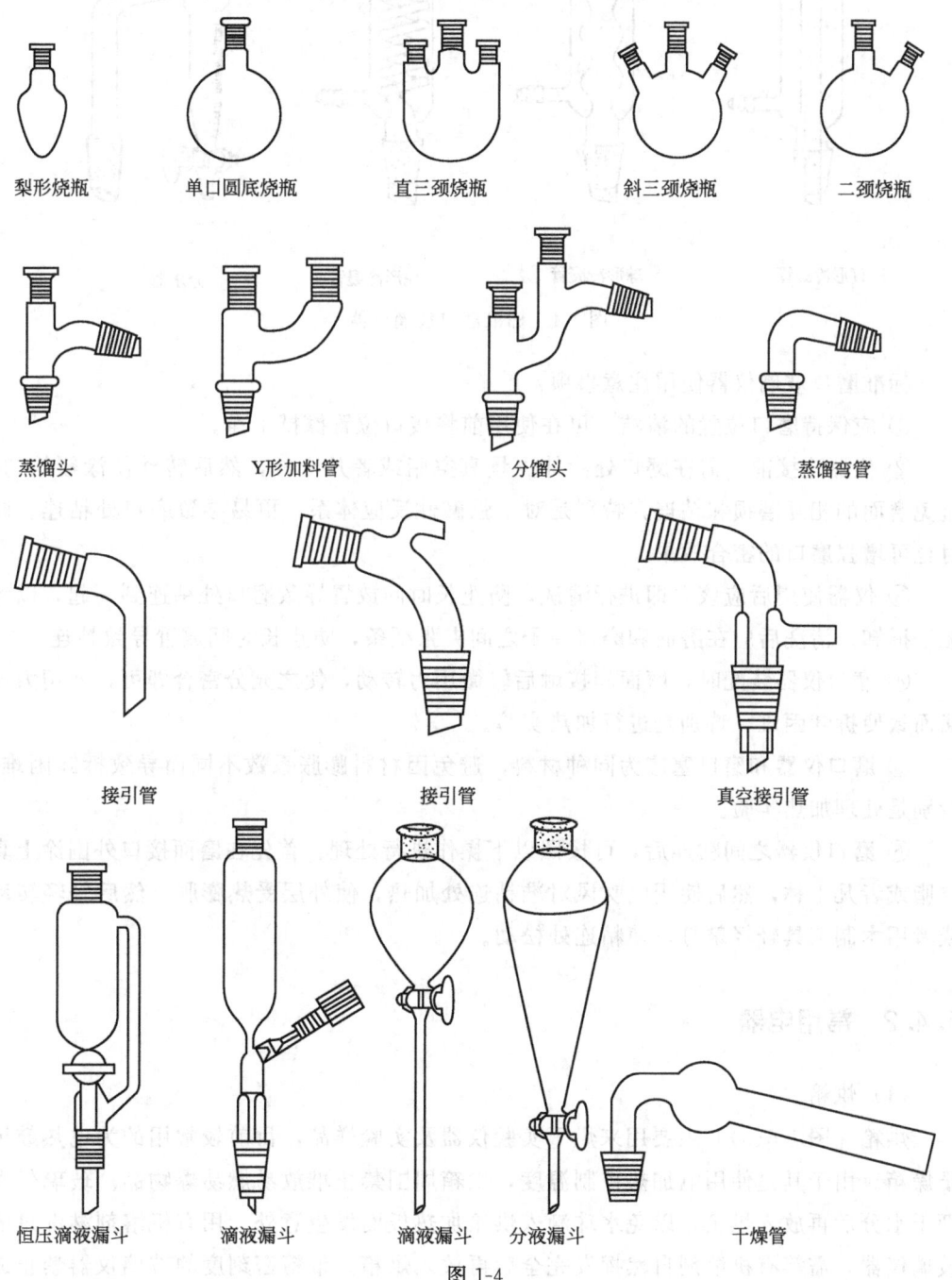

图 1-4

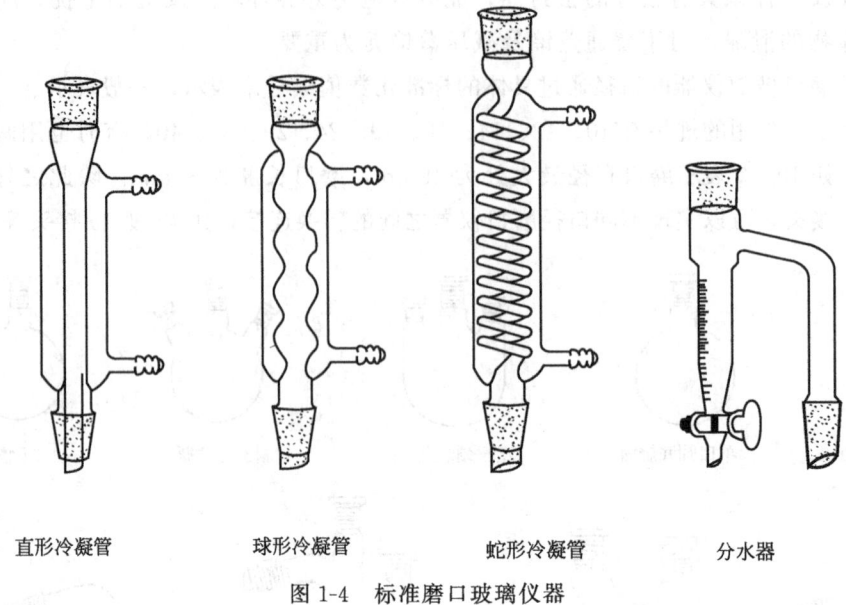

| 直形冷凝管 | 球形冷凝管 | 蛇形冷凝管 | 分水器 |

图1-4 标准磨口玻璃仪器

标准磨口玻璃仪器使用注意事项：

① 应保持磨口位置的清洁，可在使用前将接口位置擦拭干净。

② 仪器连接前，需在磨口处涂抹少量真空脂或者凡士林，然后转动使涂覆均匀，避免磨面的相互磨损和粘连，特别是对于强碱性反应体系，更易导致磨口处粘连。同时也可增强磨口的密合效果。

③ 仪器使用后应该立即进行清洗，防止长时间放置导致磨口处粘连到一起，以致无法拆卸。清洗后应在磨面和磨口塞子之间夹张纸条，防止长时间放置导致粘连。

④ 磨口仪器装配时，磨面间接触后轻微用力转动，使之充分密合即可，勿用力过猛而致使拆卸困难，特别是进行加热实验。

⑤ 磨口仪器和磨口塞应为同种材料，避免因材料膨胀系数不同而导致拆卸困难，特别是处理加热实验。

⑥ 磨口仪器之间粘连后，可按照以下操作进行处理：首先在磨面接口外围涂上真空脂或者凡士林，然后使用电吹风对准粘连处加热，使外层受热膨胀，然后轻轻转动或者用木制工具轻轻敲打，使粘连处松动。

1.4.2 常用电器

（1）烘箱

烘箱［图1-5(a)］主要用来烘干实验仪器及实验样品，目前较常用的为电热鼓风干燥箱。由于其是使用电加热控制温度，烘箱周围禁止堆放易燃易爆物品。玻璃仪器沥干水分后再放入烘箱，以免水珠滴入烘箱加热板而发生意外。用有机溶剂淋洗过的玻璃仪器，需等有机溶剂自然挥发完全后再放入烘箱。带精密刻度的玻璃仪器禁止放入烘箱干燥。带磨口和塞子的玻璃仪器在烘干时，应将塞子拔出，避免加热后发生粘连。从高温烘箱内取出物品时，应佩戴防烫手套，取出后等玻璃仪器完全冷却后再使用。塑料制品仪器应在其规定的温度使用范围内进行干燥。粉末样品应放入广口容器内再放入烘箱，以免样品散落。禁止将挥发性、易燃易爆样品放入烘箱，禁止将有机液体样品放入烘箱烘干。

(2) 真空干燥箱

真空干燥箱［图 1-5(b)］适用于对温度敏感、受热易分解和氧化的物质进行干燥。含水分较多的样品勿直接放入真空干燥箱中干燥，使用时应先抽真空，然后开始加热，干燥结束后，应先放真空，然后开门取出样品。

(3) 电加热套

电加热套［图 1-5(c)］主要由无碱玻璃纤维和金属加热丝编制的半球形加热内套和控制电路组成，多用于玻璃容器的精确控温加热。其具有升温快、温度高、操作简便、经久耐用的特点。

电加热套应有良好的接地，特别是在环境湿度较大的条件下使用时。使用过程中勿将有机溶剂或者水洒落到电加热套内，若有液体溢入电热套内时，迅速关闭电源，并将电加热套放置于通风处，待干燥后方可使用，以免漏电或电器短路发生危险。长期不用时，应将电加热套放在干燥无腐蚀性气体处保存。

(a) 烘箱　　　　　　　(b) 真空干燥箱　　　　　　(c) 电加热套

图 1-5　烘箱、真空干燥箱、电加热套

(4) 磁力搅拌器

磁力搅拌器［图 1-6(a)］是用于液体混合的实验室仪器，主要用于搅拌低黏度的液体或固液混合物，同时也具备温度控制功能，实现加热搅拌同时进行。对于反应液量较多或者黏度大的反应体系，需要用机械搅拌装置。

(5) 离心机

离心机［图 1-6(b)］可用于不相溶固-液的分离，样品放置在专用离心管内进行离心分离，可根据需求设置不同转速和时间，达到分离的效果。离心管必须以对称、质量平衡放置，以免高速转动的状态下设备振动，更严重者会损坏离心机。待转速为零后，方可进行取出样品操作。

(6) 循环水式真空泵

循环水式真空泵［图 1-6(c)］用于低真空减压体系中，如过滤、减压蒸馏、减压升华等实验操作中。真空泵内的水需及时进行更换和清洁操作，以保持泵的真空度性能。经常在泵的抽气口处连接一个缓冲瓶，以免在泵关闭后发生倒吸现象。关泵时应先打开缓冲瓶上安全阀，使体系与大气相通，然后拔掉与反应体系连接的胶管，最后关闭真空泵，拔掉电源插头。

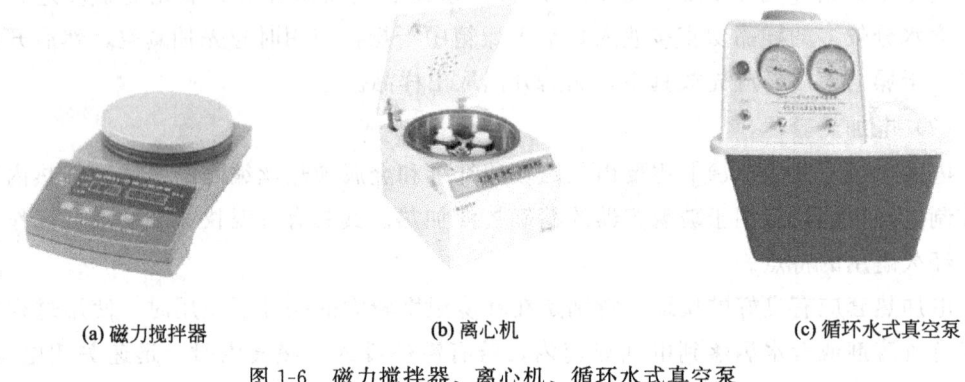

(a) 磁力搅拌器　　　　(b) 离心机　　　　(c) 循环水式真空泵

图 1-6　磁力搅拌器、离心机、循环水式真空泵

(7) 旋转蒸发仪

旋转蒸发仪［图 1-7(a)］通过加热、旋转和降低体系压力（配套真空泵），实现低温条件下溶剂的快速蒸除、冷凝回收的过程，也可用于溶剂的回收。适用于液-液、固-液混合体系的分离操作。根据不同的溶剂性质，可以选择不同的加热温度与旋转速度。

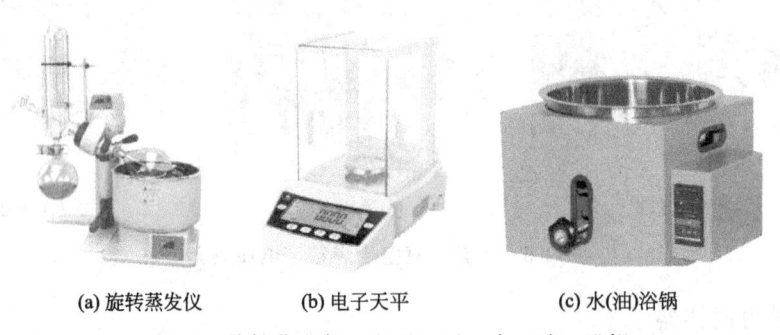

(a) 旋转蒸发仪　　　　(b) 电子天平　　　　(c) 水(油)浴锅

图 1-7　旋转蒸发仪、电子天平、水（油）浴锅

(8) 电子天平

电子天平［图 1-7(b)］可以实现快速、准确的称量操作。根据使用需求，选择不同精密度规格及量程的电子天平。电子天平应放置在洁净、固定的平台上，不宜随意搬动，周围不应有产生振动、磁场和空气流动的装置，以免影响准确度。应保持天平的洁净，散落的物品应及时进行清理，以免损坏天平，特别是腐蚀性样品。

(9) 水（油）浴锅

水（油）浴锅［图 1-7(c)］主要用于反应体系的加热，根据加热温度的不同，可以选择水或者硅油作为加热介质。这种加热体系具有受热均匀、加热稳定、控温准确等特点，同时可以实现磁力搅拌功能，或者配备机械搅拌装置，广泛应用于各种加热体系中。使用过程中应注意保持水（油）的清洁，污染后应及时进行更换，同时遵循高温、触电的操作注意事项。切忌在没有加热介质或者电加热丝未完全被加热介质浸没的情况下加热，以免烧坏电热丝，甚至发生火灾或触电事故。

1.4.3 金属用具

有机化学实验过程中，比较常用的金属用具（图 1-8）有铁架台、十字夹、铁圈、三脚架、升降台、镊子、不锈钢药勺、打孔器、剪刀等。不同金属用具应存放于固定的位置，并摆放整齐，勿接触酸性、腐蚀性物质，使用过程中遵循相应的操作规程和注意事项，使用完毕后保持清洁。

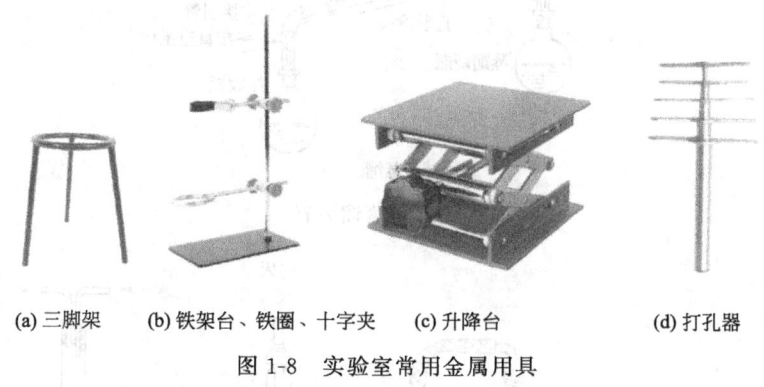

(a) 三脚架　　(b) 铁架台、铁圈、十字夹　　(c) 升降台　　(d) 打孔器

图 1-8　实验室常用金属用具

1.4.4 有机反应常用装置

有机化学实验中常用装置如图 1-9～图 1-13 所示，根据具体实验要求进行装配。

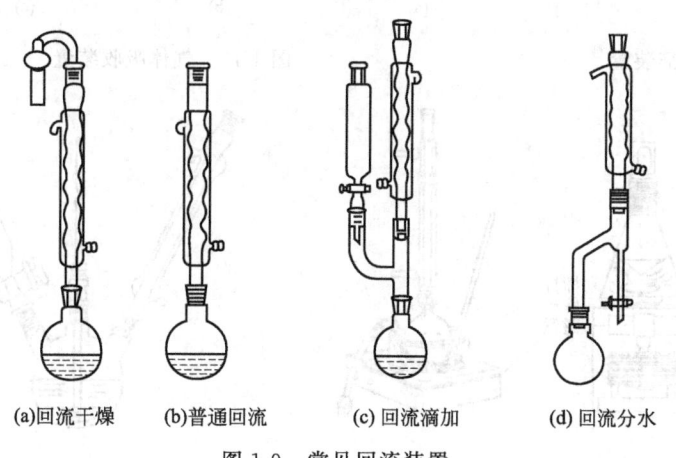

(a) 回流干燥　　(b) 普通回流　　(c) 回流滴加　　(d) 回流分水

图 1-9　常见回流装置

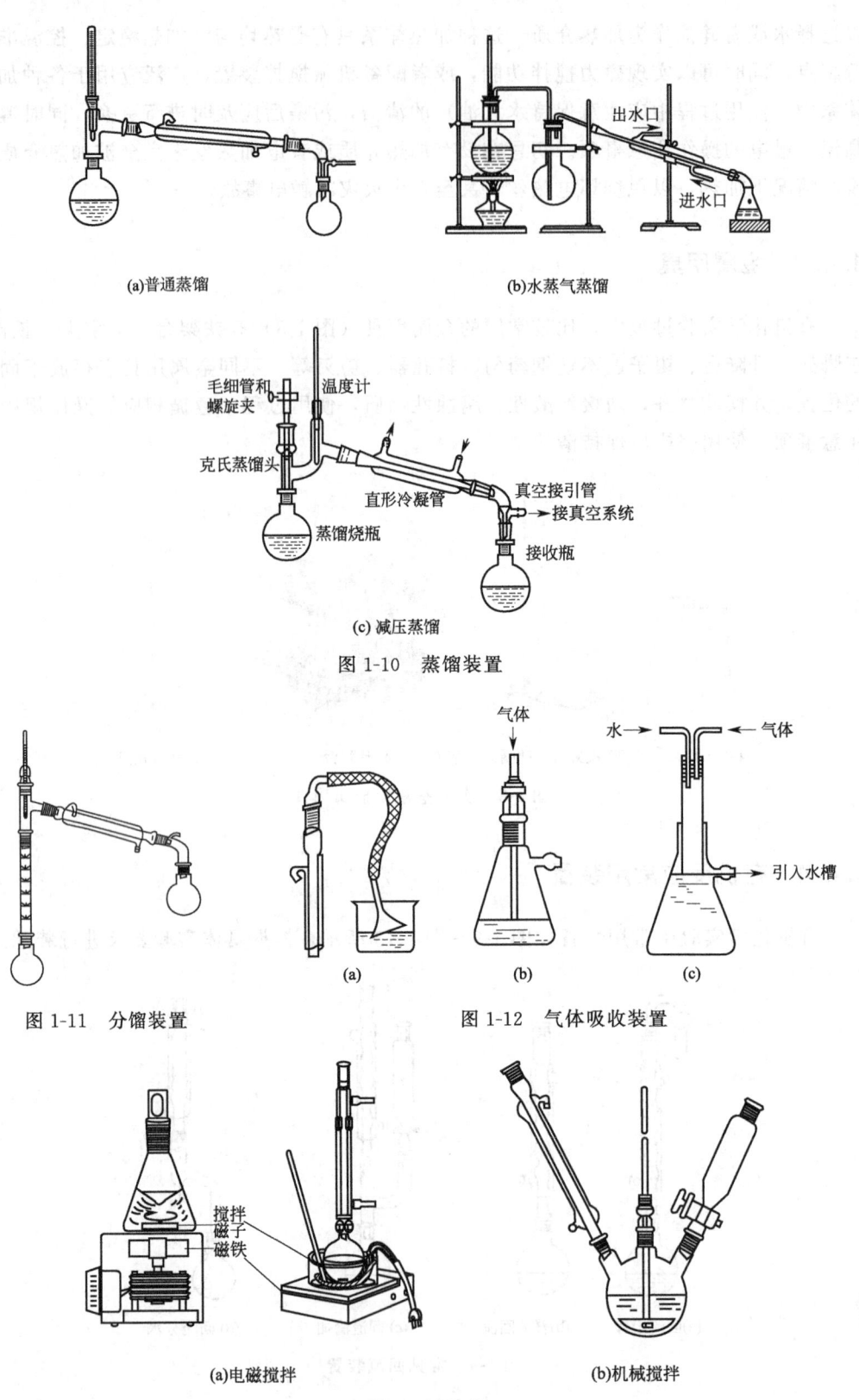

(a)普通蒸馏　(b)水蒸气蒸馏

(c)减压蒸馏

图 1-10　蒸馏装置

图 1-11　分馏装置　　图 1-12　气体吸收装置

(a)电磁搅拌　　(b)机械搅拌

图 1-13　搅拌装置

1.5 常用玻璃仪器的洗涤、干燥

1.5.1 玻璃仪器的洗涤

玻璃仪器在使用后要及时进行清洗，提高仪器的使用效率，同时避免有污垢的玻璃仪器长期放置导致最后清洗困难。清洗玻璃仪器应使用特制的刷子，如烧杯刷、烧瓶刷、冷凝管刷、试管刷等，可以使用洗衣粉、去污粉作为洗涤剂，清洗完毕后需要用水冲洗干净。对于较难清洗的污垢，可以根据污垢的性质使用适当的溶剂进行清洗，清洗液回收到专用回收瓶中。此外，可以根据残留污垢性质的不同，使用不同的酸液或者碱液进行清洗，如铬酸洗液、盐酸溶液、氢氧化钾醇溶液等，清洗完的废液均需按要求进行回收。还可以借助超声清洗仪来对玻璃仪器进行清洗。

1.5.2 玻璃仪器的干燥

在仪器清洗完之后，要及时进行干燥，特别是对水分敏感的有机反应，必须使用充分干燥的仪器。玻璃仪器的干燥有以下几种方法：

（1）自然风干

自然风干是最简单的干燥方法，通过将清洗过的玻璃仪器放置在风干架上自然风干。如果仪器清洗不够干净，水珠便不易流下，自然风干就会比较缓慢。

（2）烘干

通过将洗净的玻璃仪器放入烘箱中进行烘干，一般放入烘箱中的仪器壁上应该不能有明显水珠，以免水珠滴落在烘箱电加热丝而发生危险。带塞子的磨口玻璃仪器，应将塞子取出后再进行烘干，防止加热发生粘连。

（3）吹干

为了快速将清洗后的玻璃仪器烘干，可以使用气流干燥器或者电吹风将仪器快速吹干。在吹干前，可以使用少量乙醇或者丙酮将瓶壁润洗一遍，然后先使用冷风将大部分溶剂吹干，最后使用热风将仪器完全吹干。

第 2 章

有机化学实验基本操作

2.1 过滤和脱色

有机化学反应分离出来的固体粗产品往往含有未反应的原料、副产物及杂质，必须加以分离纯化。重结晶是提纯固体有机物最常用的方法之一。过滤和脱色是重结晶操作中除去杂质的重要步骤。

2.1.1 过滤

过滤是最常用的分离方法之一。当沉淀和溶液经过过滤器时，沉淀留在过滤器上，称为滤饼；溶液通过过滤器而进入容器中，所得溶液称为滤液。过滤一般有两个目的，一是滤除溶液中的不溶物得到溶液，二是去除溶剂（或溶液）得到结晶。常用过滤方法有 3 种：常压过滤（普通过滤）、减压过滤（吸滤或抽气过滤）、热过滤。

（1）常压过滤

用内衬滤纸的锥形玻璃漏斗过滤，滤液靠自身的重力透过滤纸流下，实现分离，具体操作过程如下：

① 选择滤纸：滤纸有定性滤纸和定量滤纸两种，按照孔隙大小又分为"快速""中速""慢速"三种。根据需要加以选择使用。

② 选择漏斗：普通漏斗有长颈和短颈两种，同时又有大小之分。要根据实验要求和溶液的体积来选择适当漏斗。

③ 滤纸的折叠及使用：先把一圆形滤纸对折两次成扇形，展开后呈圆锥形（如图2-1），使滤纸易与漏斗壁密合，若不密合，应适当改变滤纸折成的角度，然后在三层滤纸处将外两层撕去一小角（目的是使滤纸容易与漏斗密合，且可用撕下的小角清理

粘在滤纸上的滤渣),用洗瓶中的少量水润湿滤纸,轻压滤纸四周,赶去滤纸与漏斗壁间的气泡,使滤纸紧贴在漏斗壁上。滤纸上沿略低于漏斗上沿。

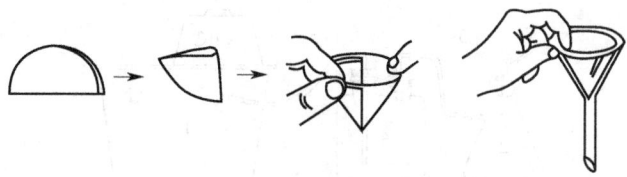

图 2-1　滤纸的折叠

④ 过滤:漏斗应放在漏斗架或铁架台上,并使漏斗颈下口的长处紧靠盛器内壁。先沿玻璃棒倾倒溶液,后转移沉淀。倾倒溶液时,应使玻璃棒放于三层滤纸上方,漏斗中的液面高度应略低于滤纸边缘1cm左右[1]。装置如图2-2所示。

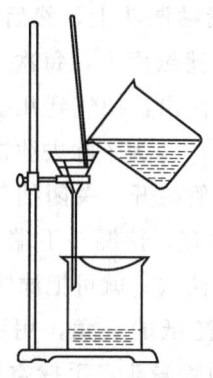

图 2-2　普通过滤装置

⑤ 洗涤沉淀:如果沉淀需要洗涤,应待溶液转移完毕后[2],用洗瓶吹洗,用洗瓶沿瓶壁螺旋洗涤,不可让水直接冲到沉淀上。宜用少量溶剂洗涤沉淀并充分搅拌、沉降。如此反复三次以上,把沉淀转移到滤纸上,最后再把盛沉淀的容器洗三次,每次洗涤液均转移到漏斗中去。为提高洗涤效率,应采取少量多次原则[3]。

(2) 减压过滤

用安装在抽滤瓶上铺有滤纸的布氏漏斗或玻璃砂芯漏斗过滤,抽滤瓶支管与抽气装置连接,过滤在降低的压力下进行,滤液在内外压差作用下透过滤纸或砂芯流下,实现分离。减压过滤的优点是过滤和洗涤的速度快,液体和固体分离得较完全,滤出的固体容易干燥。

减压过滤也称吸滤或抽滤,其装置由抽滤瓶、布氏漏斗、安全瓶和抽气泵(水泵)组成,如图2-3所示。水泵带走空气让抽滤瓶中压力低于大气压,使布氏漏斗的液面上与瓶内形成压力差,从而提高过滤速度。布氏漏斗是带有很多小孔的瓷漏斗,通过橡皮塞与抽滤瓶相连接,橡皮塞塞进抽滤瓶的部分一般不超过橡皮塞高度的1/2,橡皮塞与瓶口间必须紧密不漏气,布氏漏斗的下端斜口应正对抽滤瓶的侧管。在水泵和抽滤瓶之间往往安装安全瓶,以防止因关闭水阀或水流量突然变小时自来水倒吸入抽滤瓶，污染滤液[4]。抽滤瓶的侧管用橡皮管与安全瓶相连，安全瓶再与水泵的侧管相连。

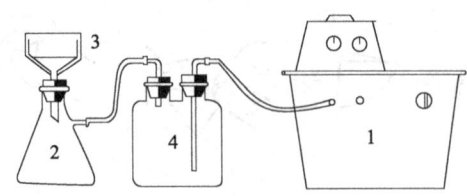

图 2-3　减压过滤装置

1—水泵；2—抽滤瓶；3—布氏漏斗；4—安全瓶

过滤前，在布氏漏斗[5]中铺一张比漏斗底部略小的圆形滤纸（滤纸大小应略小于漏斗内径又能将全部小孔盖住为宜），用待过滤溶剂润湿滤纸。先打开水泵装置，关闭安全瓶活塞，抽气，使滤纸紧贴漏斗上，然后将要过滤的混合物倒入布氏漏斗中，使固体物质均匀地分布在整个滤纸面上，每次加入量不超过漏斗容量的 2/3。用少量滤液将黏附在容器壁上的结晶洗出，抽气到几乎没有母液滤出时，用玻璃瓶塞或玻璃钉将滤饼压干，尽量除去母液[6]。为了除去滤饼表面的母液，应进行洗涤滤饼的工作。洗涤前将连接抽滤瓶的橡皮管拔开，关闭抽气泵，把少量溶剂均匀地洒在滤饼上，使全部结晶刚好被溶剂浸没为宜，待漏斗下端有滤液流出时，重新接上橡皮管，开启抽气泵把溶剂抽出，重复操作两次，就可把滤饼洗净。

取出滤饼时，用玻璃棒掀起滤纸的一角，用手取下滤纸，连同滤饼放在称量纸上，或倒置漏斗，手握空拳使漏斗颈在拳内，用洗耳球吹下。用玻璃棒取下滤纸上的滤饼，但要避免刮下纸屑。检查漏斗，如漏斗内有沉淀，则尽量转移出。如盛放滤饼的称量纸稍湿，则用滤纸压在上面吸干水分，或转移到两张滤纸中间压干。如称量纸很湿，则重新过滤，抽吸干燥。为了不使滤纸纤维附于滤饼上，也常将滤饼与滤纸一同取出干燥，待干燥后，再用刮刀轻敲滤纸，结晶即可全部刮下来。

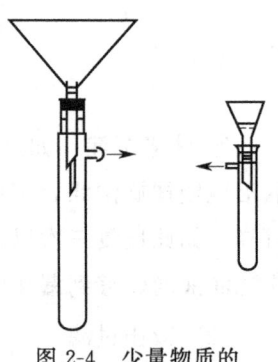

图 2-4　少量物质的
减压过滤装置

过滤少量的沉淀，可用玻璃钉漏斗或小型多孔板漏斗以吸滤管代替抽滤瓶（图 2-4）。对于玻璃钉漏斗，滤纸应较玻璃钉的直径稍大；对多孔板漏斗，滤纸应以恰好盖住小孔为宜。先用溶剂润湿滤纸，再用玻璃棒或刮刀挤压使滤纸的边沿紧贴于漏斗上，然后进行过滤。

（3）热过滤

用插有一个玻璃漏斗的铜制热水漏斗过滤。热水漏斗内外壁间的空腔可以盛水，加热使漏斗保温，使过滤在热水保温下进行。如果溶液中的溶质在温度下降时容易析出晶体，不希望这些溶质留在滤纸上，或因冷却导致在漏斗中或其颈部析出晶体，使过滤发生困难，就要趁热进行过滤。为了加快热过滤，应采取以下措施：①选用颈短而粗的玻璃漏斗，避免析出晶体堵塞漏斗颈；②使用热水漏斗，保持溶液温度；③使用菊花形折叠滤纸，增大过滤面积，提高过滤速度。热过滤装置如图2-5、图2-6所示，热过滤的方法有以下几种。

① 少量热溶液的过滤，可选一颈短而粗的玻璃漏斗放在烘箱中预热后使用。在漏斗中放一折叠滤纸[7]，其向外的棱边应紧贴于漏斗壁上（图2-5）。使用前先用少量热溶剂润湿滤纸，以免干燥的滤纸吸附溶剂使溶液浓缩而析出晶体，漏斗直接放在预热过的锥形瓶上，锥形瓶下方可小火加热，以免漏斗冷却太快溶质析出。然后迅速倒液，用表面皿盖好漏斗，以减少溶剂挥发。

② 如过滤的溶液量较多，则应选择热水漏斗。热水漏斗是一种减少散热的夹套式漏斗，其夹套是金属套内安装一个长颈玻璃漏斗而形成的（图2-6）。使用时将热水（通常是沸水）倒入夹套，或者夹套内加入冷水后通过侧管加热（如溶剂易燃，过滤前务必将火熄灭）。漏斗内的水不要太满，但要保持足够的温度。漏斗中放入折叠滤纸，用少量热溶剂润湿滤纸[8]，立即把热溶液分批倒入漏斗[9]，不要倒得太满，也不要等滤完再倒，未倒的溶液和热水漏斗用小火加热，保持微沸。热过滤时一般不要用玻璃棒引流，以免加速降温；接收滤液的容器内壁不要贴紧漏斗颈，以免滤液迅速冷却析出晶体，晶体沿器壁向上堆积，堵塞漏斗口，使之无法过滤。

 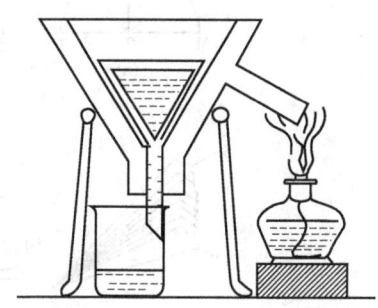

图2-5 少量物质的热过滤装置　　　　图2-6 热水漏斗过滤装置

若操作顺利，只会有少量结晶在滤纸上析出，可用少量热溶剂洗下，也可弃之。若结晶较多，可将滤纸取出，用刮刀将结晶刮下，溶解后重新进行热过滤。滤毕，将滤液加盖放置，自然冷却。

热溶液和冷溶液的过滤都可选用减压过滤。若为热过滤，则过滤前应将布氏漏斗预热；抽滤前用同一热溶剂润湿滤纸。当需要除去热、浓溶液中的不溶性杂质，而又不能让溶质析出时，一般采用热过滤。过滤前把布氏漏斗放在水浴（或烘箱）中预热，使热溶液在趁热过滤时，不致因冷却而在漏斗中析出溶质。

【注意事项】

［1］溶液量不应超过漏斗容量的2/3。

［2］抽滤瓶中液面接近支管口时，应取出滤液，再减压过滤。转移滤液时，将支

管朝上,从瓶口倒出滤液,支管不能作为溶液出口。

[3] 洗涤沉淀时,应减缓抽滤速度。

[4] 停止抽滤或需用溶剂洗涤滤饼时,切记先将抽滤瓶侧管上的橡皮管拔开,或将安全瓶的活塞打开与大气相通,再关闭水泵,以免水倒流入抽滤瓶内。

[5] 如果过滤的溶液具有腐蚀性,此时可用磨砂漏斗。

[6] 三种方法判断滤饼是否干燥:①干燥的晶体不粘玻璃棒;②当1~2min内漏斗颈下无液滴滴下时,可判断已抽吸干燥;③用滤纸压在滤饼上,滤纸不湿,则表示滤饼已干燥。

[7] 滤纸的折叠方法如下:

如图2-7将圆滤纸折成半圆形,再对折成圆形的四分之一,以1对4折出5,3对4折出6,如图2-7(a);1对6和3对5分别再折出7和8,如图2-7(b);然后以3对6和1对5分别折出9和10,如图2-7(c);最后在1和10,10和5,5和7,…,9和3间各反向折叠,稍压紧如同折扇,见图2-7(d);打开滤纸,在1和3处各向内折叠一个小折面,如图2-7(e)。折叠时在近滤纸中心不可折得太重,因该处最易破裂,使用时将折好的滤纸打开后翻转,放入漏斗。

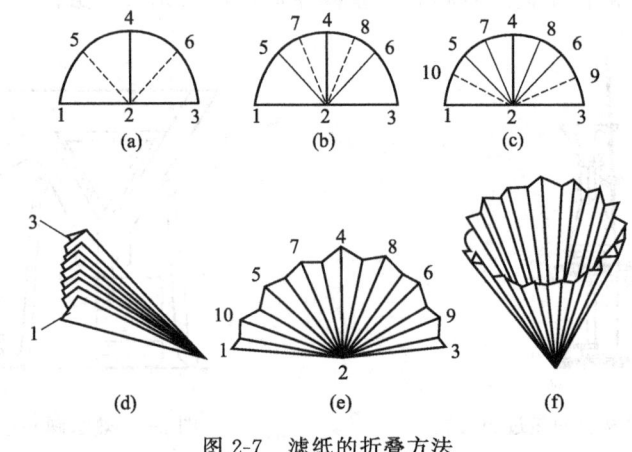

图2-7 滤纸的折叠方法

[8] 习惯上不必润湿滤纸,因通常溶剂的用量略偏多。

[9] 溶液切勿对准滤纸底尖倒下去,因底尖无所依托,极易被冲破。

2.1.2 脱色

向溶液中加入吸附剂并适当煮沸,使其吸附掉样品中的杂质的过程叫脱色。若溶液有颜色或存在某些树枝状物质、悬浮状微粒,难以用一般过滤方法过滤时,就要用脱色处理。最常使用的脱色剂是活性炭。活性炭在水溶液中进行脱色效果最好,也可在其他溶剂中使用,在强极性溶剂中使用效果也不错,但在非极性溶剂如烃类中效果较差。

活性炭是一种黑色粉状、粒状或丸状的无定形且具有多孔的炭,主要成分为碳,还含少量氧、氢、硫、氮、氯。活性炭依靠自身独特的孔隙结构和分子间相互吸附的作用力脱色。活性炭内部孔隙结构发达、比表面积大，是吸附能力强的一类微晶质碳素材料。活性炭材料中有大量肉眼看不见的微孔，1g 活性炭材料中的微孔，将其展开后表面积可高达 $800\sim1500m^2$，特殊用途的更高。正是这些孔隙结构，使活性炭拥有了优良的吸附性能。分子之间相互吸附的作用力，也叫范德华力。当一个分子被活性炭内孔捕捉进入活性炭内孔隙中后，分子之间的相互作用力会导致更多的分子不断被吸引，直到填满活性炭内孔隙为止。

活性炭能在其表面上吸附气体、液体或胶态固体；对于气体、液体，吸附物质的质量可接近于活性炭本身的质量。活性炭能进行选择性吸附，非极性物质比极性物质更易于被吸附。同一系列物质中，沸点越高的物质越容易被吸附，压强越大、温度越低、浓度越大，吸附量越大。反之，减压、升温有利于气体的解吸。活性炭可以吸附废水和废气中的金属离子、有害气体、有机污染物、色素等，广泛应用于油脂、饮料、食品、饮用水的脱色、脱味，气体分离、溶剂回收和空气调节，可用作催化剂载体和防毒面具的吸附剂。

早期生产活性炭的原料为木材、硬果壳或兽骨，后来主要采用煤，经干馏、活化处理后得到活性炭，生产方法有：①蒸汽、气体活化法。利用水蒸气或二氧化碳在 $850\sim900℃$ 将活性炭活化。②化学活化法。利用活化剂放出的气体，或用活化剂浸渍原料，在高温处理后都可得到活性炭。活性炭脱色的使用：溶液若含有带色杂质时，可加入适量活性炭脱色，活性炭可吸附色素及树脂状物质（如待结晶化合物本身有颜色，则活性炭不能脱色）。

脱色步骤如下：

① 加活性炭以前，首先将待结晶化合物加热溶解在溶剂中。要待固体物质完全溶解后才加入，因为有色杂质虽可溶于沸腾的溶剂中，但当冷却析出结晶体时，部分杂质又会被结晶吸附，使得产物带色，所以用活性炭脱色要待固体物质完全溶解后才加入。

② 活性炭的用量视杂质的多少和颜色而定，一般为粗品质量的 1%～5%。由于它也会吸附部分产品，故用量不宜太大。若加入量过少，仍不能脱色，可补加活性炭，重复上述操作。若发现透过滤纸，加热微沸后应换好滤纸重新过滤。

③ 待热溶液稍冷后，加入活性炭，搅拌，使其均匀分布在溶液中。再加热至沸，保持微沸 5～10min，然后趁热过滤。不能向正在沸腾的溶液中加入活性炭，以免溶液暴沸而溅出。

④ 如一次脱色不好，可再用少量活性炭处理一次。过滤时选用的滤纸要紧密，以免活性炭透过滤纸进入溶液中。过滤后如发现滤液中有活性炭时，应予重滤，必要时使用双层滤纸。

除用活性炭脱色外，也可采用层析柱来脱色。

2.2 干燥与干燥剂

除去固体、液体或气体内少量水分的方法称为干燥。有机化学实验中几乎所做的每一步反应都会涉及试剂、溶剂和产品的干燥问题，所以干燥是实验室中最普通但最重要的一项操作。如果试剂和产品不进行干燥或干燥不完全，将直接影响有机反应、定性分析、定量分析、波谱鉴定和物理常数测定的结果。

干燥方法可分为物理方法与化学方法两种。物理方法有吸附（包括离子交换树脂法和分子筛吸附法）、共沸蒸馏、分馏、冷冻、加热和真空干燥等。化学方法按去水作用的方式又可分为两类：一类与水能可逆地结合生成水合物（例如 $CaCl_2 + 6H_2O \rightleftharpoons CaCl_2 \cdot 6H_2O$）；一类与水会发生剧烈的化学反应（例如 $2Na + 2H_2O \Longrightarrow 2NaOH + H_2$）。

2.2.1 液体的干燥

从水溶液中分离出的液体有机物，常含有许多水分，如不干燥脱水，直接蒸馏，将会增加前馏分从而造成损失，产品也可能与水形成共沸混合物而无法提纯，影响产品纯度。干燥有机液体时，一般直接将干燥剂加入液体中，除去水分。干燥后的有机液体需蒸馏纯化。液体干燥剂的类型按脱水方式不同可分为三类：

① 硅胶、分子筛等物理吸附干燥剂。

② 氯化钙、硫酸镁、碳酸镁等通过可逆的与水结合，形成水合物而达到干燥目的。

③ 金属钠、P_2O_5、CaO 等通过与水发生化学反应，生成新化合物起到干燥除水的作用。

前两类干燥剂干燥的有机液体，蒸馏前须滤除干燥剂，否则加热后吸附或结合的水又会放出而影响干燥效果；第三类干燥剂在蒸馏时不用滤除。

常用的干燥剂种类很多，选用干燥剂的原则是：

① 干燥剂与待干燥的液体不发生化学反应，亦无催化作用。

② 干燥剂不能溶解于所干燥的液体。

③ 充分考虑干燥剂的干燥能力，即吸水容量、干燥效能和干燥速度。吸水容量是指单位质量干燥剂所吸收的水量，而干燥效能是指达到平衡时液体被干燥的程度。优良的干燥剂应该干燥速度快，吸水量大，价格便宜。干燥操作中，常先用吸水容量大的干燥剂除去大部分水分，然后再用干燥效能强的干燥剂。

2.2.1.1 常用的干燥剂

（1）无水氯化钙（$CaCl_2$）

无定形颗粒状（或块状），价格便宜，吸水能力强，干燥速度较快。吸水后形成含不同结晶水的水合物（$CaCl_2 \cdot nH_2O$，$n=1, 2, 4, 6$）。最终吸水产物为 $CaCl_2 \cdot 6H_2O$（30℃以下），是实验室中常用的干燥剂之一。但是氯化钙能水解成 $Ca(OH)_2$ 或 $Ca(OH)Cl$，因此不宜作为酸性物质或酸类的干燥剂。同时氯化钙易与醇类、胺类及某些醛、酮、酯形成分子配合物。如与乙醇生成 $CaCl_2 \cdot 4C_2H_5OH$、与甲胺生成 $CaCl_2 \cdot 2CH_3NH_2$，与丙酮生成 $CaCl_2 \cdot 2(CH_3)_2CO$ 等，因此不能作为上述各类有机物的干燥剂。

(2) 无水硫酸钠（Na_2SO_4）

白色粉末状，吸水后形成带 10 个结晶水的硫酸钠（$Na_2SO_4 \cdot 10H_2O$）。因其吸水容量大，且为中性盐，对酸性或碱性有机物都适用，价格便宜，因此应用范围较广。但它与水作用较慢，干燥程度不高。当有机物中夹杂有大量水分时，常先用它来作初步干燥，除去大量水分，然后再用干燥效能高的干燥剂干燥。使用前最好先放在蒸发皿中小心烘炒，除去水分，然后再用。

(3) 无水硫酸镁（$MgSO_4$）

白色粉末状，吸水容量大，吸水后形成带不同数目结晶水的硫酸镁（$MgSO_4 \cdot nH_2O$，$n=1, 2, 4, 5, 6, 7$）。最终吸水产物为 $MgSO_4 \cdot 7H_2O$（48℃以下）。由于其吸水较快，且为中性化合物，对各种有机物均不起化学反应，故为常用干燥剂。不能用无水氯化钙干燥的有机物常用无水硫酸镁来干燥。

(4) 无水硫酸钙（$CaSO_4$）

白色粉末，吸水容量小，吸水后形成 $2CaSO_4 \cdot H_2O$（100℃以下）。虽然硫酸钙为中性盐，不与有机化合物起反应，但因其吸水容量小，没有前述几种干燥剂应用广泛。由于硫酸钙吸水速度快，而且形成的结晶水合物在 100℃ 以下较稳定，所以凡沸点在 100℃ 以下的液体有机物，经无水硫酸钙干燥后，不必过滤就可以直接蒸馏。如甲醇、乙醇、乙醚、丙酮、乙醛、苯等，用无水硫酸钙脱水处理效果良好。

(5) 无水碳酸钾（K_2CO_3）

白色粉末，是一种碱性干燥剂。其吸水能力中等，能形成带两个结晶水的碳酸钾（$K_2CO_3 \cdot 2H_2O$），但是与水作用较慢。适用于干燥醇、酯等中性有机物以及一般的碱性有机物如胺、生物碱等，不能干燥酸类、酚类或其他酸性物质。

(6) 固体氢氧化钠（NaOH）和氢氧化钾（KOH）

白色颗粒状，是强碱性化合物，只适用于干燥碱性有机物如胺类等。因其碱性强，对某些有机物起催化反应，而且易潮解，故应用范围受到限制。不能用于干燥酸类、酚类、酯、酰胺类以及醛酮。

(7) 五氧化二磷（P_2O_5）

所有干燥剂中干燥效能最高的干燥剂。P_2O_5 与水作用非常快，但吸水后表面呈黏浆状，操作不便，且价格较贵。一般先用其他干燥剂如无水硫酸镁或无水硫酸钠除去大部分水，残留的微量水分再用 P_2O_5 干燥。它可用于干燥烷烃、卤代烷、卤代芳烃、醚等，但不能用于干燥醇类、酮类、有机酸和有机碱。

(8) 金属钠（Na）

常用于醚类、苯等惰性溶剂的最后干燥。一般先用无水氯化钙或无水硫酸镁干燥除去溶剂中大部分水分，剩下的微量水分可用金属钠丝或钠片除去。但金属钠不适用于能与碱发生反应的或易被还原的有机物的干燥，如不能用于干燥醇（制无水甲醇、无水乙醇等除外）、酸、酯、有机卤代物、酮、醛及某些胺。

(9) 氧化钙（CaO）

碱性干燥剂，与水作用后生成不溶性的 $Ca(OH)_2$，对热稳定，故在蒸馏前不必滤除。氧化钙价格便宜，来源方便，实验室常用它来处理95%的乙醇，以制备99%的乙醇。但其不能用于干燥酸性物质或酯类。

(10) 变色硅胶

常用来保持仪器、天平的干燥，吸水后变红。失效的硅胶可以经烘干再生后继续使用。可干燥胺、NH_3、O_2、N_2 等。

(11) 活性氧化铝（Al_2O_3）

吸水量大、干燥速度快，能再生（400～500K 烘烤）。

(12) 浓 H_2SO_4

具有强烈的吸水性，常用来除去不与 H_2SO_4 反应的气体中的水分。例如常作为 H_2、O_2、CO、SO_2、N_2、HCl、CH_4、CO_2、Cl_2 等气体的干燥剂。

(13) 分子筛

应用最广的分子筛是沸石分子筛，它是一种含硅铝酸盐的结晶，常用的 A 型分子筛有 3A、4A 和 5A 型三种。分子筛具有高度选择性吸附性能，是由于其结构中形成许多与外部相通的均一微孔，凡是比此孔径小的分子均可进入孔道中，而较大者留在孔外，借此筛分各种分子大小不同的混合物。有机化学实验室常用分子筛吸附乙醚、乙醇和氯仿等有机溶剂中的少量水分；此外，还用于吸附有机反应中生成的水分，效果较好。

使用分子筛应注意以下几点：①分子筛使用前应活化脱水。活化后立即取出存于干燥器备用。②使用后的分子筛其活性会降低，须再经活化方可使用，活化前须用水蒸气或惰性气体把分子筛中的其他物质替代出来。③使用分子筛时，pH 应控制在 5～12。④分子筛宜除去微量水分，倘若水分过多，应先用其他干燥剂除水，然后再用分子筛干燥。

各类液态有机化合物的常用干燥剂见表 2-1。

表 2-1 各类液态有机化合物的常用干燥剂

液态有机化合物	适用的干燥剂
醚类、烷烃、芳烃	$CaCl_2$、Na、P_2O_5
醇类	K_2CO_3、$MgSO_4$、Na_2SO_4、CaO
醛类	$MgSO_4$、Na_2SO_4
酮类	$MgSO_4$、Na_2SO_4、K_2CO_3
酸类	$MgSO_4$、Na_2SO_4
酯类	$MgSO_4$、Na_2SO_4、K_2CO_3
卤代烃	$MgSO_4$、Na_2SO_4、P_2O_5
有机碱类（胺类）	NaOH、KOH

2.2.1.2 液态有机化合物的干燥

(1) 干燥剂干燥

加入干燥剂前尽可能将待干燥液体中的水分分离干净，置于干燥的三颈烧瓶中。干燥剂用量不能太多，否则将吸附液体，引起更大的损失。选用适量的干燥剂投入液体中，塞紧瓶塞（用金属钠做干燥剂时例外，此时瓶塞中应插入一个无水氯化钙管，使氢气放空而水汽不致进入），振荡片刻，静置，使所有的水分全被吸去。此时液体由浑浊变澄清，干燥剂也不黏附于瓶壁，振摇时可自由移动。若干燥剂用量太少，部分干燥剂溶解于水时，用吸管吸出水层，再加入新的干燥剂，放置一段时间，至澄清为止。然后过滤，进行蒸馏精制。干燥时如出现下列情况，要进行相应处理：

① 干燥剂互相黏结，附于器壁上，说明干燥剂用量过少，干燥不充分，需补加干燥剂。

② 容器下面出现白色浑浊层，说明有机液体含水太多，干燥剂已大量溶于水。此时须将水层分出后再加入新的干燥剂。

③ 黏稠液体的干燥应先用溶剂稀释后再加干燥剂。

④ 未知物溶液的干燥，常用中性干燥剂，例如，硫酸钠或硫酸镁。

(2) 共沸干燥法

许多溶剂能与水形成共沸混合物，共沸点低于溶剂本身的沸点，因此当共沸混合物蒸完，剩下的就是无水溶剂。显然，这些溶剂不需要加干燥剂干燥。如工业乙醇通过简单蒸馏只能得到95.5%的乙醇，即使用最好的分馏柱，也无法得到无水乙醇。为了将乙醇中的水分完全除去，可在乙醇中加入适量苯进行共沸蒸馏。先蒸出的是苯-水-乙醇共沸混合物（沸点65℃），然后是苯-乙醇共沸混合物（沸点68℃），残余物继续蒸出即为无水乙醇。

共沸干燥法也可用来除去反应时生成的水。如羧酸与乙醇的酯化过程中，为了使酯的产率提高，可加入苯，使反应所生成的水-苯-乙醇形成三元共沸混合物而蒸馏出来。

2.2.2 固体的干燥

从重结晶得到的固体常带水分或有机溶剂，应根据化合物性质选择适当方法进行干燥。

(1) 自然晾干

这是最简便的干燥方法，将待干燥的固体在滤纸上压平，然后在一张滤纸上薄薄地摊开，用另一张滤纸盖上，在空气中慢慢地晾干。

(2) 红外线干燥

此法穿透性强、干燥快。干燥时旁边可放一支温度计，以便控制温度。要随时翻动固体，防止结块。

（3）加热烘干

热稳定的固体可以在烘箱中烘干，加热的温度切忌超过该固体的熔点，以免固体变色和分解。如加热对氧气敏感的有机化合物，可在真空加热干燥箱中干燥。

（4）干燥器干燥

易吸湿或在较高温度干燥时会分解或变色的物质可用干燥器干燥。干燥器有普通干燥器和真空干燥器两种（图 2-8）。干燥剂通常放在多孔瓷板下面，待干燥的样品用表面皿或培养皿装盛，置于瓷板上面，所用干燥剂由被除去溶剂的性质而定。真空干燥器顶部装有带活塞的玻璃导气管，由此处连接抽气泵，使干燥器压力降低，从而提高干燥效率。

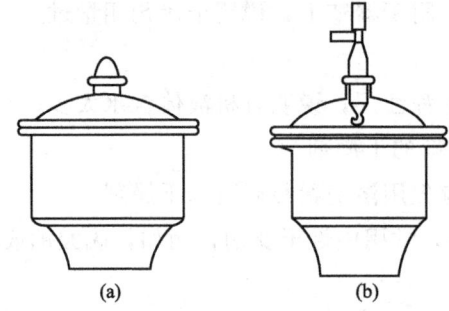

图 2-8　普通干燥器（a）和真空干燥器（b）

（5）干燥枪干燥

干燥枪（图 2-9）又称减压恒温干燥器，干燥效能很高，可除去结晶水或结晶醇，常常用于元素定量分析样品的干燥。使用时将装有样品的小试管或瓷盘放入夹层内，曲颈瓶内放置五氧化二磷，并混杂一些玻璃棉。用水泵（或油泵）抽到一定真空度时，就可关闭活塞，停止抽气。如继续抽气，反而有可能使水汽扩散到枪内。另外要根据样品的性质，选用沸点低于样品熔点的溶剂加热夹层外套，并每隔一定时间再行抽气，使样品在减压或恒定的温度下进行干燥。

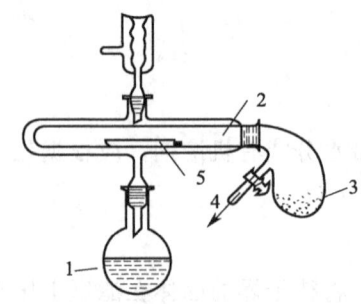

图 2-9　干燥枪

1—盛溶剂烧瓶；2—样品管；3—干燥剂；4—接泵活塞；5—盛样品的瓷盘

(6) 真空冷冻干燥

在高真空的容器中，有机物的水溶液或混悬液先冷冻成固体状态，然后利用冰的蒸气压力较高的性质，使水分从冰冻的体系中升华，有机物即成固体或粉末。对于受热时不稳定物质的干燥，该方法特别适用。但是该方法设备昂贵、运行成本高，普通实验室很少采用。

2.2.3 气体的干燥

有气体参加反应时，常常将气体发生器或钢瓶中气体通过干燥剂干燥。固体干燥剂一般装在干燥管、干燥塔或大的 U 形管内。液体干燥剂则装在各种形式的洗气瓶内。要根据被干燥气体的性质、用量、潮湿程度以及反应条件，选择不同的干燥剂和仪器。氧化钙、氢氧化钠等碱性干燥剂常用来干燥甲胺、氨气等碱性气体，氯化钙常用来干燥 HCl、烃类、H_2、O_2、N_2、CO_2、SO_2 等，浓硫酸常用来干燥 HCl、烃类、Cl_2、N_2、H_2、CO_2 等。

用无水氯化钙干燥气体时，切勿用细粉末，以免吸潮后结块堵塞。如用浓硫酸干燥，酸的用量要适当，并控制好通入气体的速度。为了防止发生倒吸，在洗气瓶与反应瓶之间应连接安全瓶。

用干燥塔进行干燥时，为了防止干燥剂在干燥过程中结块，那些不能保持其固有形态的干燥剂（如五氧化二磷）应与载体（如石棉绳、玻璃纤维、浮石等）混合使用。低沸点的气体可通过冷阱将其中的水或其他可凝性杂质冷冻而除去，从而获得干燥的气体，固体二氧化碳与甲醇组成的体系或液态空气都可作为冷阱的冷冻液。为了防止大气中的水汽侵入，有特殊干燥要求的开口反应装置可加干燥管，进行空气的干燥。

2.3 重结晶

实验一 重 结 晶

【实验目的】

1. 学习重结晶法提纯固态有机化合物的原理和方法。
2. 掌握重结晶的正确操作方法——溶解、脱色、过滤、结晶、干燥等。

【实验原理】

许多固态有机化合物的精制常需要重结晶提纯，重结晶提纯法的原理是利用混合物中各组分在某种溶剂中的溶解度不同，或不同温度时在同一溶剂中的溶解度不同而使它们相互分离。

1. 重结晶包括下列几个主要步骤

① 将粗产品溶解于沸腾或近沸腾的适宜溶剂中，制成饱和溶液。

② 若溶液含有色杂质，可加活性炭煮沸脱色。

③ 将热溶液趁热过滤以除去不溶物质及活性炭。

④ 将滤液冷却，结晶析出。

⑤ 抽气过滤分离母液，分出结晶体或杂质。

⑥ 洗涤结晶，除去附着的母液。

⑦ 干燥结晶，测定熔点。如果发现其纯度不符合要求，可重复上述操作直至熔点不再改变。

2. 溶剂的选择

在重结晶中，选择一适宜的溶剂是非常重要的。否则，达不到纯化的目的。作为适宜的溶剂，要符合下面几个条件。

① 与被提纯的有机化合物不发生化学反应。

② 被提纯的有机化合物应在热溶剂中易溶，而在冷溶剂中几乎不溶。

③ 如果杂质在热溶剂中不溶，则趁热过滤除去杂质；若杂质在冷溶剂中易溶，则留在溶剂中，待结晶后再分离。

④ 对要提纯的有机化合物能生成较整齐的晶体。

⑤ 溶剂的沸点不宜太低，也不宜太高。若过低时，溶解度改变不大，难分离，且操作也难；过高时，附着于晶体表面的溶剂不易除去。常用的溶剂有水、乙醇、丙酮、石油醚、四氯化碳、苯和乙酸乙酯等。

⑥ 价廉易得。

在选择溶剂时应根据"相似相溶"的一般原理。溶质往往易溶于结构与其相似的溶剂中。如果难以找到一种合用的溶剂时，则可采用混合溶剂，混合溶剂一般由两种能以任何比例互溶的溶剂组成，其中一种对被提纯物质的溶解度较大，而另一种对被提纯物质的溶解度较小。一般常用的混合溶剂有乙醇与水、乙醇与丙酮、乙醇与石油醚、苯与石油醚等。

3. 固体物质的溶解

溶解操作是将待重结晶的粗产物放入窄口容器中，加入比计算量略少的溶剂，然后逐渐添加至恰好溶解，最后再多加20%～100%的溶剂将溶液稀释，否则趁热过滤时容易析出结晶。若用量为未知数，可先加入少量溶剂，煮沸，若仍未全溶，则渐渐加至恰好溶解，每次加入溶剂均要煮沸后作出判断。

使用易燃溶剂时，必须按照安全操作规程进行，不可粗心大意！有机溶剂往往不是易燃的就是具有一定的毒性，也有两者兼具的，操作时要熄灭邻近的一切明火，最好在通风橱内操作。常用三颈烧瓶或圆底烧瓶作容器，因为它的瓶口较窄，溶剂不易挥发，又便于摇动促进固体物质溶解。

4. 杂质的除去

溶液如有不溶性物质时，应趁热过滤。热水漏斗见图2-10，将玻璃漏斗套在一个金属制的热水漏斗套里。金属漏斗套的两壁间充水,若过滤溶剂为水时,可加热热水漏斗的侧管;如果过滤溶剂是可燃的,务必熄灭火焰。过滤时要用少量溶剂润湿滤纸,避免滤纸在过滤时因吸附溶剂而使结晶析出。如有颜色时,则要脱色,待溶液冷却后加入活性炭脱色。活性炭的用量根据杂质颜色的深浅而定,一般用量为固体质量的1%~5%,煮沸5~10min,不断搅拌,如一次脱色不好,可再加少量的(1%~2%)活性炭,重复操作。

5. 晶体的析出

将趁热过滤收集的热滤液静置,待其慢慢冷却,溶质将会从溶液中析出。在某些情况下,则需要更长的时间才能析出晶体,此时不要急冷滤液,因为这样形成的结晶会很细。但也不要使形成的晶体过大,否则在晶体中会夹杂母液,造成干燥困难,当看到有大晶体正在形成时,应摇动使之形成均匀的小晶体。

如果溶液冷却后仍不结晶,可向溶液中投入"晶种",或用玻璃棒摩擦器壁诱导晶体形成。

6. 晶体的收集和洗涤

把晶体从母液中分离出来,通常用抽气过滤(或称减压过滤),简称抽滤,见图2-11。其装置包括漏斗、抽滤瓶和水泵三部分。一般使用瓷质的布氏漏斗,漏斗上配有橡皮塞,装在玻璃质的抽滤瓶上,抽滤瓶的支管上套入一根橡皮管。所用的滤纸应比漏斗底部的直径略小,过滤前应先用溶剂润湿滤纸,轻轻抽气,使滤纸紧紧贴在漏斗上,继续抽气,把要过滤的混合物倒入布氏漏斗中,使固体物质均匀地分布在整个滤纸面上,用少量滤液将黏附在容器壁上的结晶洗出。抽气到几乎没有母液滤出时,用玻璃瓶塞或玻璃钉将结晶压干,尽量除去母液,滤得的固体称作滤饼。为了除去结晶表面的母液,应进行洗涤滤饼的工作。洗涤前将连接抽滤瓶的橡皮管拔掉,关闭抽气泵,把少量溶剂均匀地洒在滤饼上,使全部结晶刚好被溶剂盖住为宜,重新接上橡皮管,开启抽气泵把溶剂抽出,重复操作两次,就可把滤饼洗净。用重结晶法纯化后的晶体,其表面还吸附有少量溶剂,应根据所用溶剂及晶体的性质选择恰当的方法进行干燥。

【实验药品】

粗乙酰苯胺,活性炭。

【实验仪器】

烧杯,锥形瓶,布氏漏斗,热水漏斗,抽滤瓶,安全瓶,水泵,滤纸,铁架台,石棉网,酒精灯,表面皿。

【实验装置】

热水漏斗过滤装置见图2-10,抽滤装置见图2-11。

【实验步骤】

称取2g粗乙酰苯胺,放在250mL的烧杯中,加入100mL水,小火加热至沸腾[1],

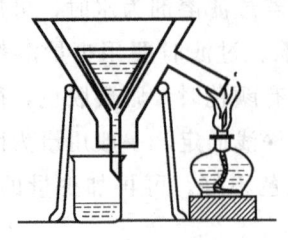
图 2-10 热水漏斗过滤装置

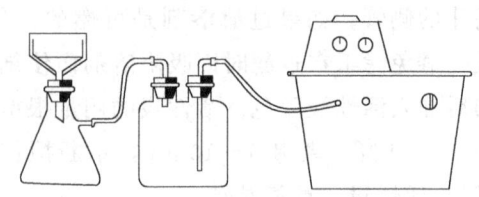
图 2-11 抽滤装置

直至乙酰苯胺溶解，若不溶解，可适量添加少量热水，搅拌并加热至接近沸腾使乙酰苯胺完全溶解，稍冷后，加入适量（约 0.5 g）活性炭于溶液中，煮沸 5~10min，趁热用热水漏斗和折叠式滤纸过滤或快速抽滤，用锥形瓶收集滤液。在过滤过程中，热水漏斗和溶液均用小火加热保温以免冷却[2]。滤液放置冷却后，有乙酰苯胺结晶析出，待晶体析出完全后，减压过滤，用玻璃钉或玻璃瓶塞压挤晶体，继续抽滤，尽量除去母液，然后进行晶体的洗涤工作。即先把橡皮管从抽滤瓶上拔出，关闭抽气泵，把少量蒸馏水（作溶剂）均匀地洒在滤饼上，浸没晶体，用玻璃棒均匀地搅动晶体，然后接上橡皮管，继续抽滤，如此重复洗涤两次，晶体已基本上洗净。取出晶体，放在表面皿上晾干，或在 100℃ 以下烘干，称重。计算回收率。

乙酰苯胺在水中的溶解度为 5.5 g/100mL（100℃），0.53 g/100mL（25℃）。

【注意事项】

[1] 加热时火不能太大，以免水分蒸发过多。

[2] 在热过滤过程中对热溶液适时进行小火加热，以防结晶析出。

【思考题】

1. 重结晶一般包括哪几个步骤？各步骤的主要目的是什么？
2. 重结晶时，溶剂的用量为什么不能过量太多，也不能过少？如何确定溶剂用量？
3. 用活性炭脱色为什么要待固体物质完全溶解后才加入？为什么不能在溶液沸腾时加入？
4. 停止抽滤前，如不先拔掉橡皮管就关停水泵，会有什么后果？

2.4 升华

实验二 升 华

【实验目的】

1. 了解升华法的基本原理和适用范围。
2. 学会升华法的基本装置及操作方法。

【实验原理】

升华（sublimation）是指物质自固态不经过液态而直接汽化为蒸气，然后蒸气冷却又直接冷凝为固态物质的过程。升华是纯化固体有机化合物的一种方法。固体化合物的蒸气压和固体化合物表面所受压力相等时的温度，称为该物质的升华点（sublimation point）。

通过物质三相平衡图（three-phase equilibrium graph）可以控制升华的条件，图2-12 中，曲线 ST 表示固相与气相平衡时固体的蒸气压曲线。TW 表示液相与气相平衡时液体的蒸气压曲线。TV 表示固相、液相两相平衡时的温度和压力，它指出了压力对熔点的影响。三曲线相交点为三相点（triple point），在此点 T，固、液、气三相可同时并存。

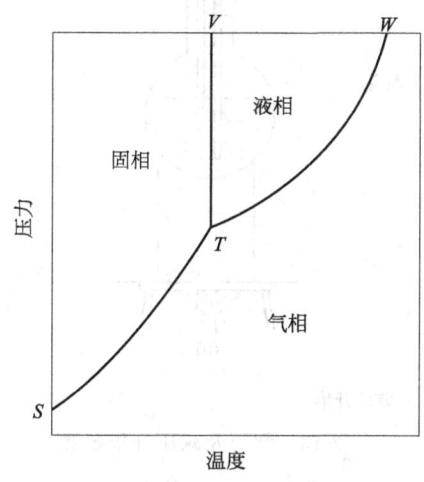

图 2-12 物质三相平衡图

樟脑、蒽醌、固态硫等在三相点以下蒸气压较高，固态物质可以在固、气两相的三相点温度以下进行升华。若升高温度，固体不经过液态直接转变成气相；若降低温度，气相也不经过液态直接转变成固相。萘等在三相点时的平衡蒸气压较低的固态物质使用一般升华方法不能得到满意的结果，若加热至熔点以上，使其具有物质三相平衡图较高的蒸气压，同时通过空气或惰性气体，以降低萘的分压、加速蒸发，还可以避免过热现象。

利用升华可以除去不挥发性杂质或分离挥发度不同的固态物质，并可得到较高纯度的产物。一般来说，结构上对称性较高的物质具有较高的熔点，且在熔点温度时具有较高的蒸气压（高于 2.66kPa），易于用升华来提纯。此外，常压下其蒸气压不大或受热易分解的物质，常用减压升华的方法进行提纯。由于操作时间长，产物损失较大，通常实验室中仅用升华法来提纯少量（1～2g 以下）的固态物质。用升华法提纯固体，必须满足以下两个必要条件：

① 被纯化的固体要有较高的蒸气压。
② 固体中杂质的蒸气压应与被纯化固体的蒸气压有明显的差异。

【实验药品】

硫黄，脱脂棉。

【实验仪器】

玻璃漏斗，瓷蒸发皿，表面皿，石棉网，烧杯，泥三角，滤纸，酒精灯，铁架台，圆底烧瓶，吸滤管，直形冷凝管。

【实验装置】

常压及减压升华装置见图 2-13。

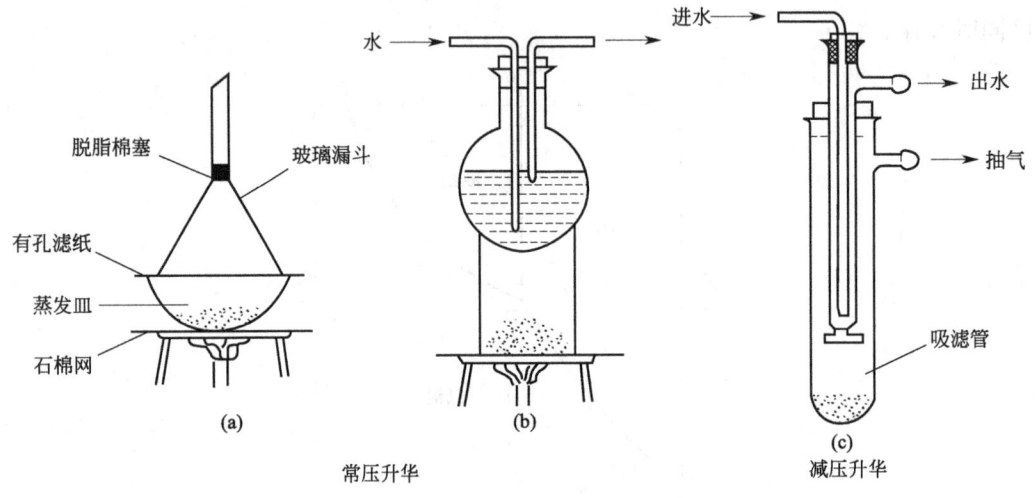

图 2-13　常压及减压升华装置

【实验步骤】

1. 常压升华

图 2-13(a) 是常压下常用的简易升华装置。将待升华的样品研碎[1]后放入瓷蒸发皿中，上面盖一张刺有许多小孔[2]的滤纸，取一个直径略小于蒸发皿的大小合适的玻璃漏斗倒置在滤纸上面作为冷凝面[3]，漏斗颈用脱脂棉轻塞，防止蒸气逸出。下面用石棉网或沙浴缓慢加热[4-5]，待升华的样品的蒸气通过滤纸孔上升，冷却后凝结在滤纸上或漏斗的冷凝面上。必要时，漏斗壁上可以用湿滤纸冷却。升华结束时，先移去热源，稍冷后，小心拿下漏斗，轻轻揭开滤纸，将凝结在滤纸正反两面的晶体刮到干净的表面皿上。较大量物质的升华可用图 2-13(b) 所示的装置。把待升华的样品放入烧杯内，用通水冷却的圆底烧瓶作为冷凝面，使待升华的蒸气在烧瓶底部凝结成晶体并附着在瓶底上。

2. 减压升华

图 2-13(c) 是减压升华的装置。把欲升华的物质（升华前要充分干燥）放在吸滤管内，吸滤管上装有直形冷凝管，内通冷却水，通常用油浴对吸滤管加热，并视具体情况用油泵或水泵抽气减压，使升华的物质冷凝于直形冷凝管的外壁上。升华结束后

应慢慢使体系连通大气，以免空气突然冲入而把冷凝管上的晶体吹落，取出冷凝管时也要小心轻拿。

3. 硫黄的提纯

将 1g 研碎后的硫黄放入瓷蒸发皿中，上面盖一张刺有许多小孔的滤纸，取一个直径略小于蒸发皿的大小合适的玻璃漏斗倒置在滤纸上面作为冷凝面，漏斗颈用脱脂棉轻塞，防止蒸气逸出。下面用热水浴加热，硫黄挥发产生无色的硫黄蒸气，并通过滤纸孔上升，冷却后凝结在滤纸上和漏斗的冷凝面上。升华结束时，先移去热源，稍冷后，小心拿下漏斗，轻轻揭开滤纸，将凝结在滤纸上和玻璃漏斗内壁上细小的硫黄颗粒刮到干净的表面皿上。称重，计算产率。

4. 微型方法

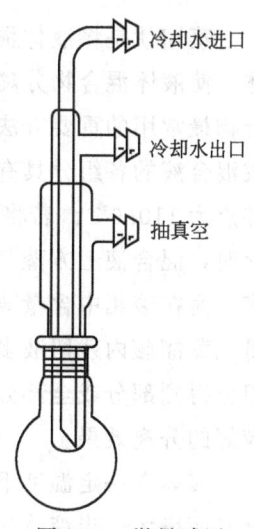

图 2-14 微量减压升华装置

在圆底烧瓶中加入少许硫黄粉，再把干燥的真空冷凝管插接到烧瓶上，接通真空冷凝管的冷凝水，并用针筒连接真空冷凝管的抽气管。水浴加热，用针筒抽气使体系减压升华（图 2-14），此时在冷凝柱上开始出现升华的结晶硫黄。待烧瓶底部黄色全部消失后，撤去水浴，小心拔出真空冷凝管，刮下晶体称重，计算产率。

【注意事项】

［1］升华发生在物质的表面，待升华的样品应该研得很细。
［2］刺孔向上，以避免升华上来的物质再落到蒸发皿内。
［3］升华面到冷凝面的距离必须尽可能短，以便获得快的升华速度。
［4］蒸发皿与石棉网之间隔开几毫米。
［5］提高升华温度可以使升华加快，但会使产物晶体变小，产物纯度下降。注意在任何情况下，升华温度均应低于物质的熔点。

【思考题】

1. 升华操作时，为什么要缓缓加热？升温过高有什么影响？
2. 升华操作时，为什么要尽可能使加热温度保持在被升华物质的熔点以下？
3. 什么是升华？凡是固体有机物是否都可以用升华方法提纯？升华方法有何优点？

2.5 蒸馏

实验三 常压蒸馏

【实验目的】

1. 掌握常压蒸馏的原理和操作方法。

2. 了解常压蒸馏的实际应用意义。

【实验原理】

蒸馏就是将液体混合物加热至沸腾，使液体汽化，然后，蒸气通过冷凝变为液体，使液体混合物分离的过程，从而达到提纯的目的。蒸馏是分离和提纯液态有机化合物最常用的重要方法之一。液体混合物之所以能用蒸馏的方法加以分离，是因为组成混合液的各组分具有不同的挥发度。例如，在常压下，苯的沸点为80.1℃，甲苯的沸点为110.6℃。若将苯和甲苯的混合液在蒸馏瓶内加热至沸腾，混合液部分被汽化。此时，混合液上方蒸气的组成与液相的组成不同，沸点低的苯，在气相中的含量增多，而在液相中含量减少。因而，若部分汽化的蒸气全部冷凝，就得到易挥发组分含量比蒸馏瓶内残留液多的冷凝液，从而达到分离的目的。通过蒸馏可以使混合物中各组分得到部分或全部分离。但各组分的沸点必须相差很大，一般在30℃以上才可得到较好的分离效果。

液体在一定温度下具有一定的饱和蒸气压，将液体加热时，饱和蒸气压随温度的升高而增大，当液体的饱和蒸气压与外压相等时液体沸腾，这时液体的温度就是该液体在此压力下的沸点。通常所说的沸点是指一个大气压下，即101.325kPa（760mmHg）时液体沸腾的温度。显然沸点与所受外界压力的大小有关，而且与组成有关。纯的液态物质在大气压下有一定的沸点。如果蒸馏时液体在一定的温度范围内沸腾，此馏出液所对应的沸腾温度范围称为沸程，则说明该物质不纯。因此可借蒸馏的方法来测定物质的沸点和定性地检验物质的纯度。但是，某些有机化合物往往能和其他组分形成二元或三元恒沸混合物，它们也有一定的沸点，因此，不能认为沸点一定的物质都是纯物质。

【实验药品】

废酒精或酒精提取物，沸石。

【实验仪器】

圆底烧瓶，蒸馏头，直形冷凝管，接引管，温度计，水浴锅，铁架台，铁夹，单孔软木塞，橡皮管（2根）。

【实验装置】

蒸馏实验装置见图2-15。

【实验步骤】

1. 蒸馏装置

蒸馏装置如图2-15所示，一般是由圆底烧瓶（蒸馏瓶）、蒸馏头、温度计、冷凝器（冷凝管）与接引管、接收瓶组成。根据蒸馏液的体积，选择大小合适的圆底烧瓶。一般瓶内的液体量为烧瓶容积的1/3~2/3。装置应先从热源开始，由下而上，然后沿馏出液流向逐一进行安装。根据热源的高低，把蒸馏瓶用垫有橡皮或石棉布的铁

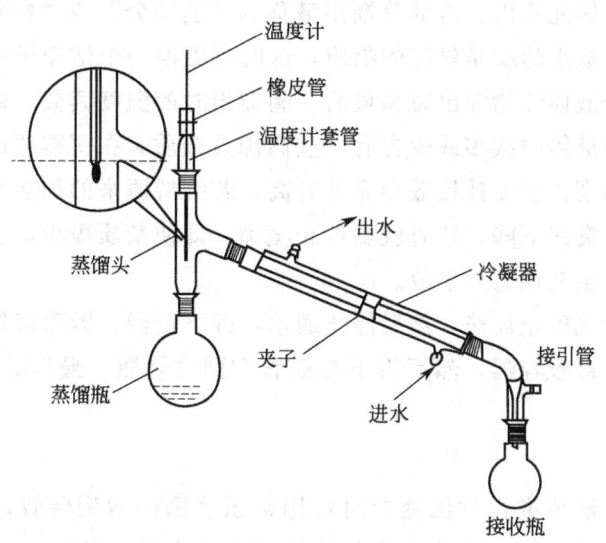

图 2-15 蒸馏实验装置

夹固定在铁架台上。在蒸馏头的上口装上温度计，此时应注意密合而不漏气，温度计的插入深度应使水银球的上端与蒸馏头支管口的下端在同一水平线上（如图 2-15），以保证在蒸馏时整个水银球能完全处于蒸气中，准确地反映馏出液的温度。根据蒸馏液沸点的高低，选用长度合适的冷凝管，用铁夹固定在另一铁架台上，铁夹应夹在冷凝管的中间偏上部位。调整冷凝管位置，使其与蒸馏头支管同轴，然后拧松冷凝管铁夹，将冷凝管沿轴线向斜上方拧动与蒸馏头支管紧密相连。各铁夹不能过紧和过松，以夹住后稍用力尚能转动为宜。最后接上接引管和接收容器，接收容器下面需用木块等物垫牢，不可悬空，以免馏出液增多时脱落。在常压蒸馏装置中，接引管部分必须有与大气相通之处，不能形成密闭体系，否则加热时由于气体体积的膨胀会造成爆炸事故。

2. 加料

仪器装配完成后，应认真检查装配是否正确。确定无误后将 30mL 待蒸馏液通过长颈漏斗（或直接沿着支管的瓶壁）小心加入圆底烧瓶中，漏斗颈口应低于蒸馏头支管，要注意不使液体从支管流出。加入几粒沸石或其他助沸物[1]，装好温度计。

3. 加热

加热前，应再检查整套装置是否正确，各仪器连接是否紧密（防止漏气），实验药品、沸石是否加好，冷凝水[2] 是否通入，一切无误后再开始加热。注意观察圆底烧瓶内液体的沸腾情况，当蒸气上升到温度计水银球部位时，温度计读数会急剧上升至沸点，开始有馏出液流出。此时应调节热源，控制蒸馏速度 1～2 滴/s 为宜。蒸馏时，温度计水银球应处于蒸气中，可观察到水银球上始终有被冷凝的液滴存在。此时温度计读数较准确地反映出液体与蒸气平衡的温度，即馏出液的沸点。

4. 馏分的收集

进行蒸馏前，至少要准备两个接收容器，因为在达到所需馏分物质的沸点之前，常有沸点较低的液体先蒸出。这部分馏出液称为"前馏分"或"馏头"。前馏分蒸完,温度趋于稳定后,蒸出的就是较纯的物质,这时应更换一个洁净干燥预先称重的接收容器。记录这部分液体开始馏出时和最后一滴馏出时的温度读数,即是该馏分的沸程(沸点范围)。一般液体中或多或少含有一些高沸点杂质,在所需要的馏分蒸出后,若再继续升高加热温度,温度计读数会显著升高;若维持原来的加热温度,就不会再有液体蒸出,温度会突然下降,这时就要停止蒸馏。即使杂质极少,也不要蒸干,以免圆底烧瓶破裂及发生其他意外事故。

蒸馏完毕,应先停止加热,然后停止通水,拆下仪器。拆除仪器的程序和装配的程序相反,先取下接收容器,然后拆下冷凝管和圆底烧瓶,最后称收集液体的质量,计算回收产率。

5. 微型方法

若用 5~6mL 液体进行常压蒸馏时可用常压蒸馏的微型装置,如图 2-16(a) 所示。若液体少于 4mL,可改用微型蒸馏头进行蒸馏和沸点的测定,如图 2-16(b) 所示。微型蒸馏头集冷凝和接收为一体,液体在烧瓶内汽化,在蒸馏头和冷凝管中被冷却,冷凝下来的液体沿壁流下,聚集于蒸馏头的承接阱中。将温度计的水银球与承接阱口齐平,可读出馏出液的沸程。

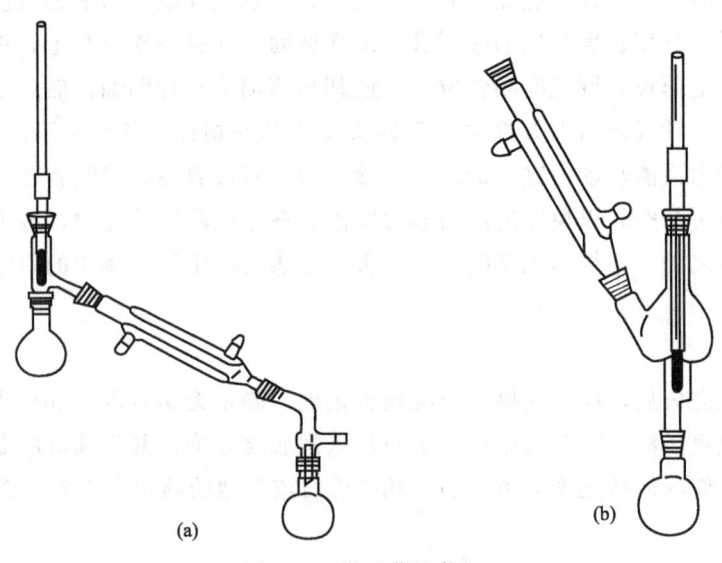

图 2-16 微型蒸馏装置

【注意事项】

[1] 蒸馏前应加入少量沸石以供给沸腾汽化时所需要的汽化中心,否则可能由于过热而出现暴沸现象。如果加热前忘了加沸石,补加时必须先移去热源,待加热液体冷却至沸点以下后方可加入。如果沸腾中途停止过,则在重新加热前应加入新的沸石,因为起初加入的沸石在加热时逐出了部分空气,在冷却时吸附了液体,因而可能已失效。

[2] 蒸馏所用的冷凝管，一般选用直形或空气冷凝管。冷凝器的长短粗细视蒸馏物的沸点高低而定。沸点愈低，蒸气愈不容易冷凝，需要长而粗的冷凝管。一般冷凝管下端侧管为进水口，上端侧管为出水口。当沸点高于140℃时，应选用空气冷凝管。蒸馏头的支管口应进入冷凝头约2～3cm左右。

[3] 蒸馏易挥发和易燃的物质，不能用明火，否则易引起火灾，故要用热浴。

【思考题】

1. 常压蒸馏装置中，为什么冷凝管之前装置不能漏气，而冷凝管之后装置要与大气相通？

2. 蒸馏时，放入止暴剂为什么能防止暴沸？如果加热后才发现未加入止暴剂，应该怎样处理才安全？

3. 当加热后有馏出液流出时，才发现冷凝管未通水，请问能否马上通水？应如何操作？

实验四　减压蒸馏

【实验目的】

1. 学习减压蒸馏的原理及其应用。
2. 认识减压蒸馏的主要仪器设备。
3. 掌握减压蒸馏仪器的安装和减压蒸馏的操作方法。

【实验原理】

某些沸点较高的有机化合物在加热还未达到沸点时往往发生分解或氧化的现象，所以不能用常压蒸馏。使用减压蒸馏便可避免这种现象的发生，因为当蒸馏系统内的压力减小后，其沸点便降低。当压力降低到1.3～2.0kPa（10～15mmHg）时，许多有机化合物的沸点可以比其常压下的沸点降低80～100℃。因此，减压蒸馏对于分离或提纯沸点较高或性质比较不稳定的液态有机化合物来说具有特别重要的意义。所以，减压蒸馏亦是分离提纯液态有机物常用的方法。

一般把压力范围划分为几个等级：

"粗"真空（10～760mmHg），一般可用水泵获得。

"次高"真空（<0.001～1mmHg），可用油泵获得。

"高"真空（<10^{-3}mmHg），可用扩散泵获得。

【实验药品】

粗乙酰乙酸乙酯或粗异戊醇，真空油脂。

【实验仪器】

圆底烧瓶，克氏蒸馏头，毛细管（起泡管），螺旋夹，直形冷凝管，真空接引管，安全瓶,冷却阱,压力计,耐压橡皮管及普通橡皮管,铁架台,电炉,水浴锅,水(油)泵,温度计。

【实验装置】

减压蒸馏装置见图 2-17。

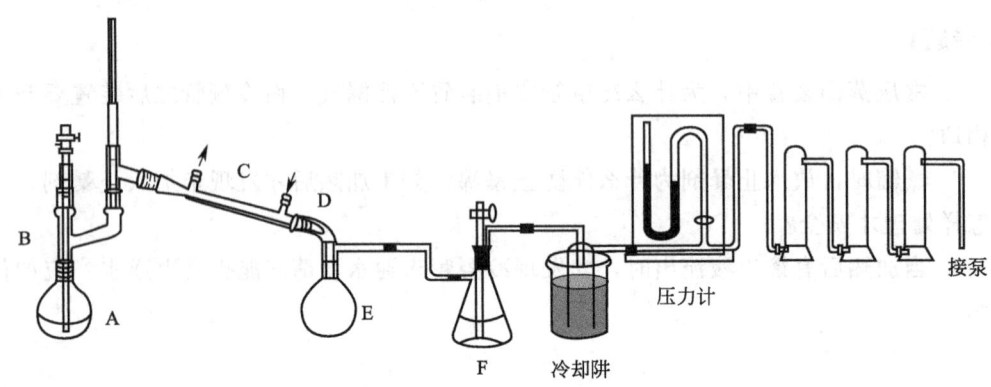

图 2-17 减压蒸馏装置

【实验步骤】

1. 减压蒸馏装置

减压蒸馏装置是由圆底烧瓶 A、克氏蒸馏头 B(或用 Y 形管与蒸馏头组成)、直形冷凝管 C、真空接引管 D(双股接引管或多股接引管)、接收器 E、安全瓶 F、冷却阱、压力计和油泵(或循环水泵)组成的,见图 2-17。

(1) 蒸馏部分

在克氏蒸馏头的直口处插一根毛细管,直至蒸馏瓶底部,距底部距离越短越好,但又要保证毛细管有一定的出气量,毛细管口距瓶底一般 1~2nm。毛细管的作用是在抽真空时,将微量气体抽进反应体系中,起到搅拌和汽化中心的作用,防止液体暴沸。因为在减压条件下沸石已不能起汽化中心的作用。毛细管口要很细,检查毛细管口的方法是,将毛细管插入小试管的乙醚内,在玻璃管口轻轻吹气,若毛细管能冒出一连串的细小气泡,仿如一条细线,即为可用。如果不通气,表示毛细管堵塞了,不能用。在毛细管上端加一节乳胶管并插入一根细铜丝,用螺旋夹夹住,可以调节进气量。进行半微量和微量减压蒸馏时,用电磁搅拌搅动液体可以防止液体暴沸。常量减压蒸馏时,因为被蒸馏液体较多,用此方法不太妥当。

(2) 接收器

蒸馏少量物质,或沸点 150℃以上物质时,可用圆底烧瓶作接收器;蒸馏沸点 150℃以下物质时,接收器前应连接冷凝管冷却。如果蒸馏不能中断或要分段接收馏出液时,则要采用多头接引管。

(3) 安全瓶

一般用抽滤瓶,因其壁厚耐压,安全瓶与减压泵和压力计相连,活塞用来调节压力及放气。还可防止水压下降时,水泵中的水倒吸至蒸馏装置内。

(4) 压力计

实验室通常采用水银压力计来测量系统的压力。开口式水银压力计装汞方便,比较准确,所用玻璃管的长度需超过760mm。U形管两臂汞柱高度之差即为大气压力与系统中压力之差。因此,蒸馏系统内的实际压力(真空度)应为大气压力(以毫米汞柱表示)减去这一汞柱之差。封闭式水银压力计的优点是轻巧方便,两臂液面高度之差即为蒸馏系统中的真空度。使用时应避免水或脏物侵入压力计内,水银柱中也不得有残留的空气,否则将影响测定的准确性。

(5) 减压泵(抽气泵)

在化学实验室通常使用的减压泵有水泵和油泵两种,不需要很低的压力时可用水泵。如果水泵的构造好,且水压又高时,其抽空效率可以达到1067~3333Pa(8~25mmHg)。水泵所能抽到的最低压力,理论上相当于当时水温下的水蒸气压力。例如,水温在25℃、20℃、10℃时,水蒸气压力分别为3200Pa、2400Pa、1203Pa(24mmHg、18mmHg、9mmHg)。用水泵抽气时,应在水泵前装上安全瓶,以防水压下降时,水流倒吸。停止蒸馏时要先放气,然后关水泵。

需要较低的压力时需要用油泵,抽空效率可达到133.3Pa(1mmHg)以下。油泵的好坏取决于其机械结构和油的质量,使用油泵时必须配套有吸收装置。如果蒸馏挥发性较大的有机溶剂时,有机溶剂会被油吸收,增加了蒸气压从而降低了抽空效能;如果是酸性蒸气,就会腐蚀油泵;如果是水蒸气,就会使油成乳浊液破坏真空油。因此,使用油泵时必须注意下列几点:

① 蒸馏系统和油泵之间,必须装有吸收装置。吸收装置的作用是吸收对真空泵有损害的各种气体或蒸气,以保护油泵。吸收装置一般由下述几部分组成:

(a) 捕集管。用来冷凝水蒸气和一些挥发性物质,捕集管外用冰-盐混合物冷却。

(b) 氢氧化钠吸收塔。用来吸收酸性蒸气。

(c) 硅胶(或用无水氯化钙)干燥塔。用来吸收经捕集管和氢氧化钠吸收塔后还未除净的残余水蒸气。若蒸气中含有碱性蒸气或有机溶剂蒸气,则要增加碱性蒸气吸收塔和有机溶剂蒸气吸收塔等。

② 蒸馏前必须先用水泵彻底抽去系统中的有机溶剂的蒸气。

③ 如能用水泵抽气的,则尽量使用水泵。如蒸馏物中含有挥发性杂质,可先用水泵减压抽除,然后改用油泵。

减压系统必须保持密封不漏气,所有的橡皮塞的大小和孔道都要合适,橡皮管要用厚壁的真空用橡皮管,磨口玻塞涂上真空油脂。

2. 减压蒸馏操作

① 按图2-17安装好仪器(注意安装顺序),检查蒸馏系统是否漏气。方法是旋紧毛细管上的螺旋夹,打开安全瓶上的二通活塞,旋开水银压力计的活塞,然后开泵抽气(如用水泵,这时应开至最大流量)。逐渐关闭安全瓶上的二通活塞,从压力计上

观察系统所能达到的压力,若压力变动不大,应检查装置中各部分的塞子和橡皮管的连接是否紧密,必要时可用熔融的石蜡密封,磨口仪器可在磨口接头的上部涂少量真空油脂进行密封(密封应在解除真空后才能进行)。检查完毕后,缓慢打开安全瓶的活塞,使系统与大气相通,压力计缓慢复原,关闭油泵停止抽气。

② 将粗乙酰乙酸乙酯装入圆底烧瓶中,以不超过其容积的1/2为宜。若被蒸馏物质中含有低沸点物质,在进行减压蒸馏前,应先进行常压蒸馏,尽可能除去低沸点物质。

③ 按①所述操作方法,开启油泵,小心调节安全瓶上的二通活塞达到实验所需真空度。调节毛细管上的螺旋夹,使液体中有连续平稳的小气泡通过。

④ 当调节到所需真空度时,将圆底烧瓶浸入水浴或油浴中,通入冷凝水,开始加热蒸馏。加热时,圆底烧瓶的圆球部分至少应有 2/3 浸入热浴中。待液体开始沸腾时,调节热源的温度,根据表 2-2 数据收集产品,控制馏出液的速度为 1~2 滴/s。

表 2-2 乙酰乙酸乙酯沸点与压力的关系

压力/mmHg	760	80	60	40	30	20	18	14	12
沸点/℃	181	100	97	92	88	82	78	74	71

⑤ 蒸馏完毕,应先移去热源,取下热浴装置,待稍冷后,稍稍启松毛细管上的螺旋夹,缓慢打开安全瓶上的活塞解除真空,待系统内外压力平衡后方可关闭减压泵。

3. 微型方法

(1) 仪器装置

微型减压蒸馏装置由圆底烧瓶、蒸馏头、温度计及减压蒸馏毛细管组成,如图 2-18。也可以用电磁搅拌代替减压蒸馏毛细管达到防止暴沸的目的。

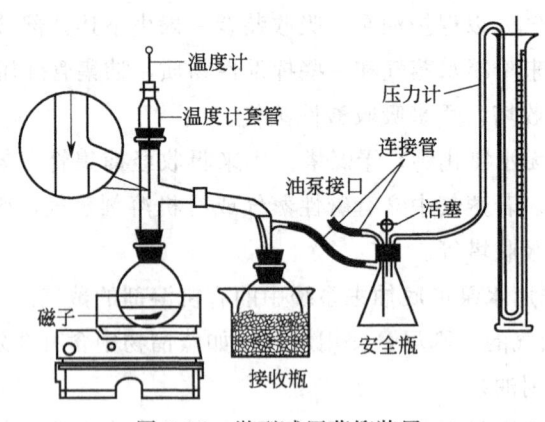

图 2-18 微型减压蒸馏装置

(2) 操作步骤

与常规方法相同。

【注意事项】

[1] 一定要缓慢地旋开安全瓶上的活塞,使压力计中的汞柱缓缓地恢复原状,否

则,汞柱急速上升,有冲破压力计的危险。

［2］不能用火直接加热,应按照实际情况选用热浴,本实验用油浴。

【思考题】

1. 减压蒸馏的原理是什么?在怎样的情况下才用减压蒸馏?
2. 装配减压蒸馏装置应注意什么问题?减压蒸馏操作中应注意哪些事项?
3. 在进行减压蒸馏时,为什么必须用热浴加热而不能用直接火加热?

实验五 水蒸气蒸馏

【实验目的】

1. 学习水蒸气蒸馏的原理及其应用。
2. 掌握水蒸气蒸馏的装置及其操作方法。

【实验原理】

在一定温度下,在互不混溶的挥发性物质的混合物中,每一种挥发性物质都有各自的蒸气压,其大小和该物质单独存在时一样,与其他挥发性物质是否存在无关。这就是说混合物中的每一组分是单独蒸发的。这一性质与互溶液体的溶液完全相反。

由道尔顿(Dalton)分压定律可知,进行水蒸气蒸馏,当向不溶于水的有机物中通入水蒸气(或将不溶于水的有机物与水一起加热)时,混合物液面上的蒸气压应为各组分蒸气压之和。即:$p=p_水+p_A$,式中,p 为总蒸气压,$p_水$ 为水蒸气压,p_A 为与水不相溶物或难溶物质的蒸气压。当总蒸气压(p)与大气压力相等时,则液体沸腾。显然,混合物的沸点低于任何一个组分的沸点。即有机物可在比其沸点低得多的温度,而且在低于 100℃ 的温度下随蒸气一起蒸馏出来,这样的操作叫作水蒸气蒸馏(water vapor distillation)。

伴随水蒸气蒸馏出的有机物和水,两者的质量(m_A 和 $m_水$)比等于两者的分压(p_A 和 $p_水$)分别和两者的分子量(M_A 和 $M_水$)乘积之比,因此,在馏出液中有机物质同水的质量比可按式(2-1)计算:

$$\frac{m_A}{m_水}=\frac{M_A \times p_A}{18 \times p_水} \tag{2-1}$$

例如在制备苯胺时(苯胺的沸点为 184.4℃),将水蒸气通入含苯胺的反应混合物中,当温度达到 98.4℃ 时,苯胺的蒸气压为 5652.5Pa,水的蒸气压为 95427.5Pa,两者总和接近大气压力,于是,混合物沸腾,苯胺就随水蒸气一起被蒸馏出来。

$p_水=95427.5\text{Pa}$, $p_{苯胺}=5652.5\text{Pa}$, $M_水=18 \text{ g/mol}$, $M_{苯胺}=93 \text{ g/mol}$,代入式(2-1),

$$\frac{m_{苯胺}}{m_水}=\frac{5652.5 \times 93}{95427.5 \times 18}=0.31$$

得到馏出液中苯胺的含量 $\dfrac{0.31}{1+0.31} \times 100\% = 23.7\%$

在实验室中，通常使用两种水蒸气蒸馏方法。其一，加热水蒸气发生器中的水，产生水蒸气，再通入盛有有机物的烧瓶内（如图 2-20 所示），此方法叫外蒸气法；其二，把有机物和水装入同一烧瓶中加热，就地产生水蒸气，此方法叫内蒸气法。本实验使用外蒸气法。水蒸气蒸馏是用来分离和提纯液态或固态有机化合物的一种方法，常用在下列几种情况：

① 某些沸点高的有机化合物，在常压蒸馏虽可与副产品分离，但其结构易被破坏；

② 混合物中含有大量树脂状杂质或不挥发性杂质，采用蒸馏、萃取等方法都难以分离；

③ 从较多固体反应物中分离出被吸附的液体。

被提纯物质必须具备以下几个条件：

① 不溶或难溶于水；

② 共沸腾下与水不发生化学反应；

③ 100℃左右时，必须具有一定的蒸气压（666.5～1333Pa，5～10mmHg）。

【实验药品】

粗松节油，无水氯化钙，苯胺，沸石。

【实验仪器】

圆底烧瓶，长颈圆底烧瓶，直形冷凝管，接引管，T形管，螺旋夹，长玻璃管，分液漏斗，玻璃弯管，电热套，铁架台，双孔软木塞，橡皮管等。

【实验装置】

水蒸气蒸馏装置见图 2-19～图 2-21。

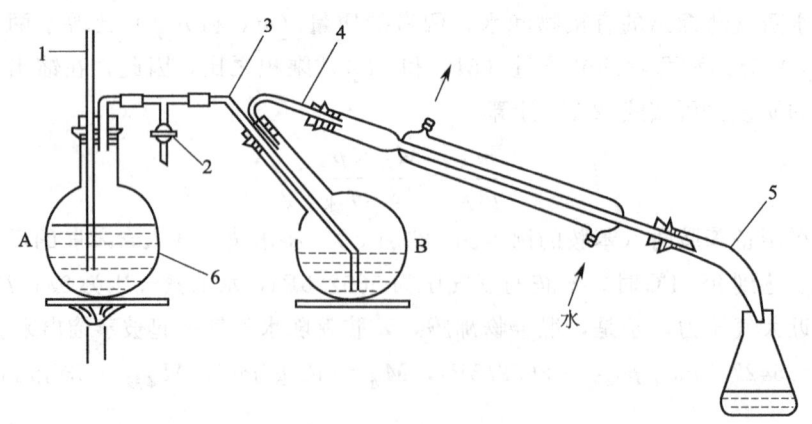

图 2-19　常用水蒸气蒸馏装置

1—安全管；2—螺旋夹；3—水蒸气导入管；4—馏出液导出管；5—接引管；6—水蒸气发生器

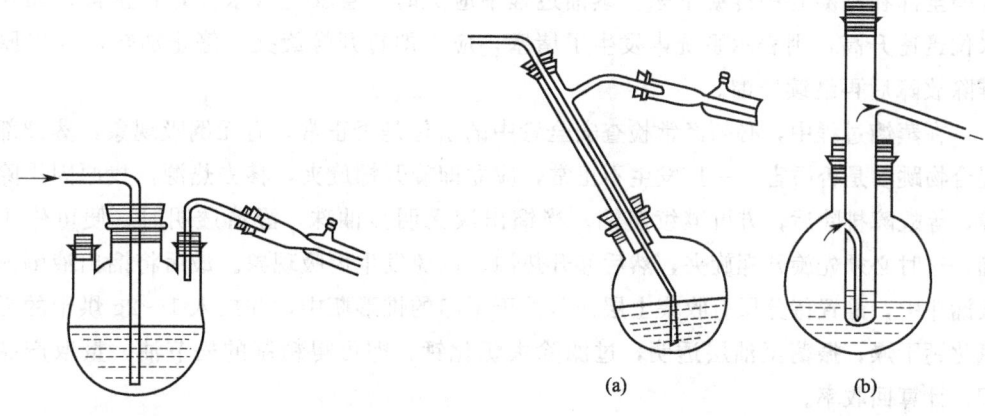

图 2-20 利用原反应容器进行水蒸气蒸馏　　图 2-21 微量水蒸气蒸馏装置

【实验步骤】

1. 水蒸气蒸馏装置

图 2-19 是实验室常用的水蒸气蒸馏装置。包括水蒸气发生器、蒸馏部分、冷凝部分和接收器四个部分。

如图 2-19 所示，取一个 500mL 圆底烧瓶 A 作为水蒸气发生器（也可用金属瓶作为水蒸气发生器），固定在铁架台上，瓶口配一双孔软木塞，一孔插入长约 60~80 cm 的玻璃管作为安全管[1]，管下端接近烧瓶底部，另一孔插入蒸气导出管。导出管与一个 T 形管相连，T 形管的支管套上一短橡皮管，橡皮管上用螺旋夹夹住，T 形管的另一端与蒸馏部分的导管相连。这段水蒸气导管应尽可能短些，以减少水蒸气的冷凝。T 形管用来除去水蒸气中冷凝下来的水。有时在操作发生不正常的情况时，可使水蒸气发生器与大气相通。

蒸馏部分通常采用 250mL 长颈圆底烧瓶，被蒸馏的液体量不能超过其容积的 1/3，斜放，与桌面成 30°~45°[2]。

在作为蒸馏部分（盛有欲分离的物质）的长颈圆底烧瓶上，配双孔软木塞。一孔插入内径约 9mm 的水蒸气导入管[3]，使它正对烧瓶底中央，距瓶底约 8~10mm，另一孔插入内径约 8mm 的导出管，其末端连接一直形冷凝管[4]。

为了减少由于反复移换容器而引起的产物损失，常直接利用原来的反应器（即非长颈圆底烧瓶），按图 2-20 所示的装置进行水蒸气蒸馏。如产物不多，改用图 2-21 微量装置进行水蒸气蒸馏。

2. 水蒸气蒸馏操作

在水蒸气发生器 A 中加入约占容器容积 2/3 的热水，在圆底烧瓶 B 中加入 30mL 粗松节油和 50mL 水，待检查整个装置不漏气后，旋开 T 形管的螺旋夹，加热至沸腾。当有大量水蒸气从 T 形管的支管冲出时，立即旋紧螺旋夹，水蒸气便进入蒸馏部分，开始蒸馏。在蒸馏过程中，如由于水蒸气的冷凝而使烧瓶内液体量增加，以至超过烧瓶容积的 2/3 时，或者水蒸气蒸馏速度不快时，则将蒸馏部分隔石棉网加热，要注意瓶内跳动现象，如果跳动剧烈，则不应加热。控制蒸馏速度为 2~3 滴/s，使蒸气能全部在冷凝管中冷凝下来。蒸馏过程中应随时注意安全管水位是否正常,如发现水位迅速升高,则表示系统内发生了堵塞,应立即打开螺旋夹,停止加热,找出原因排除故障后再继续蒸馏。

在蒸馏过程中,必须经常检查安全管中的水位是否正常,有无倒吸现象,蒸馏部分混合物跳动是否厉害。一旦发生不正常,应立即旋开螺旋夹,移去热源,找原因排除故障,等故障排除后,方可继续蒸馏。当馏出液无明显油珠,澄清透明时,便可停止蒸馏,这时必须先旋开螺旋夹,然后移开热源,以免发生倒吸现象。最后将馏出液倒入分液漏斗中,静置待分层。收集上层松节油于干净的锥形瓶中,并放入 1~2g 烘干的无水氯化钙干燥,振荡至油层透明,过滤除去氯化钙,即可得精制的松节油,量取产品体积,计算回收率。

3. 微型方法

在微量有机实验中,少量物质的水蒸气蒸馏也是经常要进行的。与常规的水蒸气蒸馏不同,微量水蒸气蒸馏装置,在操作中尽量简化接收装置,以使产品少受损失,或是使待蒸馏物质与水共沸蒸出,免去水蒸气发生装置。如图 2-21 所示,进行少量物质的水蒸气蒸馏,将圆底烧瓶中的水小心加热至沸,生成的蒸气通过下面的管子进入试管,因为试管位于水蒸气中,所以在蒸馏过程中,试管内部的液体体积并不增加,这是此装置的特点。在如图 2-21(b) 装置中,大试管内加入 5mL 苯胺,烧瓶中加入 150mL 水、2 粒沸石。加热烧瓶,直至馏出液由浑浊变澄清[5]。

【注意事项】

[1] 通过水蒸气发生器安全管中水面的高低,可以观察到整个水蒸气蒸馏系统是否畅通,若水面上升很高,则说明某一部分堵塞住了,这时应立即旋开螺旋夹,移去热源,拆下装置进行检查(多数是水蒸气导入管下端被树脂状物质或焦油状物堵塞)和处理。否则就有可能发生塞子冲出、液体飞溅的危险。

[2] 长颈圆底烧瓶以 30°~45° 角度向烧瓶 A 倾斜,这样可以避免 B 内液体因跳动而冲入冷凝管内,造成馏出液污染。

[3] 水蒸气导入管的弯制:取一适当长度的玻璃管,在玻璃管一端的适当位置上(过长则无法插入长颈圆底烧瓶中,过短则接触液体不深或未能接触液体)先弯成 135°,套上软木塞,再于上端适当位置上弯成 100° 左右。注意两端的方向要一致,不要弯拉成扭曲状,而且上端(与导出管相连接处)要短一些。

[4] 如果随水蒸气蒸馏出的物质有较高的熔点,在冷凝后易析出固体,则应调小冷凝水的流速,使馏出物冷凝后保持液态。假若已有固体析出,并堵塞冷凝管时,可暂且终止冷凝水的流通,甚至暂时放出夹套内的冷凝水,以使凝固的物质熔融后随水流入接收器内。

[5] 水蒸气蒸馏前可往反应物中加入少量氯化钠,以加速苯胺从反应混合物中蒸出。

【思考题】

1. 进行水蒸气蒸馏时,蒸气导入管的末端为什么要插入接近于容器的底部?

2. 水蒸气蒸馏过程中，经常要检查什么事项？若安全管中水位上升很高，说明什么问题？如何处理才能解决呢？

3. 用水蒸气蒸馏纯化的有机物必须兼备哪些条件？

2.6 分馏

实验六 分　馏

【实验目的】

1. 了解分馏的原理及其应用。
2. 学习实验室中常用的简单分馏操作。

【实验原理】

蒸馏可以把沸点相差30℃以上的组分分离开来，而对两种或两种以上能互溶的液体混合物，如果它们的沸点比较接近，用简单一次蒸馏则难以分离。这时可用分馏柱进行分离，即分馏。在工业上和实验室中分馏已广泛用于混合物的分离和产物的纯化。

分馏实际上相当于多次蒸馏，是液体多次汽化与冷凝的过程。当沸腾的混合物蒸气通过分馏柱上升时，最上部分蒸气被空气部分冷凝，沸点较高的组分易被冷凝成液体，冷凝液中含有较多高沸点的组分；而上升的蒸气含低沸点的组分含量就相对较多。冷凝液在下降过程中与上升的混合蒸气接触，发生热交换，蒸气中高沸点组分被冷凝，而低沸点组分仍呈蒸气上升。在下降的冷凝液中的低沸点组分受热汽化，以蒸气上升，高沸点组分仍呈液态下降。如此经过多次的热交换，多次的冷凝与汽化，低沸点组分不断上升到最后被蒸馏出来，高沸点组分则不断流回到容器中，从而将沸点不同的组分分离开。

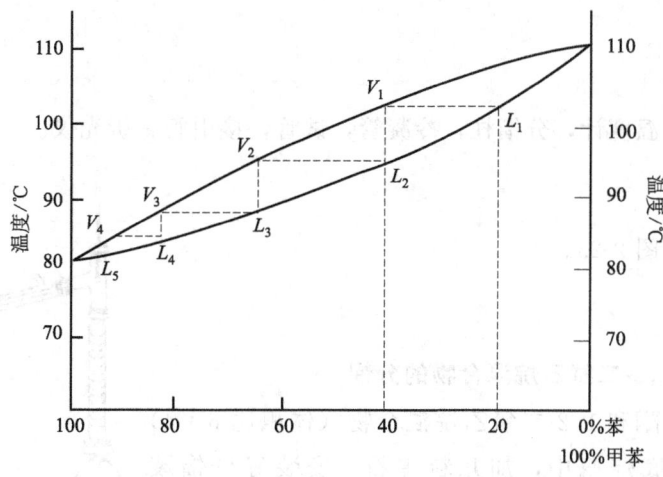

图2-22　苯-甲苯体系的温度-组成曲线

通过苯-甲苯溶液的沸点-组成曲线图能很好地理解分馏原理。它是用实验测定各温度时气-液平衡状态下的气相和液相的组成，然后以横坐标表示组成，纵坐标表示温度而制成。图 2-22 是在 101.325kPa 压力下，苯-甲苯溶液的温度-组成图。L 曲线可表示在该比例时混合物液体的沸点；V 曲线为沸腾时各组分的含量。可见，由 20% 苯和 80% 甲苯（L_1）组成的液体在 102℃ 时沸腾，和此液相平衡的蒸气组成约为苯 40% 和甲苯 60%（V_1）。将此蒸气冷凝，也就是说经过一次蒸馏，馏出液中含苯 40%、甲苯 60%（L_2）。与 L_2 成平衡的蒸气组成约含苯 65% 和甲苯 35%（V_2）。依此类推，至第四次平衡后，蒸气中所含苯的量超过了 90%。但是，若仅通过四次简单蒸馏是不可能把苯和甲苯的混合物很好地分离的。这是因为上面的分析是根据相图在平衡情况下做出的。设想第一滴混合液蒸发为蒸气后，剩余混合液中高沸点组成将增加，沸点逐渐上升，不断形成新的平衡。按沸点上升在相图上切割气液两曲线的虚线将逐渐向右移动，馏出液中高沸点的组成也将不断增加。因此，如要把混合液用简单蒸馏分离，就要按沸点将馏出液分成很多部分，每一部分又要经过多次简单蒸馏和切割。因此，用简单蒸馏将沸点接近的液体混合物分离实际上是行不通的。

如果使用分馏柱进行分馏，那么当烧瓶内混合物沸腾后，蒸气进入分馏柱被冷凝成液体，此液体中低沸点成分较多，沸点也较低。烧瓶中液体继续沸腾，新的蒸气上升至分馏柱中与已冷凝的液体进行热交换，使它重新沸腾（新蒸气本身则部分被冷凝），产生了一次新的液体和蒸气的平衡，蒸气中低沸点的成分又有增加。这样，上升的蒸气在分馏柱中不断地冷凝、蒸发。进行了一次又一次平衡，每一次平衡后，蒸气中低沸点成分就增加一点。相当于进行多次简单蒸馏后，低沸点成分不断增加。最后从分馏柱头上流出的液体已是纯的或接近纯的低沸点组分，从而达到分离的目的。

【实验药品】

丙酮和 1,2-二氯乙烷混合物（体积比为 6∶4），丙酮和水混合物（体积比为 1∶1），沸石。

【实验仪器】

圆底烧瓶，温度计，分馏柱，冷凝管，试管，接引管，折光仪。

【实验装置】

分馏装置见图 2-23。

【实验步骤】

1. 丙酮和 1,2-二氯乙烷混合物的分馏

将 40mL 丙酮和 1,2-二氯乙烷混合物（体积比 6∶4）加入 100mL 圆底烧瓶中，加几粒沸石，安装好分馏装置[1]。用水浴慢慢加热，液体沸腾后，蒸气慢慢升入分馏柱中。控制好温度，使蒸气缓慢上升到柱顶。当冷凝管中

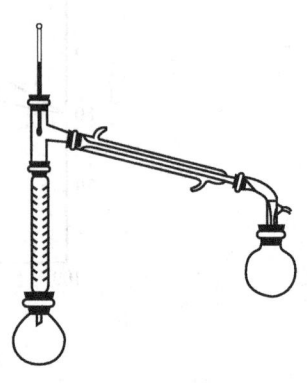

图 2-23 分馏装置

有蒸馏液流出时,记录温度计所示温度。控制好馏出速度,约 1~2 滴/s[2]。当柱顶温度维持在 56℃时,收集约 10mL 馏出液。随着温度上升,分别收集 57~60℃、60~70℃、70~80℃、80~83℃的馏分。测量所收集的各馏分的体积并用下列方法测出各馏分中丙酮(或 1,2-二氯乙烷)的含量。用折光仪分别测定以上各馏分的相应折射率,并与事先绘制的丙酮、1,2-二氯乙烷组成与折射率关系曲线(图 2-24)对照,得到各馏分所含丙酮(或 1,2-二氯乙烷)的含量。

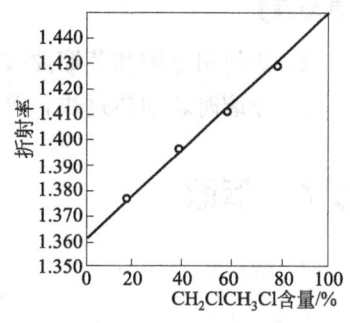

图 2-24 丙酮、1,2-二氯乙烷折射率与组成关系曲线

2. 丙酮和水混合物的分馏

将 30mL 丙酮和水混合物(体积比为 1∶1)加入 100mL 圆底烧瓶中,然后加入几粒沸石,按照图 2-23 装配分馏装置,准备三支试管作为接收器,分别编号为 A、B、C。控制加热速度,使馏出液速度为 1~2 滴/s,将最初馏出液(温度范围 56~62℃)收集到 A 试管内,记录此时的馏出液温度及总体积。继续蒸馏,并记录每增加 1mL 馏出液温度及总体积。当温度升高到 62℃时,更换 B 试管做接收器,同样记录每增加 1mL 馏出液温度及总体积;当温度升高到 98℃时,更换 C 试管做接收器,至圆底烧瓶中残留溶液为 1~2mL 时,停止加热。以温度为纵坐标,馏出液体积为横坐标,绘制温度-体积曲线,讨论分离效率。

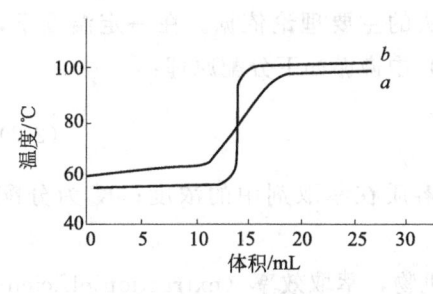

a—蒸馏曲线;b—分馏曲线
图 2-25 丙酮-水分馏和蒸馏曲线

为了对蒸馏和分馏的分离效果进行比较,可将与步骤 2 相同的丙酮和水混合物进行蒸馏分离,重复步骤 2 的馏出液收集操作。最后与步骤 2 在同一坐标图上绘制蒸馏的温度-体积曲线,得到丙酮-水的蒸馏和分馏曲线(图 2-25)。如图 2-25 所示,a 为蒸馏曲线、b 为分馏曲线,曲线转折点为丙酮和水的分离点。通过对比可以看出,无论是丙酮还是水,普通蒸馏是不能实现以纯净状态分离的,而分馏基本可以实现将丙酮与水分离开。

【注意事项】

[1] 在分馏过程中,应注意防止回流液体在柱内聚集(称为泛液),否则会减少液体和蒸气接触面积,或使上升的蒸气将液体冲入冷凝管中,达不到分馏的目的。为了避免这种情况发生,需在分馏柱外包一定厚度的保温材料,减少柱内热量的散发,以保证柱内具有恒定的温度梯度,防止蒸气在柱内冷凝不均。

[2] 加热速度对分馏影响较大,分馏一定要缓慢进行,控制好恒定的馏出速度(1~2 滴/s),这样,可以得到较好的分馏效果。

【思考题】

1. 如何用分馏和蒸馏曲线比较分馏与蒸馏的分离效率？
2. 分馏时若加热过快，分离能力会显著下降，为什么？

2.7 萃取

实验七 萃取

【实验目的】

1. 掌握萃取的基本操作技术。
2. 了解液-液萃取、液-固萃取的原理。

【实验原理】

萃取是提取、分离或纯化有机化合物的常用操作之一。按萃取两相的不同，萃取可分为液-液萃取和固-液萃取。

1. 液-液萃取

液-液萃取是利用同一物质在两种互不相溶（或微溶）的溶剂中具有不同溶解度的性质，将其从一种溶剂转移到另一种溶剂中，从而达到分离或提纯的一种方法。

分配定律（distribution law）是液-液萃取方法的主要理论依据。在一定温度下，同一种物质（M）在两种互不相溶的溶剂（A，B）中遵循如下分配原理：

$$K = \frac{c_A}{c_B} \tag{2-2}$$

式中，c_A 为溶质在原溶液中的浓度；c_B 为溶质在萃取剂中的浓度；K 为分配常数。

用一定量的溶剂一次或分几次从水中萃取有机物，萃取效率（extraction efficiency）不同。设 s_0 为水溶液的体积（mL），s 为每次所用萃取剂的体积（mL），x_0 为溶解于水中的有机物的量（g），$x_1, \cdots, x_n$ 分别为萃取 $1 \sim n$ 次后留在水中的有机物的量（g），K 为分配常数。根据 K 的定义进行以下推导：

一次萃取 $K = \dfrac{c_0}{c_1} = \dfrac{x_1/s_0}{(x_0-x_1)/s}$ $x_1 = x_0 \dfrac{Ks_0}{Ks_0+s}$ (2-3)

二次萃取 $K = \dfrac{x_2/s_0}{(x_1-x_2)/s}$ $x_2 = x_1 \dfrac{Ks_0}{Ks_0+s} = x_0 \left(\dfrac{Ks_0}{Ks_0+s}\right)^2$ (2-4)

n 次萃取 $x_n = x_0 \left(\dfrac{Ks_0}{Ks_0+s}\right)^n$ (2-5)

式中，$Ks_0/(Ks_0+s) < 1$，随 n 值增大而减小，说明把一定量的溶剂分成几份多次萃取时比用全部量的溶剂一次萃取残留在水中的有机物少得多，即以"少量多次"萃取效率高。

例：在 100mL 水中溶有 5.0g 有机物，请计算用 50mL 乙醚一次萃取和分两次萃取后水中剩余有机物量分别是多少？（设分配系数为水：乙醚＝1∶3）

按式(2-3)～式(2-5)，50mL 乙醚一次萃取后，有机物在水中剩余量为：

$$x_1 = 5.0 \times \frac{\frac{1}{3} \times 100}{\frac{1}{3} \times 100 + 50} = 2.0(g)$$

如果用 50mL 乙醚以每次 25mL 萃取两次后，有机物在水中剩余量为：

$$x_2 = 5.0 \times \left\{ \frac{\frac{1}{3} \times 100}{\frac{1}{3} \times 100 + 50} \right\}^2 = 0.8(g)$$

但是，连续萃取的次数不是无限度的，当萃取剂总量保持不变时，萃取次数 n 增加，s 就会减少；当 $n>5$ 时，n 和 s 这两个因素的影响就几乎相互抵消了，再增加 n，x/x_{n+1} 的变化不大。因此一般以萃取三次为宜。

萃取剂要求与原溶剂不相混溶，对被提取物质溶解度大，纯度高，沸点低，毒性小，价格低等。常用的萃取剂有乙醚、苯、四氯化碳、石油醚、氯仿、二氯甲烷和乙酸乙酯等。

2. 固-液萃取

固体物质的萃取利用固体物质在液体溶剂中的溶解度不同来达到分离提取的目的。若待提取物对某种溶剂的溶解度大，可采用浸出法；若待提取物的溶解度小，则采用加热提取法。

加热提取方法常采用索氏提取器［Saxhlet 提取器，图 2-26(a)］和普通回流装置［图 2-26(b)］。索氏提取器运用回流及虹吸原理，使固体物质每次均为纯溶剂所萃取，效率较高。萃取前先将固体物质研细，以增加液体浸渍的面积，将固体物质用滤纸包成圆柱状（其直径稍小于提取管的内直径，且高度不能高于虹吸管），置于提取管中。提取管的下端通过磨口与装有溶剂的烧瓶连接，上端接上冷凝管。加热溶剂至沸腾，蒸气通过玻璃管上升，被冷凝管冷凝成液体，滴入提取管中，浸渍滤纸包成圆柱状的固体物，当液面超过虹吸管的最高处时，即发生虹吸流回烧瓶，如此反复，萃取出溶于溶剂的部分物质随液体流到烧瓶内，达到提取分离的目的。

在普通回流装置中，用溶剂将固体物质浸渍。煮沸液体，溶剂蒸气上升至冷凝管被冷却后回流到烧瓶中［如图 2-26(b)］。

当固体样品量少时，可采用微型蒸馏的装置，如图 2-26(c) 所示。固体物研细后置于微型蒸馏头的承接阱中，在阱中加满萃取剂，烧瓶中也加入适量的萃取剂，加热后烧瓶中溶剂受热蒸发后又被冷凝滴入承接阱中，承接阱中的溶剂随即溢出进入烧瓶中，如此反复，使固体物中的可溶性成分进入溶剂中而被萃取。

【实验药品】

苯酚水溶液（$50g \cdot L^{-1}$），乙酸乙酯，$FeCl_3$ 溶液（$10g \cdot L^{-1}$），70％乙醇，槐花

米，沸石。

【实验仪器】

分液漏斗，点滴板，球形冷凝管，直形冷凝管，圆底烧瓶，蒸发皿，滤纸，索氏提取器，离心试管，毛细滴管，微型蒸馏头。

【实验装置】

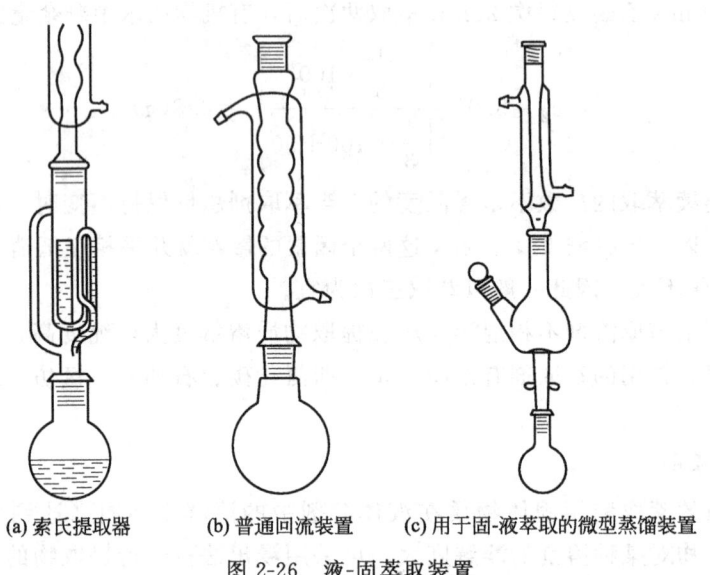

(a) 索氏提取器　　(b) 普通回流装置　　(c) 用于固-液萃取的微型蒸馏装置

图 2-26　液-固萃取装置

【实验步骤】

1. 液-液萃取

(1) 常规方法

① 分液漏斗的使用

a. 萃取振荡。取 125mL 分液漏斗一个，洗净，在下部活塞涂好凡士林后，把水放入分液漏斗中检漏。确认不漏水后，关好活塞，把被萃取溶液倒入分液漏斗中，然后加入萃取剂（一般为溶液的 1/3）。塞紧塞子，取下漏斗，右手握住漏斗口颈，并用掌心顶住塞子（或食指压紧塞子），左手握在漏斗活塞处，用拇指压紧活塞，食指和中指分叉在活塞背面如图 2-27 所示，把漏斗放平，前后小心振荡或做圆周运动，以使两液体充分接触。

b. 倾斜放气。斜持漏斗使下端朝上，开启下端活塞放气，以免内部压力过大，玻璃塞被顶开造成漏液[1]。再振摇，放气，重复操作 3~4 次。

c. 静置分层。将漏斗直立静置于铁架台的铁圈上，待溶液清晰分层后，打开上端活塞，然后再慢慢开启下端活塞，下层液体由下口放出，上层液体由上口倒出。

② 用乙酸乙酯从苯酚水溶液中萃取苯酚

a. 取 $50g·L^{-1}$ 苯酚水溶液 20mL 加入分液漏斗中，再加 10mL 乙酸乙酯，盖好塞子，用上述操作方法振摇分液漏斗 3～5min，使两液体充分接触。然后放气、静置，待溶液清晰分层后（如出现乳化现象，可加入饱和氯化钠水溶液破乳），旋转活塞将下层水溶液经漏斗下口放入一烧杯中，上层乙酸乙酯从漏斗上口倒入一锥形瓶中。再将分离后烧杯中的水溶液倒入分液漏斗中，用 5mL 乙酸乙酯如上法进行第二次萃取，弃去水层，分离出乙酸乙酯层，且并入锥形瓶中，即得苯酚乙酸乙酯溶液。

b. 取未经萃取的 $50g \cdot L^{-1}$ 苯酚水溶液和第一次、第二次萃取后下层水溶液各 2 滴于点滴板上，各加入 $10g \cdot L^{-1}$ $FeCl_3$ 溶液 1～2 滴，比较各颜色的深浅，颜色不同说明什么问题[2]？

(2) 微型方法

① 离心试管和毛细滴管的使用。将待分离液体和萃取剂转移至合适的离心试管中，通过挤压毛细滴管橡胶滴头充分鼓泡搅动，或将离心试管加塞后振荡，开塞放气使其充分混合后加塞静置分层，然后用毛细滴管将其中一层吸出，转移至另一离心试管中。如毛细滴管吸入混合液，可待液体重新分层后再将两层液体分别滴入不同的离心试管中。如图 2-28 所示。

② 用乙酸乙酯从苯酚水溶液中萃取苯酚。在 10mL 的离心试管中加入 $50g \cdot L^{-1}$ 苯酚水溶液 2mL，并加入萃取剂乙酸乙酯 1mL，在离心试管上加一塞子，振荡，放出气体，静置，待分层后用毛细滴管吸出上层乙酸乙酯相，下层再用 1mL 乙酸乙酯进行第二次萃取，用毛细滴管吸出上层，合并两次萃取的乙酸乙酯，即得苯酚乙酸乙酯液。

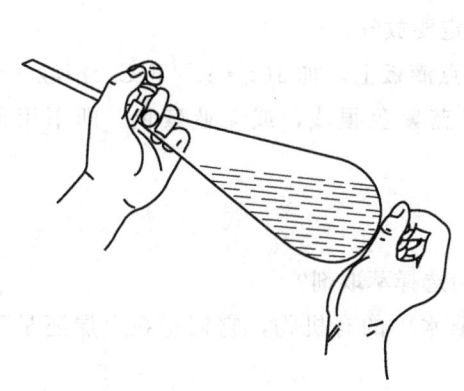

图 2-27 分液漏斗用法

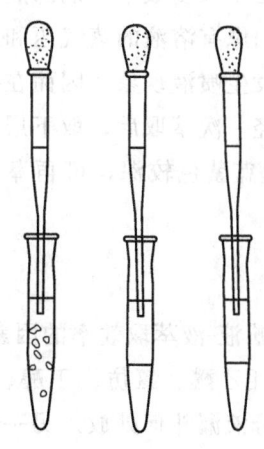

图 2-28 微型萃取方法

2. 液-固萃取

(1) 常规方法

用 70％乙醇提取中药槐花米中的芸香苷。

① 方法 1：用索氏提取器装置。

称取槐花米 2.5g，放入滤纸筒并封装好，然后将滤纸筒放入索氏提取器中，如图

2-26(a) 所示。圆底烧瓶内加入适量（烧瓶容积的 2/3）70％乙醇，沸石 2～3 颗，接上冷凝管，置于水浴（或电热套）上加热回流。待虹吸多次，提取物已大部分抽提完后，撤去热源，置冷。把提取液转移到蒸馏瓶中，进行蒸馏浓缩，待蒸馏至小体积时（2～3mL），停止加热，冷却后即有黄色晶体析出。将晶体减压过滤，用蒸馏水洗涤 1～2 次，抽干，干燥后即得黄色芸香苷粉末。

② 方法 2：用回流装置。

称槐花米 2.5g，置于 100mL 圆底烧瓶中，加入 70％乙醇 40mL，将烧瓶按图 2-26(b) 所示接上回流冷凝管，置水浴上加热回流 20min，趁热过滤。残渣再加 70％乙醇 15mL，同上法再加热回流 10min，趁热过滤。合并两次滤液，用普通蒸馏法浓缩，并回收乙醇。待烧瓶内溶液蒸馏至 2～3mL 时，撤去热源，冷却后即有黄色晶体析出。抽滤，结晶用蒸馏水洗涤 1～2 次，抽干，干燥后即得黄色芸香苷粉末。

(2) 微型方法

称取 0.3g 槐花米，研细后，放入微型蒸馏头中，并同时加入 70％乙醇 1.5mL。然后将蒸馏头插入装有 4mL 70％乙醇的 10mL 烧瓶上，蒸馏头上颈再连一冷凝管［见图 2-26(c)］。水浴加热回流约 30min。撤去热源，冷却后蒸出乙醇，至残液约 1mL。冷却后即有黄色晶体析出。抽滤，水洗沉淀 1～2 次，抽干，干燥后得黄色芸香苷粉末。

【注意事项】

[1] 由于大多数萃取剂沸点较低，在萃取振荡的操作中会产生一定的蒸气压，再加上漏斗内原有溶液的蒸气压和空气的压力，其总压力大大超过大气压，足以顶开漏斗塞子而发生喷液现象，因而在振荡几次后一定要放气。

[2] 经一次萃取后，取下层水溶液 2 滴于点滴板上，加 $10g \cdot L^{-1} FeCl_3$ 溶液 1～2 滴，如呈蓝紫色较深，可再萃取一次，如呈蓝紫色很浅，或无蓝紫色，即不用再萃取。

【思考题】

1. 影响液-液萃取效率的因素有哪些？如何选择萃取剂？
2. 若用乙醚、氯仿、丁醇、苯等溶剂萃取水中的有机物，它们将在上层还是下层？应从分液漏斗何处放入另一容器中？

2.8 色谱分离技术

实验八 柱色谱

【实验目的】

1. 了解色谱法的基本原理及柱色谱的一般操作方法。

2. 学习用柱色谱分离法分离色素混合物。

【实验原理】

色谱法是分离混合物各组分或纯化物质的实验手段之一。色谱法集分离、纯化、分析于一体，有简便、快速、设备简单的优点，是医药、卫生、化工等领域中不可缺少的实验手段。随着科学技术迅速发展，先后出现了全自动气相色谱仪、高效液相色谱仪等，使色谱法这一分离、分析技术的灵敏度及自动化程度有了极大的提高。

色谱法分类：

① 按固定相、流动相的物理状态可分为：液-固色谱法、气-固色谱法、气-液色谱法、液-液色谱法。

② 按操作形式不同可分为：柱色谱法（column chromatography），薄层色谱法（thin layer chromatography，TLC）和纸色谱法（paper chromatography）等。

③ 按分离原理可分为：吸附色谱法、分配色谱法、离子交换色谱法等。实际上几种原理同时存在于某一种色谱操作中。

色谱原理有吸附色谱原理、分配色谱原理。吸附色谱是根据物质在吸附柱上吸附能力大小、在洗脱剂中溶解能力大小不同，达到分离物质目的的一种方法。例如混合物中有 A 物质、B 物质，物质的量分别为 n_A、n_B。假设 A 物质易解吸，而被吸附较难；B 物质易被吸附，而难解吸。A 物质通过吸附-溶解交换，仍被吸附，A 物质吸附量：解吸量＝1：9；B 物质吸附量：解吸量＝9：1。色谱柱装置图见图 2-29，将吸附柱人为分为第一层、第二层、第三层等，如图 2-30 所示。

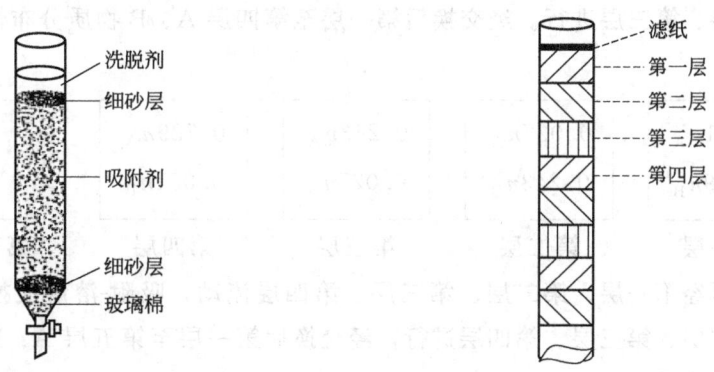

图 2-29　色谱柱装置图　　　　图 2-30　色谱柱一段原理图

任何层中交换如此进行：A 物质 90％被溶解，随流动相到达下一层，仍有 10％留在原层；而 B 物质 10％被溶解，随流动相到达下一层，仍有 90％留在原层。

首先混合物在第一层，均被吸附，用下面方框表示：

流动相即洗脱剂加入,首先在第一层进行吸附-溶解(解吸)交换,交换后溶于溶液的物质随流动相进入第二层,仍被吸附的物质留在原第一层。A、B物质在第一层、第二层分布情况用如下面方框所示:

| 第一层 | 第二层 | 第三层 | 第四层 | 第五层 |

流动相继续进入第一层,然后流经第二层,并在每层进行吸附-溶解交换。第一层吸附的A、B物质经交换后,仍被吸附的量有:$0.01n_A$、$0.81n_B$;被解吸的A、B物质的量有:$0.09n_A$、$0.09n_B$ 随流动相到达第二层。

第二层:A、B物质的量分别为两部分,即从第一层流下来的量和保留下来的量。在第一层流动相把物质解吸到第二层的同时,原来在第二层的物质同时进行吸附-溶解交换进入第三层。结果有 $0.09n_A$、$0.09n_B$ 仍被吸附在第二层,有 $0.81n_A$、$0.01n_B$ 随流动相进入第三层。第一至第三层A、B物质分布情况用如下面方框表示:

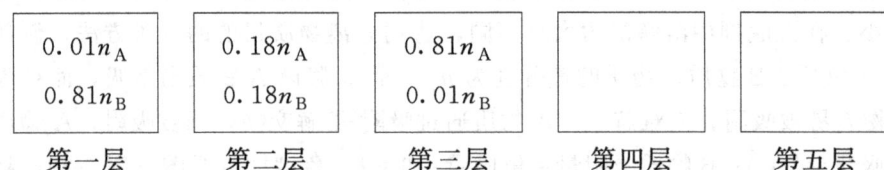

流动相继续经第一层、第二层、第三层流动,吸附-溶解交换继续逐次在第一层,同时在第二层、第三层进行。经交换后第一层至第四层A、B物质分布情况用下面方框表示:

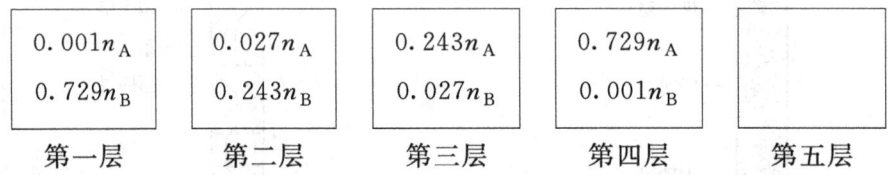

流动相再经第一层、第二层、第三层、第四层流动,吸附-溶解交换继续同时在第一层、第二层、第三层、第四层进行,经交换后第一层至第五层A、B物质分布情况用下面方框表示:

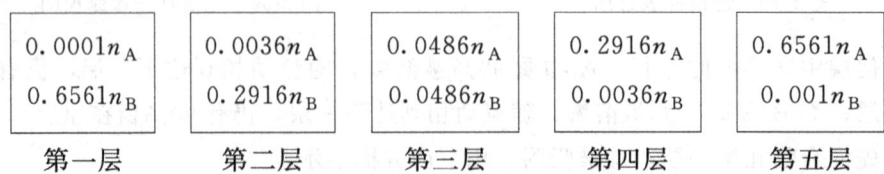

从上面A、B物质分布可看出:A物质绝大部分(94.77%)到达第四、第五层;B物质绝大部分(94.77%)还滞留在第一、第二层。第三层A、B物质均很少。即A、B物质基本达到分离。随着吸附-溶解交换次数增多,A物质、B物质会分离得更彻底。

1. 吸附剂的选择

进行色谱分离时，应选择合适的吸附剂（固定相），常用的吸附剂有：硅胶 G、氧化镁、氧化铝、活性炭等。一般要求吸附剂：①有大的表面积和一定的吸附能力；②颗粒均匀，不与被分离物质发生化学作用；③对被分离的物质中各组分吸附能力不同。目前常用的吸附剂吸附极性化合物能力的顺序为：纸＜纤维素＜淀粉＜糖类＜硅酸镁＜硫酸钙＜硅酸＜硅胶＜氧化镁＜氧化铝＜活性炭。

氧化铝吸附剂有碱性、酸性、中性三种。碱性氧化铝（pH＝9～10）用于碳氢化合物、对碱稳定的中性色素、类固醇、生物碱的分离；中性氧化铝（pH＝7.5）应用最广，用于分离生物碱、挥发油、萜类化合物、类固醇及在酸、碱中不稳定的苷类、酯、内酯等；酸性氧化铝（pH＝4～5）用于分离氨基酸及对酸稳定的中性物质。

氧化铝的活性分为Ⅰ～Ⅴ级，Ⅰ级吸附能力太强，Ⅴ级吸附能力太弱，很少应用，一般用Ⅱ～Ⅲ级。

硅胶也是常用的吸附剂，系多孔性的硅氧环交链（—Si—O—Si—）结构，骨架表面有很多 —Si—OH，—OH 能吸附极性分子。常用于有机酸、氨基酸、萜类、类固醇的分离。

吸附剂的吸附能力（活性）与其含水量有关，含水量越大，吸附剂的活性越小。故常用加热来降低含水量，加大活性。如氧化铝放在高温炉（350～400℃）烘烤 3 h，得无水氧化铝，然后加入不同量的水分，即得不同活性的氧化铝；硅胶在 105～110℃ 烘箱中恒温 0.5～1 h，可达到活化目的。

2. 洗脱剂（流动相）的选择

洗脱剂的选择原则是根据被分离物质各组分的极性大小、在洗脱剂中溶解度大小进行选择。即洗脱剂对被分离各种组分溶解能力不同，容易溶于洗脱剂中不太易吸附于吸附剂的组分，优先随洗脱剂被洗出来；不易溶于洗脱剂而易被吸附剂吸附的组分，被洗脱的速度慢，从而达到分离物质的目的。各组分在洗脱剂中的溶解能力，基本上是"相似相溶"，即欲洗脱极性大的组分，选择极性大的洗脱剂（如水、乙醇等）；极性小的组分宜选用极性小的洗脱剂（如石油醚、乙醚等）。常用洗脱剂按极性大小顺序可排列如下：

石油醚（低沸点＜高沸点）＜环己烷＜四氯化碳＜三氯甲烷＜乙醚＜甲乙酮＜二噁烷环＜乙酸乙酯＜正丁醇＜乙醇＜甲醇＜水＜吡啶＜乙酸。

另外，被分离物质与洗脱剂不发生化学反应，洗脱剂要求纯度合格，沸点不能太高（一般为 40～80℃ 之间）。

实际上单纯一种洗脱剂有时不能很好分离各组分，故常用几种吸脱剂按不同比例混合，配成最合适的洗脱剂。

3. 操作方法

柱色谱（如图 2-29 所示）操作方法分为：装柱、加样、洗脱、收集、鉴定五个步骤。

(1) 装柱

装色谱柱方法有干法装柱和湿法装柱两种。

干法装柱：将干燥吸附剂经漏斗均匀地成一细流慢慢装入柱中，时时轻敲打玻璃管，使柱填得均匀，有适当的紧密度，然后加入溶剂，使吸附剂全部润湿。此法简便，缺点是易产生气泡。

湿法装柱：将低极性洗脱剂与一定量的吸附剂调成液态，快速倒入装有一定溶剂的柱中，将柱下的活塞打开，使溶剂慢慢流出，吸附剂渐渐沉于柱底。在此过程中要注意防止气泡的产生。

吸附剂用量，一般为被分离物质的量的30~50倍。如果被分离组分性质相接近，吸附剂用量要更大，甚至达到100倍。柱高与柱直径比约为7.5∶1。

(2) 加样

样品为液体，可直接加样；样品为固体，可选择合适溶剂溶解为液体再加样。加样时，要沿管壁慢慢加入至柱顶部，勿使样品搅动吸附剂表面。放开下部活塞，样品会慢慢进入吸附剂中，待样品刚全部进入吸附剂中，关闭活塞。剪一个比柱直径略小的滤纸放入，再加入干净的石英砂或无水硫酸钠等把吸附剂压实。再小心加入流动相（洗脱剂）。此时样品集中在柱顶端一小范围的区带。

(3) 洗脱

在柱顶用一滴液漏斗，不断加入洗脱剂，使洗脱剂永远保持有适当的量，防止洗脱剂表面流干。调节活塞开关大小，使流动相流速适当。流速过快，组分在柱中吸附-溶解未能平衡，影响分离效果；流速太慢则会延长整个操作时间。

(4) 收集样品各组分

各组分如果均有颜色，分离情况则可直接观察，直接收集各种不同颜色的组分即可。但多数情况是各组分无颜色。一般采用多次、小份收集方法，然后对每份收集液进行定性检查。根据检查结果，合并组分相同的收集液，蒸去洗脱剂，留待作进一步的结构分析。

(5) 鉴定

对各种组分进行结构分析，在此不作介绍。

【实验药品】

硅胶G（柱色谱用），0.5％甲基橙-0.5％亚甲基蓝混合液，干净石英砂（或无水硫酸钠），95％乙醇，脱脂棉。

【实验仪器】

15~20cm长的酸式滴定管一支，滴液漏斗，装有橡皮塞的玻璃棒。

【实验装置】

色谱柱实验装置如图2-29所示。

【实验步骤】

1. 装柱

在 15～20cm 的酸式滴定管中，装入少量脱脂棉，轻轻压紧，以防吸附剂阻塞开关。将干燥硅胶 G 经漏斗成一细流流入柱中，不要中断，用装有橡皮塞的玻璃棒轻轻敲打柱子下端，使硅胶 G 填充均匀，紧密适度。当硅胶不再沉降时，加入适量的干净的石英砂（高度 2mm 左右，防止加液时冲起硅胶）。然后从滴液漏斗沿柱壁注入 95％乙醇，使硅胶 G 全部润湿，同时打开下端活塞，并用锥形瓶收集乙醇。上部硅胶平实后，至下口流速为 1～2 滴/s 为宜。再放出多余的洗脱剂至液面 1mm 左右。

2. 装样

用滴管将 0.5％甲基橙-0.5％亚甲基蓝混合液沿壁注入，装入柱顶部，待混合液刚好全部进入固定相中，打开滴液漏斗，加入流动相（95％乙醇）。流动相进入速度应适当，即在固定相中有 2cm 左右流动相即可。控制下口流速为 1～2 滴/s。

3. 洗脱

95％乙醇不断加入，甲基橙易溶于乙醇中而不易吸附在硅胶中，随洗脱剂往下洗脱较快，而亚甲基蓝易被吸附，洗脱速度慢。十几分钟后可见柱子中橙红色甲基橙处于柱子下端，而蓝色的亚甲基蓝在柱子上端。甲基橙、亚甲基蓝达到较好分离。

4. 收集

根据洗脱液颜色，分别收集乙醇（无色，回收）、甲基橙（橙色）、亚甲基蓝（蓝色）。

【思考题】
1. 在柱色谱操作中，要使样品分离效果好应注意什么？
2. 为什么不同的样品要用不同的洗脱剂？

实验九 薄层色谱

【实验目的】
1. 了解薄层色谱的基本原理及操作技术。
2. 学会用薄层色谱法分离混合物。

【实验原理】

薄层色谱法（TLC），是将适宜的固定相涂布于玻璃板、塑料或铝基片上，成一均匀薄层（0.25～1mm 厚）。待点样、展开后，根据比移值（R_f）与适宜的对照物按同法所得的色谱图的比移值（R_f）作对比，用以进行药品的鉴别、杂质检查或含量测定的方法。薄层色谱法是快速分离和定性分析少量物质的一种很重要的实验技术，也用于跟踪反应进程。

R_f 是指在同样实验条件下（吸附剂、流动相、薄层厚度及均匀度等相同），化合物移动的距离与展开剂移动距离（从原点到溶剂前沿距离）之比值，即：

$$R_f = \frac{\text{样品原点中心到斑点中心的距离}}{\text{样品原点中心到溶剂前沿的距离}}$$

计算各斑点 R_f 值，如图 2-31 所示。d 为点样点到溶剂前沿的距离，d_1 为点样点到斑点 1 的距离，d_2 为点样点到斑点 2 的距离。利用薄层色谱进行分离、鉴定工作具有灵敏、快速、准确、简单等优点。在有机合成实验中，薄层色谱法常作为跟踪有机反应及判断有机反应完成程度的手段。其特别适用于挥发性小或在高温下易发生变化而不能用气相色谱分离的物质，还可采用如浓硫酸之类的腐蚀性的显色剂。

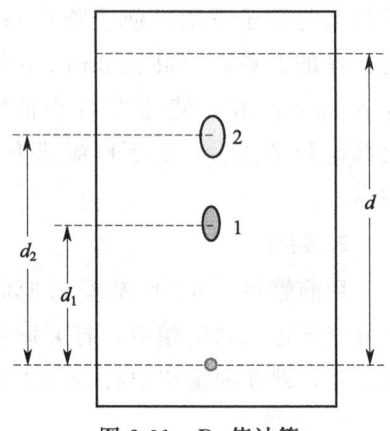

图 2-31　R_f 值计算

薄层色谱能否成功，与样品、吸附剂、展开剂及薄层的厚度等多个因素有关。

1. 吸附剂的选择

吸附剂与柱色谱相同，不同之处是要求更细（一般约 200 目）。颗粒太大，展开速率太快，分离效果不好；颗粒太细，展开速率太慢，易出现拖尾、斑点不集中等现象。欲使吸附剂与玻璃板黏接牢，常加入少量黏合剂［如羧甲基纤维素钠（简称 CMC-Na）、煅石膏（$2CaSO_4 \cdot H_2O$）、淀粉等］。加有黏合剂的薄层板叫硬板，未加黏合剂的薄层板叫软板。

常用的吸附剂有硅胶和氧化铝两类。其中不加任何黏合剂的以 H 表示，如硅胶 H、氧化铝 H。加煅石膏的用 G 表示，如硅胶 G、氧化铝 G。加有荧光剂的用 F 表示，如硅胶 HF_{254}、氧化铝 HF_{254}。加入荧光剂是为了显色的方便；F_{254} 表示含荧光物质，可用于波长为 254nm 紫外光下观察荧光。硅胶 GF_{254} 既含煅石膏又含荧光剂，一般的色谱板选用 GF_{254} 型号的硅胶或氧化铝进行制备。薄层色谱用的氧化铝也有酸性、中性、碱性之分，也分五个活性等级，选择原则同柱色谱。

2. 薄层板的制备

薄层板制备的好坏直接影响分离效果，要求尽量均匀、厚度一致，否则展开时展开剂前沿不整齐，色谱 R_f 值不易重复。制板方法是：将调和均匀的具有适当黏度的吸附剂糊状物铺在干净的玻璃板上（玻璃板的洁净十分关键），再在平台上轻轻振动，使吸附剂均匀流布。铺好后的板在室温下自然晾干（晾干速度比较关键，关系铺好的板是否会开裂），然后置于烘箱中加热活化。

不同吸附剂吸水量不同，加水量及活化温度、活化时间也不同。铺板的加水量及薄板活化时间见表 2-3，活化后的薄层板放干燥箱中烘干备用。

表 2-3　铺板的加水量及活化时间

薄层板类型	吸附剂：水的量	活化温度/℃	活化时间/h	活度
氧化铝 G	1∶2	250	4	Ⅱ
氧化铝-淀粉	1∶2	150	4	Ⅲ～Ⅴ
硅胶 G	1∶2 或 1∶3	105	0.5	
硅胶-CMC-Na	1∶2(0.7%CMC-Na 液)	110	0.5	
硅胶-淀粉	1∶2	110	0.5	
硅藻土	1∶2	105	0.5	

3. 展开剂的选择

薄层色谱展开剂选择与柱色谱洗脱剂的选择相同，极性大的化合物需用极性大的展开剂，极性小的化合物需用极性小的展开剂。一般情况下，先选用单一展开剂如乙酸乙酯、氯仿、乙醇等，如发现样品组分的 R_f 值较大，可改用或加入适量极性小的展开剂如石油醚等。反之，若样品的 R_f 值较小，则可加入适量极性较大的展开剂展开。在实际工作中，常用两种或三种溶剂的混合物作展开剂，这样更有利于调配展开剂的极性，改善分离效果。通常希望 R_f 值在 0.2～0.8 范围内，最理想的 R_f 值是 0.4～0.6。

【实验药品】

0.5%荧光黄乙醇液，0.5%甲基橙乙醇液，0.5%荧光黄乙醇液与 0.5%甲基橙乙醇液的混合液，18%醋酸溶液（展开剂），甲醇，阿司匹林片，非那西丁片，2%咖啡因甲醇液，APC 片（样品），乙酸乙酯（展开剂），羧甲基纤维素钠，硅胶 G。

【实验仪器】

薄层色谱展开缸（图 2-32），毛细管，研钵，滤纸，牛角匙，载玻片（2.5cm×7.5cm），碘蒸气缸，电吹风。

【实验装置】

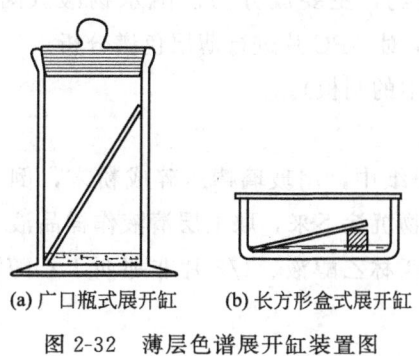

(a) 广口瓶式展开缸　(b) 长方形盒式展开缸

图 2-32　薄层色谱展开缸装置图

【实验步骤】

1. 荧光黄、甲基橙分离

(1) 制板

取 2~3mL 含 0.5% 羧甲基纤维素钠（均匀、透明）水溶液，加 1g 硅胶 G 置于研钵中（黏合剂与硅胶的配比大约为 2.5mL/g），迅速研磨成糊状（1min 内完成），用牛角匙取一勺均匀铺在洁净干燥的一块载玻片上，手持片一端在平台上轻轻拍打，使成均匀薄层。薄板要求表面平坦、光滑，无水层和气泡，边角饱满。一次可制得 5~6 块薄板。薄板制好后在室温下晾干，然后置于干燥箱中烘干备用。

(2) 点样

在距离薄板一端约 0.5cm 处用铅笔画一直线，作为起点线。并在横线靠中间部位均匀画上三个点，标记 1、2、3，各点之间间隔 0.5~1.0cm，以免展开时斑点互相干扰。用三根管口平整、内径小于 0.1mm 的毛细管分别吸取 0.5% 荧光黄乙醇液、0.5% 甲基橙乙醇液、两者的混合物乙醇液，点在板的起点线的标点上（标记 1、2、3）。点样时不能在板的表面造成洞穴，点样直径不超过 2~3mm，再用电吹风把点样点处的溶剂吹干。

(3) 展开

将 18% 醋酸溶液倒入展开缸中，加盖饱和 5min，使缸内充满展开剂的蒸气。然后迅速将薄层板点样点一端浸入展开剂中，但样品不能浸泡在展开剂内。封盖，展开剂沿薄层板向上展开，如图 2-32 所示。当展开剂到达板顶端约 1cm 处时，取出薄层板，立刻用铅笔画出溶剂前沿线。

(4) 显示图谱，计算 R_f 值

因样品本身有不同颜色，故可以不经显色直接测量 R_f 值。用铅笔轻轻画出斑点轮廓，确定斑点中心和起点线到溶剂前沿的距离，计算各组分的 R_f 值，保留两位小数。

(5) 通过 R_f 值的计算比较，确定混合物中分离的各点的归属。

2. APC 片薄层色谱分析

APC 片是常用的止痛药，主要成分为乙酰水杨酸（阿司匹林，A）、非那西丁（P）、咖啡因（C）。本实验对 APC 片进行薄层色谱分析。

(1) 制板（同步骤 1 中的制板）。

(2) APC 样品液制备

取 1/4 片 APC 置干净纸中，用玻璃棒压碎成粉末，倒入试管中，加 1mL 甲醇，充分搅拌，静置，让不溶物沉淀下来，取上层清液作样品液（APC 液需临时配制）。

用同样方法配制阿司匹林乙醇液、1/2 片非那西丁乙醇液、咖啡因乙醇液，此三种作标准液。

(3) 点样

取三块薄层板，按步骤 1 中的点样方法点样，每片分别点上一个标准液和一个样品液。点样完后,再用电吹风把样品的甲醇溶剂吹干。

(4) 展开

按步骤1中的展开方法操作,以乙酸乙酯作展开剂,进行展开。

(5) 显色及计算 R_f 值

当展开剂到达离顶端约1cm时,取出薄层板,用铅笔画出溶剂前沿线,用冷风仔细吹干溶剂(不然碘缸显色会有很多色带)。把干燥的薄层板置于碘蒸气中,不可使板直接接触碘晶体,盖紧碘蒸气缸。记下斑点出现时间(有的2min出现斑点,有的需30min才出现斑点)。斑点显示出来后,取出薄层板,立刻盖好碘蒸气缸,以防有毒的碘蒸气跑出污染实验室,并快速用铅笔画出斑点轮廓,分别测量各斑点的 R_f 值。通过 R_f 值的计算对APC的成分进行鉴定。

【思考题】

1. 薄层色谱法与柱色谱法相比有何优点?
2. 展开时为何不能使样品点浸泡在展开剂中?板上有洞穴时展开有何影响?

实验十 纸色谱

【实验目的】

1. 了解纸色谱的基本原理。
2. 学习用纸色谱分离氨基酸的操作技术。

【实验原理】

纸色谱是一种分配色谱,以滤纸作载体,是色谱法的一种。滤纸由纤维素组成,纤维素上有多个—OH,能吸附水(一般纤维能吸附20%~25%水分)作为固定相,采用与水不相混溶的有机溶剂作为流动相。将样品点在滤纸一端,放在一密闭容器中,让流动相通过毛细作用从滤纸一端经过点样点流向另一端,样品中溶质在固定相水、流动相有机溶剂中进行分配。因样品中不同溶质在两相中分配系数不同,易溶于流动相中而难溶于水中的组分随流动相往前移动速度快些,易溶于固定相而难溶于流动相的组分随流动相向前移动速度慢些,从而达到将不同组分分离的目的。也可用测定 R_f 值的方法对不同组分进行鉴定。

纸色谱常用于多官能团或极性较大的化合物(如糖类、酯类、生物碱、氨基酸等)的分离,具有设备简单、试剂用量少、便于保存等优点。

纸色谱的操作分为滤纸的选择与处理、展开剂的选择、样品处理、点样、展开五个部分。

1. 滤纸的选择与处理

① 滤纸要求质地均匀、平整、边沿整齐、无折痕、有一定机械强度。

② 滤纸纸质要求纯度高、无杂质、无明显荧光斑点，以免与色谱斑点相混淆。

③ 滤纸纤维松紧要适宜，过紧则展开太慢，过松则斑点扩散。实验室用的滤纸可适用于一般的纸色谱分析。严格的研究工作中则需慎重选择纸色谱用纸，并进行净化处理。例如分离酸性、碱性物质时，为保持恒定的酸碱度，可将滤纸浸泡在一定 pH 值的缓冲液中，进行预处理后再用。

2. 展开剂的选择

选择展开剂时既要考虑被分离物质在两相中的溶解度，又要考虑展开剂的极性。被分离物质在固定相（水）和流动相（有机溶剂）中溶解度不同，则在两相中分配系数不同。展开剂一般是多种溶剂混合而成的混合溶剂，使用前先用水饱和。例如常用的展开剂是用水饱和的正丁醇、正戊醇、酚等，有时也加入一定比例的甲醇、乙醇，可增大极性化合物的 R_f，同时增大水在正丁醇中的溶解度，增大展开剂的极性。

3. 样品处理

用于色谱分析的样品，要求初步提纯，如氨基酸的测定，不能含大量盐类、蛋白质，否则互相干扰，分离困难。固体样品应尽可能避免用水作溶剂，因水作溶剂时斑点易扩散。一般选用乙醇、丙酮、氯仿等作溶剂。最好是选用与展开剂极性相近的溶剂。

4. 点样

用内径约 0.5mm 的毛细管，或微量注射器吸取试样溶液，轻轻接触滤纸，控制点样直径在 2~3mm，如样点直径过大，则会分离不清或出现拖尾，并用吹风机吹干溶剂。

5. 展开

纸色谱必须在密闭的展开缸中展开，在展开缸中加入适量的展开剂，将点好样的滤纸放入缸中。展开剂水平面应在点样线以下，绝不允许浸泡样品线。

按展开方法，纸色谱分为上行展开法（图 2-33）、下行展开法（图 2-34）、水平展开法（图 2-35）。本实验采用上行展开法或水平展开法。当展开剂移动到离纸边沿 1~2cm 时，取出滤纸，用铅笔小心画出溶剂前沿，然后用冷风吹干。有色样品斑点可直接观察，并用铅笔画出斑点范围；呈荧光的样品，则在紫外灯光下观察斑点并用铅笔画出斑点范围；无色也无荧光性质的样品，则往往加入显色剂使之显色，再用铅笔画出斑点范围。

【实验药品】

标准溶液（1%亮氨酸乙醇溶液、1%丙氨酸乙醇溶液），样品混合液（含亮氨酸、丙氨酸的乙醇溶液），1%茚三酮乙醇溶液，展开剂（正丁醇：冰醋酸：水＝4：1：5，在分液漏斗中充分混合，静置分层，取上层作展开剂）。

【实验仪器】

条形滤纸（2cm×8cm），展开缸，毛细管，电吹风，剪刀，直尺，铅笔。

【实验装置】

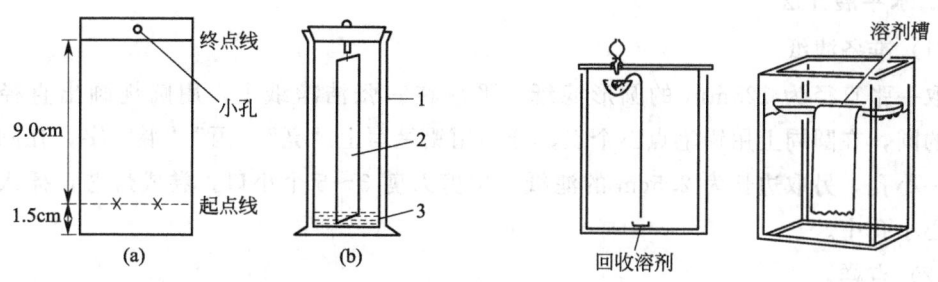

图 2-33　上行展开法　　　　　　　　　图 2-34　下行展开法
1—层析缸；2—滤纸条；3—展开剂

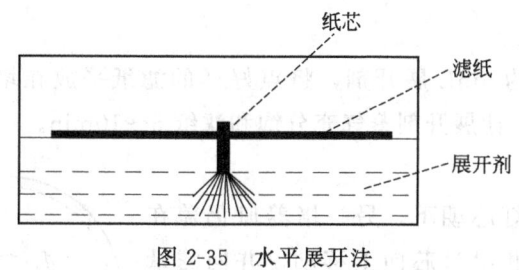

图 2-35　水平展开法

【实验步骤】

1. 上行展开法

（1）准备滤纸

取一张 2cm×8cm 的条形滤纸，平放在一张洁净纸上，用铅笔在离底部约 0.5cm 处画一直线，该直线称为起点线。在线上均匀地点三个点，分别用铅笔写上"亮""丙""混"字。在此过程手不能接触滤纸中部。在此操作过程前最好把手洗干净，吹干。

（2）点样

分别用三支毛细管吸取两种标准液和一种混合液，迅速点在相应的标定点上，点样的直径为 2~3mm，最大不要超过 5mm，用冷风吹干。

（3）展开

向展开缸里加入适量的展开剂，将滤纸悬挂其中（用别针固定），采用上行展开法进行展开。当溶剂前沿上升到距离顶端 0.5cm 左右时，取出滤纸（注意手不要拿到有溶剂的地方），立即用铅笔描出溶剂前沿。再用电吹风吹干滤纸上的溶剂。

（4）显色

待滤纸烘干后，用喷雾器将显色剂 1% 茚三酮乙醇溶液均匀地喷洒到滤纸上，或用小滴管将茚三酮涂覆到滤纸上。然后用热风吹干滤纸，直到斑点显色为止。

（5）结果处理

画出斑点位置及颜色最深处，根据原点到斑点颜色最深处距离，原点到溶剂前沿距离，计算 R_f 值。通过 R_f 值的对比，确定混合样品中分离的各点归属。

2. 水平展开法

（1）准备滤纸

取一张直径为 125mm 的圆形滤纸，平放在一张洁净纸上，用圆规画出直径约 2cm 的圆，在圆周上用铅笔点三个点，分别用铅笔写上"亮""丙""混"字，在圆心上开一小孔，另取边长为 2.5cm 的滤纸，用剪刀剪 3~5 个小口，卷成灯芯，插入滤纸圆心小孔中。

（2）点样

将准备好的滤纸置于干净纸上，使灯芯朝上，分别用三支毛细管吸取两种标准液和一种混合液，迅速点在相应的标定点上，点样的直径在 2~3mm，最大不要超过 5mm，用冷风吹干。

（3）饱和

在培养皿中加入约 5mL 展开剂，将点好样的滤纸平放在培养皿上，灯芯朝上，滤纸上再盖上培养皿，让展开剂蒸气充分饱和滤纸 5~10min。

（4）展开

迅速翻转滤纸，灯芯朝下，另一培养皿仍盖在滤纸上。可见到流动相沿灯芯向上移动，并向滤纸四周移动，移动结果成一近似圆形，如图 2-36。当流动相前沿离滤纸边沿 1~2cm 时，取出滤纸，拔掉灯芯，用铅笔画出溶剂前沿位置，用电吹风吹干滤纸（也可用酒精灯隔石棉网烘干）。

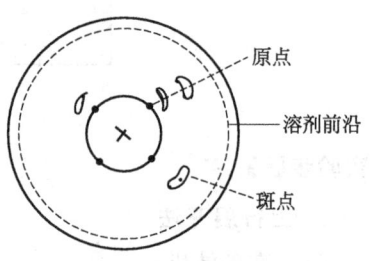

图 2-36 纸色谱图

（5）显色

待滤纸烘干后，喷洒显色剂 1%茚三酮乙醇溶液，再次烘干，使斑点显色，如图 2-36 所示，画出斑点位置及颜色最深处，根据原点到斑点颜色最深处距离，原点到溶剂前沿距离，计算 R_f 值。

【思考题】

1. 手拿滤纸时，应注意什么？为什么？
2. 作原点标记能否用钢笔或圆珠笔？为什么？
3. 点样品时所用毛细管为什么要专管专用？

第3章 有机化合物物理性质的测定

3.1 熔点测定

实验十一 熔点测定

【实验目的】

1. 了解熔点测定的意义。
2. 掌握测定熔点的方法。

【实验原理】

通常晶体物质加热到一定温度时,就从固态变为液态,此时的温度可视为该物质的熔点。严格地讲,物质的熔点是指该物质固液两态在标准气体压强下达到平衡(即固态与液态蒸气压相等)时的温度。纯化合物从开始熔化(始熔)至完全熔化(全熔)时的温度变动范围称为熔程(或熔距)。每一种晶体物质都有自己独特的晶型结构和分子间作用力,要使其熔化,就需要提供一定的热能。所以,每一种晶体物质都有自己特定的熔点。纯化合物晶体熔程很小,一般为 0.5~1℃。但是,当含有少量杂质时,熔点一般会下降,熔程增大。因此,通过测定晶体物质的熔点可以对有机化合物进行定性鉴定或判断其纯度。如果两种固体有机物具有相同或相近的熔点,可以采用测混合物熔点法来鉴别它们是否为同一化合物。如果两种有机物不同,其混合物熔点通常会下降;如果两种有机物相同,则其混合物熔点一般不变。

【实验药品】

萘,乙酰苯胺,苯甲酸,尿素,液体石蜡,浓硫酸。

【实验仪器】

提勒管或双浴式熔点管,温度计(200℃),橡皮塞,熔点毛细管,长玻璃管(30~40cm),玻璃棒,表面皿,小胶圈,酒精灯,铁架台,显微熔点测定仪,数字熔点测定仪。

【实验装置】

毛细管法测定熔点的装置见图3-1。

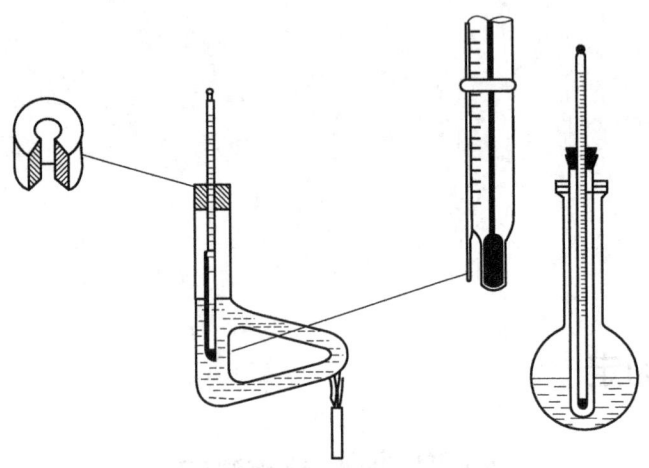

图3-1 毛细管法测定熔点的装置

【实验步骤】

由于熔点的测定对有机化合物的研究具有很大的价值,因此如何测出准确的熔点是一个重要问题。目前测定熔点的方法以毛细管法最为简便。另外,还可利用显微熔点测定仪和数字熔点测定仪进行熔点测定。

1. 毛细管法测定熔点

(1) 样品的装入

毛细管封口。将准备好的毛细管一端放在酒精灯火焰边缘,慢慢转动加热,毛细管因玻璃熔融而封口。操作时转速要均匀,使封口严密且厚薄均匀,要避免毛细管烧弯或熔化成小球。

取少许待测熔点的干燥样品(约0.1g)置于干净的表面皿上,用玻璃棒或不锈钢刮刀将它研成粉末并集成一堆。将毛细管开口端向下插入粉末中,然后把毛细管开口端向上,轻轻地在桌面上敲击,以使粉末落入毛细管底部并填装密实。或者取一支长30~40cm的玻璃管,垂直于干净的表面皿上,将毛细管从玻璃管上端自由落下,可更好地达到上述目的。一般需如此重复数次,使毛细管内装入高2~3mm紧密结实的样品。附在毛细管外的粉末须拭去,以免污染加热浴液。要测得准确的熔点,样品一定要研得极细,填装密实,使热量的传导迅速均匀。对于蜡状的样品,为了解决研细及装管的困难,应选用较大口径(2mm左右)的毛细管。

(2) 熔点浴

熔点浴的设计最重要的一点是要使受热均匀。下面介绍两种在实验室中最常用的熔点浴。

① 提勒管（Thiele）：又称 b 形管，b 形管中装入加热液体（浴液），高度达到上叉管处即可，如图 3-1 左。管口装有一个侧边开口的软木塞，温度计插入其中，温度计刻度应面向木塞开口处，以便于读数。温度计水银球位于 b 形管上下两侧管的中部，装好样品的毛细管，用橡皮圈套在温度计下端（注意橡皮圈应在浴液液面之上），使样品部分置于水银球侧面中部（见图 3-1 中）。在图示的部位加热，受热的浴液沿管做上升运动。从而促成了整个 b 形管内浴液呈对流循环，使得温度较均匀。

② 双浴式：如图 3-1 右，将试管经开口软木塞插入 250mL 平底（或圆底）烧瓶内，直至离瓶底约 1cm 处，试管口配一个开口软木塞，插入温度计，其水银球应距试管底 0.5cm。瓶内装入烧瓶 2/3 体积的加热液体，试管内也放入一些加热液体，使在插入温度计后，其液面高度与瓶内相同。毛细管黏附于温度计的位置和在 b 形管中相同。

在测定熔点时，凡是样品熔点在 220℃ 以下的，可采用浓硫酸作为浴液[1]。但高温时，浓硫酸将分解放出三氧化硫及水。长期不用的熔点浴应先缓缓加热去掉吸入的水分，如加热过快，就有冲出的危险。

除浓硫酸之外，亦可采用磷酸（可用于 300℃ 以下）、石蜡油或有机硅油等作为浴液。如将 7 份浓硫酸和 3 份硫酸钾或 5.5 份浓硫酸和 4.5 份硫酸钾在通风橱中一起加热，直至固体溶解，这样的溶液可应用于 220～320℃ 的范围。若以 6 份浓硫酸和 4 份硫酸钾混合，则可使用至 365℃。但此类加热液体不适用于测定低熔点的化合物，因为它们在室温下呈半固态或固态。

(3) 熔点的测定

将提勒管垂直夹于铁架台上，按前述方法装配完毕，以液体石蜡作为加热液体（图 3-1）。将黏附有毛细管的温度计小心地伸入浴液中，以小火缓缓加热。开始时升温速率可以较快，到距离熔点 10～15℃ 时，调整火焰使每分钟上升约 1～2℃。越接近熔点，升温速率应越慢（掌握升温速率是准确测定熔点的关键）。这一方面是为了保证有充分的时间让热量由管外传导至管内，以使固体熔化；另一方面因观察者不能同时观察温度计所示度数和样品的变化情况，只有缓慢加热，才能使此项误差减小。记下样品开始塌落并有液相产生时（初熔）和固体完全消失时（全熔）的温度计读数，即为该化合物的熔程。要注意在初熔前是否有萎缩或软化、放出气体以及其他分解现象。例如一物质在 120℃ 时开始萎缩，在 121℃ 时有液滴出现，在 122℃ 时全部液化，应记录如下：熔程 121～122℃，120℃ 时萎缩。

熔点测定至少要有两次重复的数据。每一次测定都必须用新的毛细管另装样品，不能将已测过熔点的毛细管冷却，使其中的样品固化后再进行第二次测定。因为有时某些物质会产生部分分解，有些会转变成具有不同熔点的其他结晶形式。测定易升华物质的熔点时，应将毛细管的开口端烧熔封闭，以免升华。如果要测定未知物的熔点，应对样品进行粗测。升温速率可以稍快，知道大致的熔点范围后，待浴液温度冷至熔点以下约 30℃ 左右，再取另一根装样的毛细管进行精密的测定。熔点测好后，温度计的读数须对照温度计校正图进行校正。一定要待加热液体冷却后，方可将浓硫酸倒回瓶中。温度计冷却后，用废纸擦去硫酸，否则温度计极易炸裂。

2. 显微熔点测定仪测定熔点

（1）显微熔点测定仪

用毛细管法测定熔点，操作简便，但样品用量较大，测定时间长，同时不能观察出样品在加热过程中晶型的转化及其变化过程。为克服这些缺点，实验室常采用显微熔点测定仪。显微熔点测定仪的主要组成可分为两大部分：显微镜和微量加热台（图 3-2）。显微镜可以是专用于这种仪器的特殊显微镜，也可以是普通的显微镜。

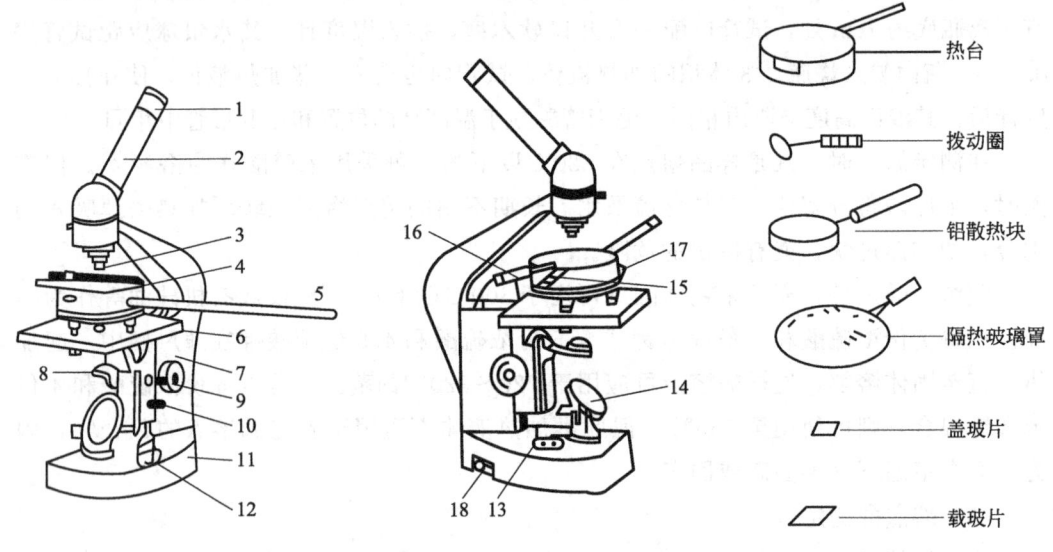

图 3-2 显微熔点测定仪

1—目镜；2—棱镜检偏部件；3—物镜；4—热台；5—温度计；6—载热台；7—镜身；
8—起偏振件；9—粗动手轮；10—止紧螺钉；11—底座；12—波段开关；
13—电位器旋钮；14—反光镜；15—拨动圈；16—隔热玻璃罩；17—地线柱；18—电压表

显微熔点测定仪的优点：①可测微量样品的熔点；②可测高熔点（熔点可达 350℃）的样品的熔点；③通过放大镜可以观察样品在加热过程中变化的全过程，如失去结晶水、多晶体的变化及分解等。

（2）实验操作

先将载玻片洗净擦干，放在一个可移动的载玻片支持器内，将样品放在载玻片上，使其位于加热器的中心孔上，用盖玻片将样品盖住，放在圆玻璃盖下，打开光源，调节镜头，使显微镜焦点对准样品，开启加热器，用可变电阻调节加热速率，自显微镜的目镜中仔细观察样品晶型的变化和温度计的上升情况（本仪器目镜视野分为两半，一半可直接看出温度计所示温度，另一半用来观察晶体的变化）。当温度接近样品的熔点（本实验所用样品为苯甲酸，其熔点在 122.4℃，注意它本身易于升华）

时，控制温度上升的速率为 1~2℃/min，当样品晶体的棱角开始变圆时，即晶体开始熔化，晶型完全消失即熔化完毕。重复 2 次读数。

测定完毕，停止加热，稍冷，用镊子去掉圆玻璃盖，拿走载玻片支持器及载玻片，放上水冷铁块加快冷却，待仪器完全冷却后小心拆卸和整理部件，装入仪器箱内。

3. 数字熔点测定仪测定熔点

(1) 数字熔点测定仪（图 3-3）

使用数字熔点测定仪进行测定，方便、准确、易于操作。以 WRS-1 数字熔点测定仪为例，该熔点测定仪采用光电检测、数字温度显示等技术，具有初熔、全熔自动显示。可与记录仪配合使用，可进行熔化曲线自动记录，其能快速达到设定的起始温度，并具有六挡可供选择的线性升、降温速率自动控制。物质结晶状态时反射光线，在熔融状态时透射光线。因此，物质在熔化过程中随着温度的升高会产生透光度的跃变。本仪器的工作原理（图 3-4）基于上述事实，采用光电方式自动检测熔化曲线的变化。

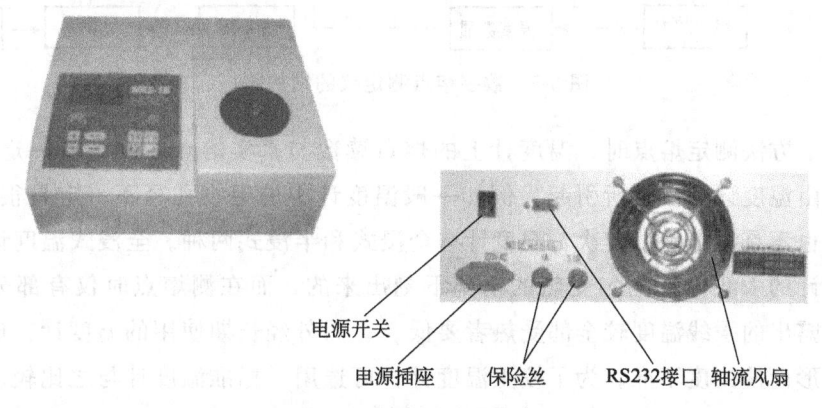

图 3-3　数字熔点测定仪

A 点所对应的温度 t_a 称为初熔点。

B 点所对应的温度 t_b 称为终熔点（或全熔点）。

$t_b \sim t_a$ 称为熔程（即熔化间隔或熔化范围）。

数字熔点测定仪的结构见图 3-5。

(2) 实验操作

开启电源开关，稳定 20min，此时，保温灯、初熔灯亮，电表偏向右方。通过拨盘设定起始温度，通过起始温度按钮，输入此温度，此时预置灯亮。选择升温速率，将波段开关旋至所需位置。当预置灯熄灭时，起始温度设定完毕，插入装有样品的毛细管，此时电表基本

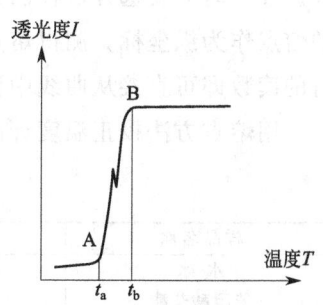

图 3-4　数字熔点测定仪
工作原理图

指零，初熔灯也熄灭。将电表调至零，按升温按钮，升温指示灯亮。数分钟后初熔灯先亮，然后出现全熔读数显示。按初熔按钮，显示初熔读数，记录初熔、全熔温度。按降温按钮，使温度降至室温，最后切断电源。

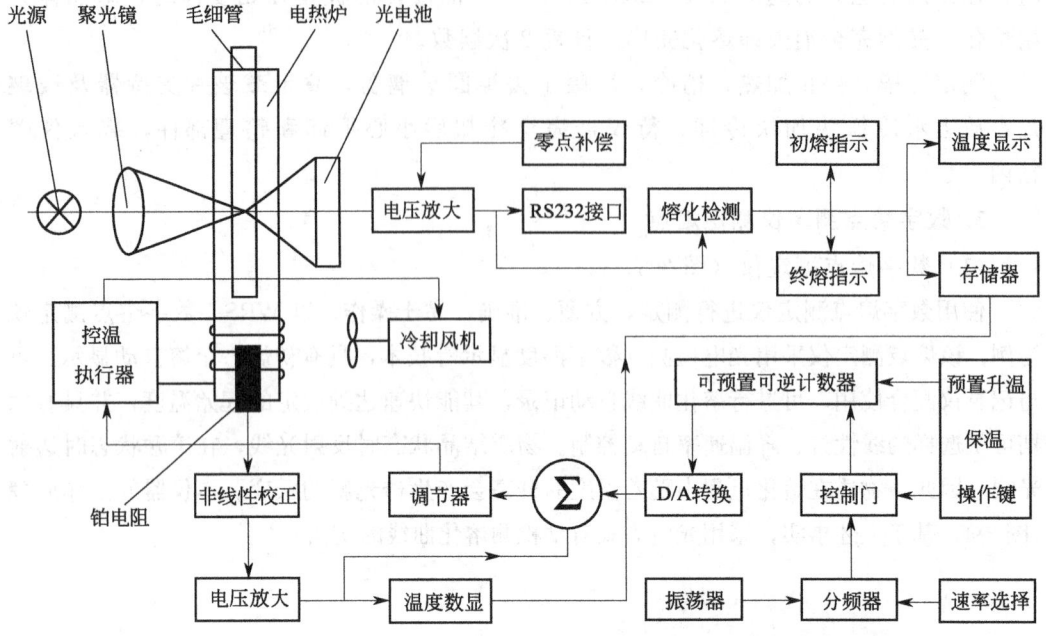

图 3-5 数字熔点测定仪的结构图

用以上方法测定熔点时,温度计上的熔点读数与真实熔点之间常有一定的偏差。这可能是由温度计的质量所引起。例如一般温度计中的毛细孔径不一定是很均匀的,有时刻度也不是很准确。其次,温度计有全浸式和半浸式两种。全浸式温度计的刻度是在温度计的汞线全部均匀受热的情况下刻出来的,而在测熔点时仅有部分汞线受热,因而露出的汞线温度较全部受热者要低[2]。另外经长期使用的温度计,玻璃也可能发生变形而使刻度不准。为了校正温度计,可选用一标准温度计与之比较。也可采用纯有机化合物的熔点作为校正的标准,通过此法校正的温度计,上述误差可一并除去。校正时只要选择数种已知熔点的纯化合物作为标准,测定它们的熔点,以观察到的熔点作为纵坐标,测得熔点与应有熔点的差值作为横坐标,绘制曲线,在任一温度时的读数即可直接从曲线中读出。

用熔点方法校正温度计的部分标准样品见表 3-1,校正时可以具体选择。

表 3-1 一些有机化合物的熔点

样品名称	熔点	样品名称	熔点
水-冰	0℃	苯甲酸	122.4℃
苯甲酸苄酯	21℃	尿素	132.7℃
α-萘胺	50℃	二苯基羟基乙酸	151℃
二苯胺	53℃	水杨酸	159℃
对二氯苯	53℃	对苯二酚	173~174℃
萘	80.55℃	3,5-二硝基苯甲酸	205℃
间二硝基苯	90.02℃	蒽	216.2~216.4℃
二苯乙二酮	95~96℃	酚酞	262~263℃
乙酰苯胺	114.3℃	蒽醌	286℃(升华)

【注意事项】

[1] 用浓硫酸作浴液时,应特别小心,不仅要防止灼伤皮肤,还要注意勿使样品或其他有机物触及硫酸。所以,填装样品时,附在管外的样品须拭去。否则,硫酸的颜色会变成棕黑色,妨碍观察。如已变黑,要酌加少许硝酸钠(或硝酸钾)晶体,加热后便可褪色。

[2] 这样测出的熔点可能因温度计的误差而不准确。所以,除了要校正温度计刻度之外,还要将温度计外露段所引起的误差进行读数的校正,才能够得到正确的熔点。

校正温度计的读数,可按照下式求出水银线的校正值:

$$\Delta t = Kn(t_1 - t_2)$$

Δt 为外露段水银线的校正值;t_1 为由温度计测得的熔点;t_2 为外露段水银柱的有效温度(用另一支辅助温度计测定,将这支温度计的水银球紧贴于露出液面的一段水银线的中央);n 为温度计的水银线外露段的度数;K 为水银和玻璃膨胀系数的差值。

普通玻璃在不同温度下的 K 值为:

$t_1 = 0 \sim 150℃$ 时,$K = 0.000158$;$t_1 = 200℃$ 时,$K = 0.000159$;
$t_1 = 250℃$ 时,$K = 0.000161$;$t_1 = 300℃$ 时,$K = 0.000164$。

例:浴液面在温度计 30℃ 处时,测定熔点为 190℃(t_1),则外露段为 190℃ − 30℃ = 160℃,这样辅助温度计水银球应放在 160℃ × 1/2 + 30℃ = 110℃ 处。测得 t_2 = 65℃,熔点为 190℃,则 $K = 0.000159$。按照上式则可求出:

$$\Delta t = 0.000159 \times 160 \times (190 - 65) = 3.18 \approx 3.2$$

所以,校正后的熔点应为 190 + 3.2 = 193.2℃

【思考题】

1. 测熔点时,若有下列情况将产生什么结果?
(1) 熔点管壁太厚。
(2) 熔点管壁未完全封闭,尚有一针孔。
(3) 熔点管不洁净。
(4) 样品未完全干燥或含有杂质。
(5) 样品研得不细或装得不紧密。
(6) 加热太快。

2. 加热的快慢为什么会影响熔点?在什么情况下加热可以快些?而在什么情况下加热则要慢些?

3. 是否可以使用第一次测熔点时已经熔化的有机化合物再进行第二次测定?为什么?

4. 若两种物质的熔点相同,如何判断它们是相同物质还是不同物质?

3.2 沸点的测定

实验十二　沸点的测定

【实验目的】

1. 了解沸点测定的意义。
2. 掌握用常量法及微量法测定沸点的原理和方法。

【实验原理】

液体受热时，分子运动使其从液体表面逸出，形成蒸气压，随着温度的升高，蒸气压增大，当蒸气压增大到与环境施于液面的压强（通常是大气压）相等时，液体即沸腾，这时的温度称为该环境压强下的沸点（boiling point，b.p.）。沸点是液体有机化合物的重要物理常数之一。在使用、分离、纯化和鉴定液体有机物的过程中，沸点是一个重要的参数。

蒸馏是分离和提纯液体有机化合物最常用也是最重要的方法之一。蒸馏不仅可把挥发性液体与不挥发性的物质分离，也可分离两种或两种以上沸点相差较大（＞30℃）的液体混合物。此外，通过蒸馏还可测定液体化合物的沸点。

在一定压强下纯净液体化合物都有一定的沸点，沸程（蒸馏过程中沸点的变动范围）一般为 0.5~1℃，而混合物的沸程较长，因此蒸馏也可作为鉴定液体有机化合物纯度的一种方法。但也应注意，具有固定沸点的液体，有时不一定是纯化合物，因为某些有机化合物可以与其他物质形成二元或三元共沸混合物[1]。

液体的沸点与外界大气压有关，因此，在记录一个化合物的沸点时，一定要注明测定沸点时外界的大气压力，以便与文献值相比较。由于地区不同，地势高低有差异，实际大气压与标准大气压（101.3kPa）有一定偏差，故所测得的沸点和标准沸点不同，可按经验公式将实测沸点转换成标准状态的沸点。

【实验药品】

无水乙醇或四氯化碳，沸石。

【实验仪器】

提勒管，圆底烧瓶，直形冷凝管，接液管，锥形瓶，温度计，蒸馏头，铁架台，酒精灯或其他热源。

【实验装置】

普通蒸馏装置见图 3-6。

【实验步骤】

1. 常量法测沸点

(1) 简单蒸馏装置

实验室的蒸馏装置主要由圆底烧瓶、冷凝管和接收器三部分组成。最常用的普通蒸馏装置,汽化部分由圆底烧瓶、蒸馏头和温度计组成。选用圆底烧瓶的大小,以蒸馏液体占烧瓶容积的 1/3~2/3 为宜。若用非磨口温度计,可借助于温度计接头或橡皮塞固定在蒸馏头的上口。温度计水银球上端应与蒸馏头侧管的下限在同一水平线上。蒸气常通过直形冷凝管冷凝。冷凝水应从夹层的下口进入,上口流出,以保证冷凝夹层中充满水。若蒸馏液体沸点高于 140℃,应改换空气冷凝管[2]。冷凝液通过接引管和接收瓶收

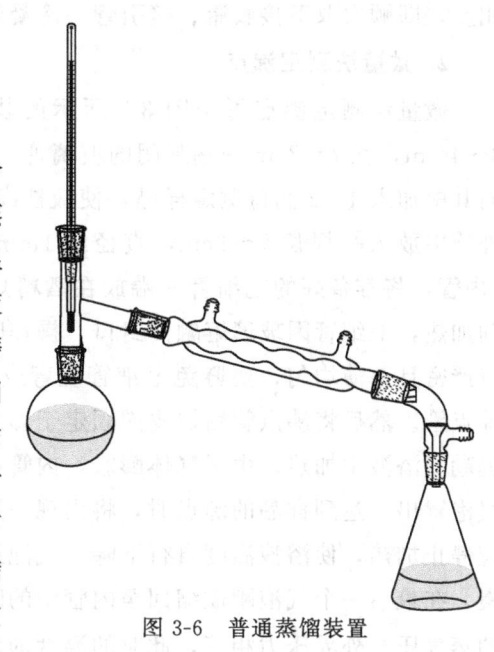

图 3-6 普通蒸馏装置

集,接收部分应保持与大气相通,当用不带支管的接引管时,接引管与接收瓶之间不能紧密塞住,否则成为密闭系统,可导致爆炸。

(2) 蒸馏装置的安装

首先用铁夹夹住圆底烧瓶的瓶颈上端(夹子要贴上橡皮或缠上石棉条),根据热源及三脚架的高度,把圆底烧瓶固定在铁架台上,装上蒸馏头和温度计;然后装上冷凝管,使冷凝管的中心线和圆底烧瓶上蒸馏头支管的中心线成一直线,移动冷凝管,使其与蒸馏头支管紧密相连;再依次接上接引管和接收瓶。安装蒸馏装置的顺序一般先从热源处开始,自下而上,由左向右(也可以由右向左,据实验环境而定)。整个装置要求准确、端正,从侧面观察整套仪器的轴线都要在同一平面内。所有的铁夹和铁架都应整齐地放在仪器背面。

(3) 蒸馏操作

把待蒸馏的液体通过漏斗加入圆底烧瓶中,然后加入 1~2 粒沸石[3]。按普通蒸馏装置安装,接通冷凝水。开始时小火加热,然后调整火焰,使温度慢慢上升,注意观察液体的汽化情况。当蒸气回流的界面升到温度计水银球部位时,温度计汞柱开始急剧上升,此时更应控制温度,使温度计水银球上总附有蒸气冷凝的液滴,以保持气液两相平衡,这时的温度正是馏出液的沸点。蒸馏速率控制在 1~2 滴/s,记录第一滴馏出液滴入接收瓶时的温度和液体快蒸完时(剩 2~3mL)的温度,前后两次温度范围称为待测液体的沸程。通常将所观察到的沸程视为该物质的沸点。如果不再有馏出液蒸出,就应停止蒸馏,即使杂质量很少,也不能蒸干。否则,容易发生意外事故。

蒸馏完毕,先停止加热,再停止通水,最后拆卸仪器。拆卸仪器的程序和安装时

相反，即顺次取下接收瓶、接引管、冷凝管和圆底烧瓶。

2. 微量法测定沸点

微量法测定沸点可用图 3-7 所示的装置。取一根直径为 3~4mm，长 7~8cm 一端封闭的玻璃管，作为沸点管的外管，向其中加入 1~2 滴待测定样品，使液柱高 1~1.5cm。再向该外管中放入一根长 8~9cm，直径约 1mm 上端封闭的毛细管（内管，将准备好的毛细管一端放在酒精灯火焰边缘，慢慢转动加热，毛细管因玻璃熔融而封口。操作时转速要均匀，使封口严密且厚薄均匀，要避免毛细管烧弯或熔化成小球），组成沸点管。然后将沸点管用橡皮圈固定于温度计水银球旁，放入提勒管浴液中加热。由于气体膨胀，内管中会有断断续续的小气泡冒出，达到样品的沸点时，将出现一连串的小气泡，此时应停止加热，使浴液温度自行下降，气泡逸出的速度即渐渐减慢。在最后一个气泡刚欲缩回至内管中的瞬间，表示毛细管内

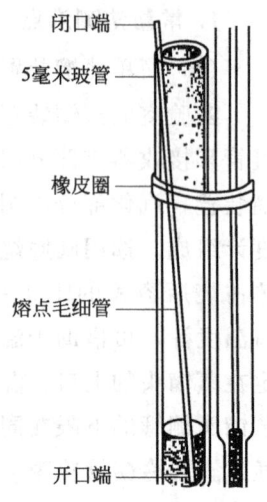

图 3-7 微量法测沸点

的蒸气压与外界压力相等，此时的温度即为该液体的沸点。为校正起见，待温度下降几摄氏度后再非常缓慢地加热，记下刚出现气泡时的温度。两次温度计读数差值不应超过 1℃。

3. 测无水乙醇的沸点

分别用常量法和微量法测定无水乙醇的沸点。

【注意事项】

[1] 某些有机化合物与其他物质按一定比例组成混合物，它们的液体组分与饱和蒸气的成分一样，这种混合物称为共沸混合物或恒沸物，恒沸物的沸点低于或高于混合物中任何一个组分的沸点，这种沸点称为共沸点。例如，乙醇-水的共沸物组成为乙醇 95.6%（体积分数）、水 4.4%，共沸点 78.17℃；甲醛-水的共沸物组成是甲醛 22.5%（体积分数）、水 77.5%，共沸点为 107.3℃。共沸混合物不能用蒸馏法分离。

[2] 蒸馏液体沸点在 140℃ 以上时，若用水冷凝管冷凝，在冷凝管接头处容易炸裂，故应该用空气冷凝管。蒸馏低沸点、易燃、易吸潮的液体时，在接引管的支管处连一干燥管，再从后者出口处接一根胶管通入水槽或室外。当室温较高时，可将接收器放在冰水浴中冷却。

[3] 沸石是一些小的碎瓷片、毛细管或玻璃沸石等多孔性物质。在液体沸腾时，沸石内的空气可以起到汽化中心的作用，使液体平稳沸腾，防止液体暴沸。如果忘记加沸石，一定要等液体稍冷后补加，否则可能引起暴沸。

【思考题】

1. 在进行蒸馏操作时应注意什么问题？
2. 蒸馏时，温度计位置过高或过低对沸点的测定有何影响？

3. 蒸馏开始后，如果忘记加沸石，应如何正确处理？

3.3 折射率的测定

实验十三 折射率的测定

【实验目的】

1. 了解测定折射率的原理及阿贝（Abbe）折光仪的基本构造，掌握折光仪的使用方法。
2. 了解测定化合物折射率的意义。

【实验原理】

折射率（refractive index）是物质的物理常数，固体、液体和气体都有折射率。折射率常作为检验原料、溶剂、中间体和最终产物的纯度（purity）及鉴定（identify）未知样品的依据。

在不同介质中，光的传播速率都不相同。当光线从空气射入另一种介质 B 中时，由于两种介质的密度不同，光的传播速率和方向均会发生改变，这种现象称为折射现象。由折射定律可知，折射率是光线入射角 α 与折射角 β 的正弦之比，即：

$$n = \frac{\sin\alpha}{\sin\beta}$$

一种介质的折射率随光线波长变短而增大，随介质温度的升高而变小。一般温度升高 1℃，液体化合物的折射率降低 $3.5\times10^{-4}\sim5.5\times10^{-4}$。为了方便起见，在实际工作中，常把 4×10^{-4} 近似作为温度变化常数。例如，在 25℃ 时甲基叔丁基醚折射率的实测值为 1.3670，可推算其在 30℃ 时，折射率的近似值应为：$n_D^{30}=1.3670-5\times4\times10^{-4}=1.3650$。

物质的折射率不但与它的结构和光线有关，而且也受温度、压力等因素的影响。所以折射率的表示，须注明所用的光线和测定时的温度，常用 n_D^t 表示。通常规定温度为 20℃，光线采用钠光谱的 D 线（叫作钠黄光，波长为 589.3 nm）为标准表示折射率。例如，在温度为 20℃ 时，用钠的黄光（用 D 表示）为入射光，测得丙酮折射率为 1.3591，表示为丙酮 $n_D^{20}=1.3591$。

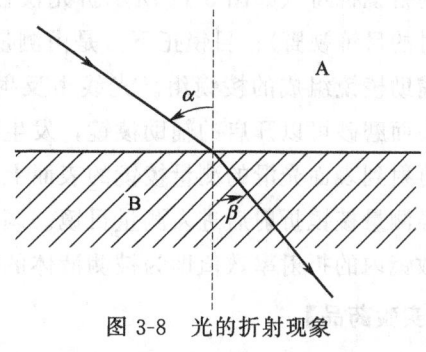

图 3-8 光的折射现象

在确定的外界条件下（如温度、压力等），一定波长的单色光由被测液体有机物 A（光疏媒质）进入棱镜 B（光密媒质）时，由于两种介质的密度不同，光的传播速率和方向均会发生改变，即发生光的折射现象（图 3-8）。由折射定律可知，其入射角 α 的正弦与折射角 β 的正弦之比是个常数，并且等于棱镜的折射率 $n_{棱镜}$（介质 B）与被测液体有机物的折射率 $n_{被测}$（介质 A）之比。即：

$$\frac{\sin\alpha}{\sin\beta}=\frac{n_{棱镜}}{n_{被测}}$$

上式中，因为光线由光疏介质进入光密介质，所以其入射角 α 必定大于折射角 β。当入射角 α 增大为 90°时，$\alpha=\alpha_0=90°$，$\sin\alpha_0=1$，这时折射角达到最大值，称为临界角，以 β_0 表示。显然，在临界角以内的区域都有光线通过，是明亮的，而在临界角以外的区域没有光线通过，是暗的。在临界角上正好"半明半暗"（图 3-10）。阿贝折光仪的目镜上有一个"十"字交叉线，如果"十"字交叉线与明暗分界线重合（图 3-11），就表示光线由被测液体进入棱镜时的入射角正好为 90°。因此，上式可变为：

$$\frac{\sin 90°}{\sin\beta}=\frac{n_{棱镜}}{n_{被测}}$$

$$n_{被测}\sin 90°=n_{棱镜}\sin\beta_0$$

$$n_{被测}=n_{棱镜}\sin\beta_0$$

棱镜的折射率（$n_{棱镜}$）是常数，由 $n_{被测}=n_{棱镜}\sin\beta_0$ 可知，只要测出临界角 β_0，就可求出被测液体的折射率（$n_{被测}$）。这就是阿贝折光仪的光学原理。

阿贝折光仪优点是构造简单，容易操作；精确度较高[1]，应用范围广；被测样品用量少；可用白炽灯作光源[2]。在操作阿贝折光仪时，旋转棱镜的转动手轮，找到临界角时的目镜视场（即明暗分界线对准十字交叉线中心），此时，光线的入射角始终为 90°，折射角为临界角 β_0，从阿贝折光仪刻度盘上直接读出折射率即可[3]。

阿贝折光仪的目镜视野下方（图 3-9）是读数标尺，内有标有两行数值的刻度盘，上一行数值是工业上测定溶液浓度的标度（0～95%），下一行数值是折射率数值（1.3000～1.7000）；目镜视野上方是用来找到临界角时的目镜视野（如图 3-11 所示折光仪在临界角时的目镜视野）；目镜正下方是由测量棱镜和辅助棱镜组成的棱镜组。光线由反射镜进入

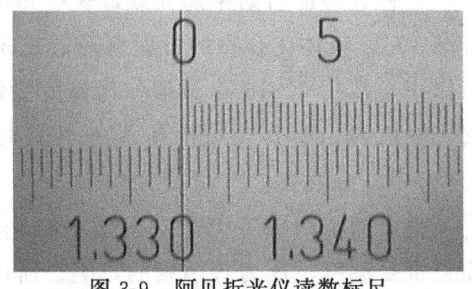

图 3-9 阿贝折光仪读数标尺

表面磨砂可以开启的辅助棱镜，发生漫散射，再以不同入射角射入待测液体层，之后再射到表面光滑的测量棱镜的表面上。此时，除一部分光线发生全反射外，其余光线经测量棱镜折射后进入测量目镜。调节旋钮使目镜呈临界角时的目镜视场，此时，读数镜内的折射率数值即为被测液体的折射率。

【实验药品】

乙酰乙酸乙酯，乙酸乙酯，乙醇，丙酮，蒸馏水。

【实验仪器】

WYA 阿贝折光仪，WYA-2S 数字阿贝折光仪。

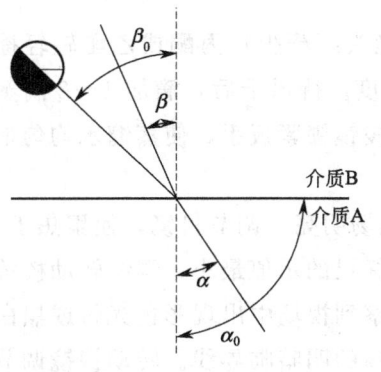

图 3-10　光的折射现象

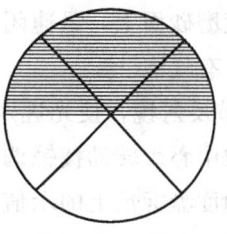

图 3-11　折光仪在临界角时的目镜视野图

【实验装置】

阿贝折光仪的结构见图 3-12。

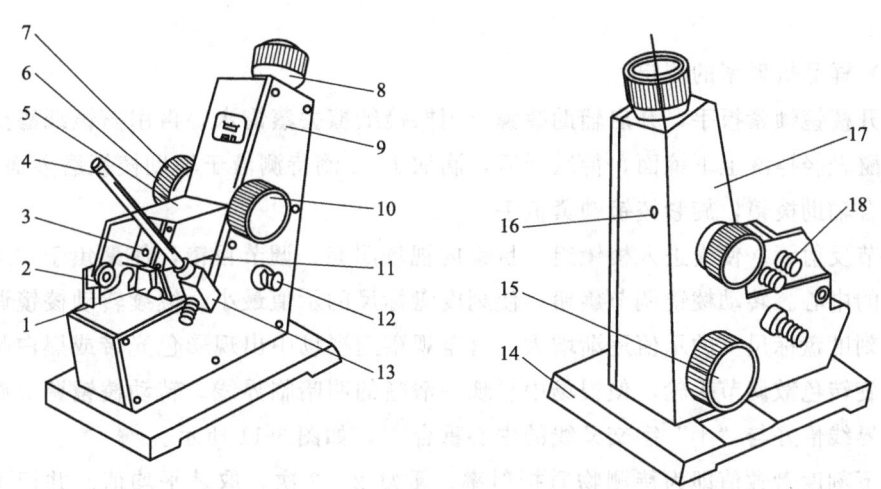

图 3-12　阿贝折光仪结构图

1—反射镜；2—转轴；3—遮光板；4—温度计；5—进光棱镜座；6—色散调节手轮；7—色散值刻度圈；
8—目镜；9—盖板；10—手轮；11—折射棱镜座；12—照明刻度盘镜；13—温度计座；
14—底座；15—刻度调节手轮；16—小孔；17—壳体；18—恒温器接头

【实验步骤】

1. 阿贝折光仪测定折射率

(1) 熟悉阿贝折光仪的基本结构。

(2) 阿贝折光仪读数的校正

① 将折光仪置于靠近窗户的桌子上或普通照明灯前[2]，但不能曝于直照的日光中。

② 把温度计插入温度计插孔，用乳胶管把测量棱镜和辅助棱镜上保温套的进出水口与恒温槽串接起来，装上温度计，恒温温度以折光仪上温度计读数为准[4]。本实验

在室温下测定,不用恒温水浴调节温度。

③ 旋开棱镜锁紧扳手,开启辅助棱镜,用镜头纸蘸少量丙酮或乙醚轻轻擦洗镜面[5],风干,以免留有其他物质影响测定的精确度。待风干后,滴加 1~2 滴蒸馏水于辅助棱镜磨砂面上,迅速闭合辅助棱镜,旋紧棱镜锁紧扳手,使蒸馏水均匀地充满视场,切勿有气泡。

④ 调节反射镜,使光进入棱镜组,目镜内视场明亮。调节目镜,使聚焦于"十"字交叉线的中心。转动棱镜调节旋钮,使刻度盘标尺的示值最小,继续转动棱镜调节旋钮,使刻度盘标尺上的示值逐渐增大,直至观察到视场中出现彩色光带或黑白临界线为止。旋转色散调节手轮,使视场中呈现一清晰的明暗临界线。转动棱镜调节旋钮使明暗分界线恰好与"十"字交叉线的中心重合,如图 3-11 所示。

⑤ 记下刻度盘数值即为蒸馏水折射率。重复 2~3 次,取其平均值。并记下阿贝折光仪温度计的读数作为被测液体的温度。与蒸馏水的标准值(n_D^{20} 1.3330)比较,求得折光仪的校正值。校正值一般应很小,若数值太大时,整个仪器必须重新校正[6]。

(3) 样品折射率的测定

旋开棱镜锁紧扳手,开启辅助棱镜,用擦镜纸擦去蒸馏水,再用擦镜纸蘸少量丙酮或乙醚轻轻擦洗上下镜面,待风干后,滴加 1~2 滴待测液于辅助棱镜磨砂面上[7],迅速闭合辅助棱镜,旋紧棱镜锁紧扳手。

调节反射镜,使光进入棱镜组,目镜内视场明亮。调节目镜,使聚焦于"十"字交叉线的中心。转动棱镜调节旋钮,使刻度盘标尺的示值最小,继续转动棱镜调节旋钮,使刻度盘标尺上的示值逐渐增大,直至观察到视场中出现彩色光带或黑白临界线为止。旋转色散调节手轮,使视场中呈现一清晰的明暗临界线。转动棱镜调节旋钮使明暗分界线恰好与"十"字交叉线的中心重合[8],如图 3-11 所示。

记下刻度盘数值即为待测物质折射率。重复 2~3 次,取其平均值。并记下阿贝折光仪温度计的读数作为被测液体的温度。

待测物质的折射率=待测物质折射率实验读数值-折光仪的校正值。

实验完毕,用擦镜纸蘸少量丙酮或乙醚轻轻擦洗上下镜面,待风干后,关闭辅助棱镜,旋紧棱镜锁紧扳手。擦净折光仪,妥善复原。

2. 数字阿贝折光仪测定折射率

(1) 了解数字阿贝折光仪的基本结构

其结构如图 3-13 所示。

(2) 数字阿贝折光仪的操作步骤

① 按下"POWER"电源开关,聚光照明部件中照明灯亮,同时显示窗显示 00000。

② 打开折射棱镜部件,移去擦镜纸(仪器不使用时放在两棱镜之间,防止关上棱镜时,可能留在棱镜上细小硬粒损坏棱镜工作表面)。

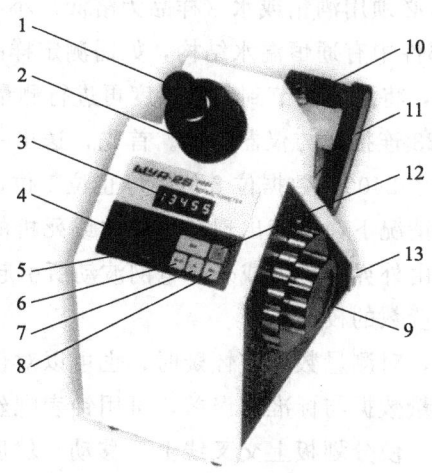

图 3-13 数字阿贝折光仪结构图

1—目镜；2—色散手轮；3—显示窗；4—"POWER"电源开关；5—"READ"读数显示键；
6—"BX-TC"经温度修正锤度显示键；7—"nD"折射率显示键；8—"BX"未经温度修正锤度显示键；
9—调节手轮；10—聚光照明部件；11—折射棱镜部件；12—"TEMP"温度显示键；13—RS232接口

③ 检查上、下棱镜表面，并用水或酒精小心清洁其表面。测定每一个样品以后也要仔细清洁两块棱镜表面，以免棱镜上留有少量样品影响下一个样品的测量准确度。

④ 将被测样品放在下面的折射镜的工作表面上。如样品为液体，可用干净滴管吸1~2滴液体样品放在棱镜工作表面上，然后将上面的进光棱镜盖上。如样品为固体，则固体必须有一个经过抛光加工的平整表面。测量前需将此抛光表面擦净，并在下面的折射棱镜工作表面上滴 1~2 滴折射率比固体样品折射率高的透明液体（如溴代萘），然后将固体样品抛光面放在折射棱镜工作表面上，使其接触良好。测固体样品时不需将上面的进光棱镜盖上。

⑤ 旋转聚光照明部件的转臂和聚光镜筒使上面的进光棱镜的进光表面（测液体样品）或固体样品前面的进光表面（测固体样品）得到均匀照明。

⑥ 通过目镜观察视场，同时旋转调节手轮，使明暗分界线落在交叉线视场中。如从目镜中看到视场是暗的，可将调节手轮逆时针旋转。若看到视场是明亮的，则将调节手轮顺时针旋转。明亮区域是在视场顶部。在明亮视场情况下可旋转目镜，调节视度看清晰交叉线。

⑦ 旋转色散手轮，同时调节聚光镜位置，使视场中明暗两部分具有良好的反差和明暗分界线具有最小的色散。

⑧ 旋转调节手轮，使明暗分界线准确对准交叉线的交点。

⑨ 按"READ"读数显示键，显示窗中"00000"消失，显示"-"，数秒后"-"消失，显示被测样品的折射率。

⑩ 检测样品温度，可按"TEMP"温度显示键，显示窗将显示样品温度。显示为温度时，再按"nD"键，显示原来的折射率。

⑪ 样品测量结束后，必须用酒精或水（样品为溶液）小心进行清洁。

⑫ 本仪器折射棱镜部件中有通恒温水结构，如需测定样品在某一特定温度下的折射率，仪器可外接恒温器，将温度调节到所需温度再进行测量。

⑬ 计算机可用 RS2323 连接线与仪器连接。首先，送出一个任意的字符，然后等待接收信息（参数：波特率2400，数据位8位，停止位1位，字节总长18）。

注：仪器在极罕见的情况下，可能出现自动复位或死机的现象，只要关闭电源后重新开启即可恢复，这是由外界强静电或外界电网波动所引起的。

(3) 数字阿贝折光仪读数的校正

仪器要定期进行校正，对测量数据有怀疑时，也可以对仪器进行校正。校正用蒸馏水或校正玻璃片。如测量数据与标准有误差，可用钟表螺丝刀通过色散手轮中的小孔，小心旋转里面的螺钉，使分划板上交叉线上下移动，然后再进行测量，直到测数符合要求为止。

【注意事项】

[1] 测定纯净液体样品的折射率，可精确到1‰，通常用4位有效数字进行记录。

[2] 阿贝折光仪有消色散装置，故可直接使用日光或普通灯光，测定结果与用钠光源结果一样。

[3] 阿贝折光仪刻度盘上的读数不是临界角的角度，而是已计算好的折射率，故可直接读出。

[4] 通入恒温水约20min，温度才能恒定，若实验时间有限，不附恒温水槽，本步操作可以省略。室温下测得的折射率可根据温度每增加1℃液体有机化合物的折射率减少约 4×10^{-4} 的数值，换算出所需温度下近似的折射率。

[5] 棱镜是阿贝折光仪的关键部位，一定要注意保护。擦棱镜时要单向擦，不要来回擦，滴加液体时，滴管的末端切不可触及棱镜，以免在镜面上造成痕迹。使用一段时间后，必须用中性乙醇和乙酸或二甲苯清洗棱镜，以除去棱镜上的油污。切勿用本仪器测定强酸、强碱或具有腐蚀性的盐类溶液。

[6] 可用仪器附带的已知折射率的校正玻璃片对阿贝折光仪进行校正，也可用蒸馏水进行校正。蒸馏水在不同温度下的折射率为：$n_D^{10}=1.3337$；$n_D^{20}=1.3330$；$n_D^{30}=1.3320$；$n_D^{40}=1.3307$。

[7] 如果测定易挥发性液体样品，可由棱镜侧面的小孔加入。

[8] 如果读数镜筒内视场不明亮，应检查小反光镜是否开启。如果在目镜中看不到半明半暗，而是畸形的，这是因为棱镜间未充满液体。如果液体折射率不在1.3000～1.7000量程范围内，则不能用阿贝折光仪测定，也调不到明暗分界线上。测定折射率时目镜中常见的图像如图3-14所示。

【思考题】

1. 测定有机化合物折射率的意义是什么？
2. 物质的折射率与哪些因素有关？

  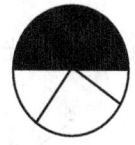

图 3-14　测定折射率时目镜中常见的图像

3. 在阿贝折光仪两棱镜间没有液体或液体已挥发，是否能观察到临界折射现象？
4. 滴加样品量过少会有什么后果？

3.4　旋光度的测定

实验十四　旋光度的测定

【实验目的】

1. 了解测定旋光度的原理及旋光仪的基本构造，掌握旋光仪的使用方法。
2. 了解测定旋光性物质旋光度的意义。

【实验原理】

手性分子都具有旋光性。通过旋光仪可以测得每一种旋光性物质的旋光度大小及旋光方向。物质的旋光度与其分子结构、测定时的温度、偏振光的波长、盛液管的长度、溶剂的性质及溶液的浓度有关。通过旋光度的测定可以鉴定旋光性物质的纯度及含量。

物质在浓度为 c（g·mL^{-1}）、管长为 l（dm）的条件下测得的旋光度 α 可以通过下列公式换算成比旋光度 $[\alpha]_D^t$。

$$[\alpha]_D^t = \frac{\alpha}{lc}$$

式中，α 为被测溶液的旋光度；l 为盛液管的长度，dm；c 为溶液的浓度，g/mL，如果所测的物质为纯液体，则用密度 ρ；$[\alpha]_D^t$ 为比旋光度，单位通常用°表示；t 为测定时的温度，℃；D 为钠光的波长，589nm。

从上式可知，当 $c=1$g·mL^{-1}，$l=1$dm，则测得的旋光度在数值上即为比旋光度。因此比旋光度的定义为：在一定温度下，1mL 含 1.0g 旋光物质的溶液，在长为 l 的盛液管中，光源波长为 589nm（钠光）时，测得的旋光度。

【实验药品】

葡萄糖，果糖。

【实验仪器】

WXG-4 圆盘旋光仪，海能 P810/P850 自动旋光仪，分析天平，容量瓶。

【实验装置】

一般实验室使用的目测旋光仪的基本构造如图 3-15 所示。

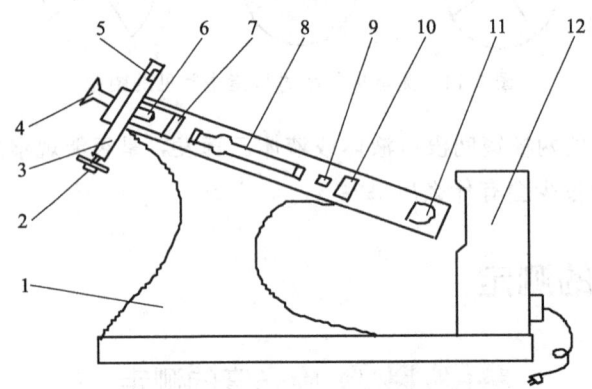

图 3-15 旋光仪构造示意图

1—底座；2—刻度盘调节手轮；3—刻度盘；4—目镜；5—刻度盘游标；6—物镜；7—检偏镜；
8—测试管；9—石英片；10—起偏镜；11—会聚透镜；12—钠光灯光源

【实验步骤】

1. WXG-4 圆盘旋光仪测定物质旋光度

（1）圆盘旋光仪的结构和原理

当单色光通过由方解石制成的尼科尔棱镜——起偏镜时，振动方向与棱镜晶轴平行的光线才能通过，这种在单一方向振动的光线称为偏振光，偏振光振动的平面叫作偏振面。如果在测量光路中不放入装有旋光性物质的盛液管和石英片（或称半阴片），当起偏镜和检偏镜的晶轴平行时，偏振光可直接通过检偏镜，在目镜中可以看到明亮的光线。此时转动检偏镜使其晶轴与起偏镜晶轴相互垂直，则偏振光不通过检偏镜，目镜中看不到光线，视野是全黑的。在测量中，由于人的眼睛对寻找最亮点和最暗（全黑）点并不灵敏，故不可用于仪器的读数点。为了测量的准确性，在起偏镜后面加上一块半阴片以帮助进行比较。半阴片是由石英和玻璃构成的圆形透明片，当偏振光通过石英片时，由于石英有旋光性，把偏振光旋转了一个角度，如图 3-16 所示。

因此，通过半阴片的偏振光就变成振动方向不同的两部分，这两部分偏振光到达检偏镜时，通过调节检偏镜的晶轴，可以使二分视场出现以下三种情况，如图 3-17 所示。图 3-17(a) 表示视场左边的偏振光可以透过，而右边不能透过，图 3-17(c) 表示视场右边的偏振光可以通过，而左边的不能透过；很明显，调节检偏镜必然存在一种介于上述两种情况之间的位置，在二分视场中能够看到左、右明暗度相同而分界线消失，如图 3-17(b) 所示，此处为临界处，对变化十分敏感，为读数处。

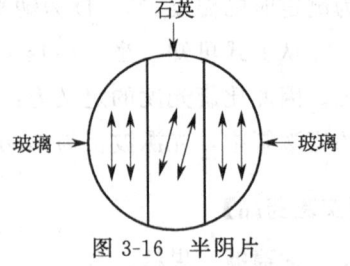

图 3-16 半阴片

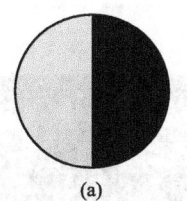 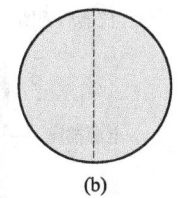 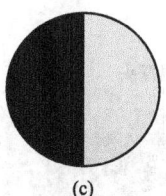

图 3-17　二分视场变化情况

因此，利用半阴片，通过比较左、右明暗度相同作为调节的标准，将使测定的准确性提高。在测定过程中，能使偏振光的偏振面向右旋转（顺时针方向转动检偏镜螺旋）的物质，称为右旋物质，以"+"表示；反之，称为左旋物质，以"-"表示。

(2) 实验操作

① 配制待测溶液。准确称取 10.0g 葡萄糖、10.0g 果糖，将样品分别在两只 100mL 容量瓶中配成溶液。溶液必须透明，否则需用滤纸过滤[1]。

② 装待测液。盛液管有 1dm、2dm 和 2.2dm 等几种规格。选用适当的盛液管，先用蒸馏水洗干净，再用少量待测液润洗 2~3 次，然后注满待测液，不留气泡，旋上已装好玻璃片和橡皮垫的金属螺帽，以不漏水为限度，但不要旋得太紧。用软布揩干液滴及盛液管两端残液，放好备用[2]。

③ 校正旋光仪零点。开启电源开关，待钠光灯发光稳定（约 30min）；将装满蒸馏水的盛液管放入旋光仪中[3]，注意光路中不可有气泡；旋转视野调节旋钮，直到二分视场界线变得清晰，达到聚焦为止。旋动刻度盘调节手轮，使二分视场明暗程度完全一致，此处为仪器的零点处（游标尺上的零度线应在刻度盘"0"度左右，否则仪器不可用），记录刻度盘读数，重复测量 3~5 次，取平均值。如果仪器正常，此数即为零点校正读数[4-6]。

④ 测定旋光度[4]。将装有待测样品的盛液管放入旋光仪内，此时原来明暗完全一致的二分视场的亮度出现差异，再次缓慢旋转检偏镜（由于刻度盘随检偏镜一起转动，故转动刻度盘调节手轮即可），使二分视场的明暗度再次一致[5]，记录刻度盘读数[6]。重复测量 3~5 次，取其平均值，即为测定结果。测量的平均值与零点之间的差值即为该物质的旋光度。然后再以同样步骤测定第二种待测液的旋光度。

2. 海能 P810/P850 自动旋光仪测定旋光度

(1) 仪器构造和原理

自动旋光仪采用光电检测自动平衡原理，自动测量的结果由 PC 机自动换算。具有稳定可靠、体积小、灵敏度高、没有人为误差等优点。P810/P850 自动旋光仪采用发光二极管作为光源，避免了频繁更换钠光灯的麻烦，P850 自动旋光仪内置有精确控温系统，具有加热及冷却功能，可以对试样旋光度进行控温测量。仪器选用了 5.6 英寸 TFT 触摸屏幕提供人机对话的窗口式操作界面，简单直观、使用舒适、稳定可靠。

仪器的外形结构见图 3-18，原理框图见图 3-19，光学零位原理图见图 3-20。

仪器正视图　　　　　　　　　仪器后视图

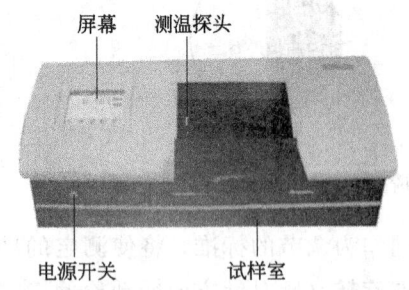
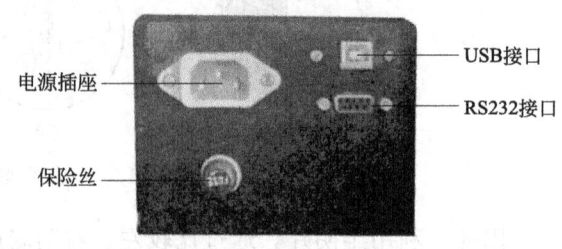

图 3-18　P850 自动旋光仪外形图

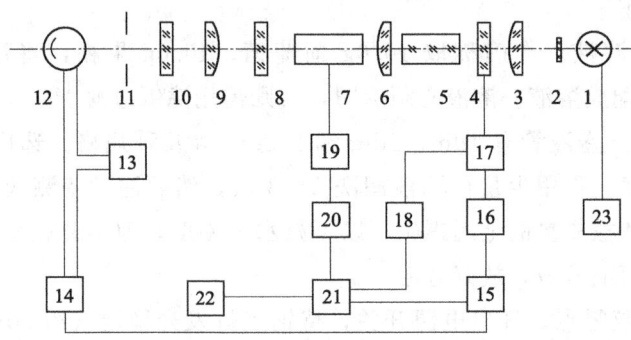

图 3-19　P850 自动旋光仪原理框图

1—发光二极管；2—光阑；3—聚光镜；4—起偏器；5—调制器；6—准直镜；7—试管；
8—检偏器；9—物镜；10—滤色片；11—光阑；12—光电倍增管；13—自动高压；
14—前置放大；15—电机控制；16—伺服电机；17—机械传动；18—旋转编码计数；
19—加热制冷；20—温度控制；21—单片机控制；22—液晶显示；23—光源电源

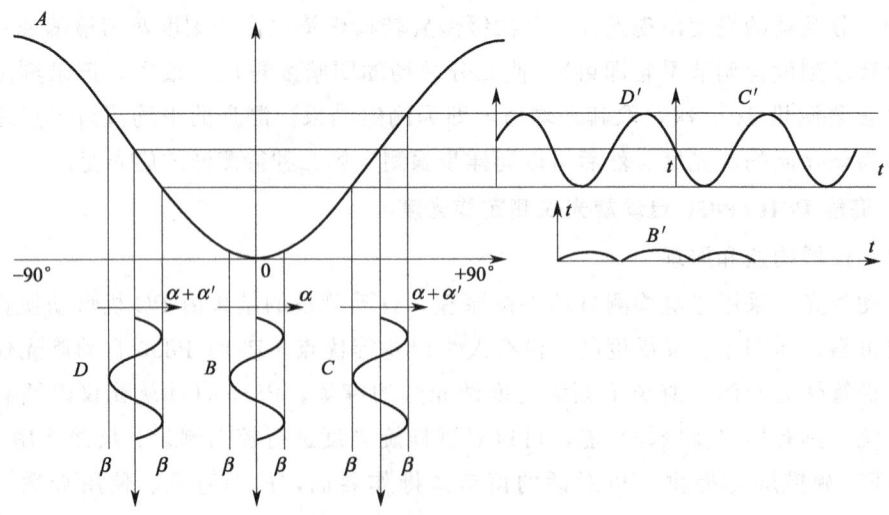

图 3-20　光学零位原理图

若使自然光依次经过起偏器和检偏器,以起偏器和检偏器的通光方向正交时作为零位,检偏器偏离正交位置的角度 α 与入射检偏器的光强 I 之间的关系按马吕斯定律为:

$$I = I_0 \cos\alpha^2$$

如图 3-20 曲线 A 所示,法拉第线圈两端加以频率为 f 的正弦交变电压 $u = U\sin2\pi ft$ 时,按照法拉第磁光效应,通过的平面偏振光振动平面将叠加一个附加转动角度,$\alpha^1 = \beta \cdot \sin2\pi ft$,在起偏器与检偏器之间当有法拉第线圈时,出射检偏器光强信号如下:

① 在正交位置时可得曲线 B 与 B' 光强信号为某一恒定的光强叠加一个频率为 $2f$ 的交变光强。

② 向右偏移正交位置时可得曲线 C 与 C' 光强信号为某一恒定的光强叠加一个频率为 f 的交变光强,见曲线 C'。

③ 向左偏移正交位置时,可得曲线 D 与 D' 光强信号为某一恒定的光强,叠加一个频率为 f 的交变光强,见曲线 D'。但交变光强的相位正好与向右偏离正交位置时的交变光强信号相位相反。故鉴别光强信号中 f 分量的交变光强是否为零,可精确判断起偏器与检偏器是否处于正交位置,鉴别 f 分量交变光强的相位,可判断检偏器是左还是右偏离正交位置。

图 3-19 是仪器的原理结构框图。发光二极管发出的光依次通过光阑、聚光镜、起偏器、法拉第调制器、准直镜,形成一束振动面随法拉第线圈中交变电压而变化的准直的平面偏振光,经过装有待测溶液的试管后射入检偏器,再经过物镜、滤色片、光阑,波长为 589.3nm 的单色光进入光电倍增管,光电倍增管将光强信号转变成电信号,并经前置放大器放大。自动高压是按照入射到光电倍增管的光强自动改变光电倍增管的高压,以适应测量透过率较低的深色样品的需要。

若检偏器相当于射入的偏振光平面偏离正交位置,则通过频率为 f 的交变光强信号,经光电倍增管转变为频率为 f 的电信号,此电信号经前置放大后输入电机控制部分,再经选频、功放后驱动伺服电机通过机械传动带动起偏器转动,使起偏器产生的偏振光平面与检偏器到达正交位置频率为 f 的电信号消失,伺服电机停转。

仪器一开始正常工作,起偏器按照上述过程自动停在正交位置上,此时将计数器清零,定义为零位,若将装有旋光度为 α 的样品的试管放入样品室中时,入射的平面偏振光相对于检偏器偏离了正交位置 α 角,于是起偏器按照前述过程再次使偏振光转过 α 角获得新的正交位置。码盘计数器和单片机电路将起偏器转过的 α 角转换成旋光度并在液晶显示器上显示测量结果。

仪器具有温度控制器,可以控制样品温度,需要控温时应使用控温型旋光管。由铂电极测量旋光管的实际温度输入单片机,一面由液晶显示器显示温度数值同时送出控温信号至温度控制电路,控制半导体制冷器冷却或加热,使旋光管温度保持在设定值附近,需要控温与否可用按键在液晶显示屏幕上随时操作。

(2) 仪器操作步骤

① 接通电源，仪器开机，等待数秒后屏幕显示主界面窗口，在主界面窗口可以进行相应的参数设置。

② 轻触【模式】图形按钮，选择不同的测量模式，选择好模式后轻触确定即可回到主界面。同法对【参数】进行设置后即可回到主界面测定样品。

③ 将装有蒸馏水或其他空白溶剂的试管放入样品室，盖上样品室盖，按"清零"键，显示"0"读数。试管中若有气泡，应先让气泡浮在凸颈处，通光面两端的雾状水滴应用软布擦干。试管螺帽不宜旋得过紧，以免产生应力，影响读数。试管安放时应注意标记位置和方向。

④ 取出试管，将待测样品注入试管，按相同的位置和方向放入样品室内，盖好室盖。仪器将显示出该样品的旋光度（或相应示值）。

⑤ 仪器设置自动测量 n 次，得 n 个读数并显示平均值。如果测量次数设定为1，可用复测键手动复测，在复测次数 $n>1$ 时，按"复测"键，仪器将清除前面的测量值，再连续测量 n 次。

⑥ 每次测量前，请按"清零"键。

⑦ 仪器使用完毕后，关闭电源，填写使用记录。

(3) 实验操作

① 配制待测溶液。准确称取 10.0g 葡萄糖、10.0g 果糖，将样品分别在两只 100mL 容量瓶中配成溶液。溶液必须透明，否则需用滤纸过滤[1]。

② 装待测液。盛液管有 1dm、2dm 和 2.2dm 等几种规格。选用适当的盛液管，先用蒸馏水洗干净，再用少量待测液润洗 2~3 次，然后注满待测液，不留气泡，旋上已装好玻璃片和橡皮垫的金属螺帽，以不漏水为限度，但不要旋得太紧。用软布揩干液滴及盛液管两端残液，放好备用[2]。

③ 测定葡萄糖和果糖的旋光度。按仪器的操作步骤测定葡萄糖和果糖的旋光度。

【注意事项】

[1] 供试样品溶液中不应有混悬微粒，否则应过滤并弃去初滤液。

[2] 装溶液后不能带入气泡，螺帽不能旋得过紧。

[3] 每次测定前应以溶剂作空白校正，本实验采用蒸馏水。

[4] 温度与旋光度测定有关，使用钠光灯时，温度每升高 1℃，大多数手性化合物的旋光度下降 0.3%。精确测定时需在 (20±2)℃ 的恒温条件下。

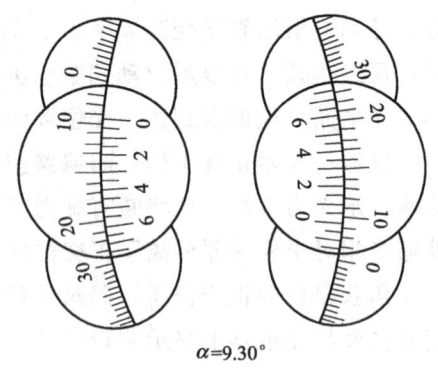

图 3-21 读数示意图

$\alpha=9.30°$

[5] 旋转检偏镜观察视场亮度相同的范围时应注意，当检偏镜旋转 180°时，有两个明暗亮度相同的范围，这两个范围的刻度不同。我们所观察的亮度相同的视场应该

是稍转动检偏镜即改变很灵敏的那个范围,而不是亮度看起来一致但转动检偏镜很多而明暗度改变很小的范围。

[6] 读数方法:旋光仪读数法与游标卡尺读数方法完全一样。刻度盘分为两个半圆,分别标出 0~180°。另有一固定的游标尺,分为 20 等分,等于刻度盘 19 等分。读数时,先看游标尺的"0"落在刻度盘上的位置,记下整数;小数部分的读法是:仔细观察游标尺刻度线与主盘刻度线,找出对得最准的一条即为小数部分,如图 3-21 所示(可通过放大镜观察)。主盘如果是逆时针方向旋转,读数方法同上,只要将主盘的 0°看为 180°即可。

【思考题】

1. 测定旋光性物质的旋光度有何意义?
2. 比旋光度 $[\alpha]_D^t$ 与旋光度 α 有何不同?
3. 用一根长 2dm 盛液管,在温度 t 下测得一未知浓度的蔗糖溶液的 $\alpha = +9.96°$,求该溶液的浓度(已知蔗糖的 $[\alpha]_D^t = +66.4°$)。

第 4 章

有机化合物的性质实验

4.1 有机化合物的元素定性分析

实验十五　有机化合物的元素定性分析

【实验目的】
1. 学习和掌握元素分析的原理。
2. 掌握常见元素的检验方法。

【实验原理】
　　元素定性分析的目的是鉴定组成某一有机化合物的元素,为进一步鉴定未知有机样品选择合适的途径与方法。元素定性分析也是进行有机样品定量分析的准备阶段。
　　由于有机化合物分子中的原子一般都以共价键相结合,难溶于水而解离为相应的离子。所以必须将有机化合物破坏并转化为简单的无机离子化合物,利用无机分析的方法进行鉴定。
　　在有机化合物的元素定性分析中,由于氧的鉴定比较困难和复杂,可根据官能团试验确定其存在,所以在此不做这项实验,仅做碳、氢、氮、硫和卤素的定性检验。

1. 碳、氢的检验

　　化合物若能燃烧生成带烟的火焰或分解形成碳化物残渣,则说明其中含有碳,但是并非所有的有机化合物都能受热燃烧或炭化,所以通常的检验方法是将试样与干燥的氧化铜粉末混合后加热,使碳氧化生成二氧化碳。再利用二氧化碳通入饱和氢氧化钡溶液或饱和石灰水中有白色沉淀生成的现象来证明是否有碳元素存在。

$$Ba(OH)_2 + CO_2 \longrightarrow BaCO_3 \downarrow + H_2O$$
$$Ca(OH)_2 + CO_2 \longrightarrow CaCO_3 \downarrow + H_2O$$

若化合物中含有氢元素则会氧化生成水，冷却时凝成水珠附在管壁上。或采用无水硫酸铜检验，无水硫酸铜是白色粉末，遇到水可生成蓝色的结晶硫酸铜。

2. 氮、硫的检验

检验氮和硫元素常用钠熔法。即将试样与钠共熔，可使有机物中的氮、硫等元素转变为水溶性的 CN^-、S^{2-} 等阴离子。这些阴离子可用一般无机定性分析方法鉴别，再由存在的阴离子推断有机化合物所含元素。

(1) 氮的检验

与钠熔融后氮元素转变为 CN^-，可用生成普鲁士蓝的反应检出：

$$FeSO_4 + 6NaCN \longrightarrow Na_4[Fe(CN)_6] + Na_2SO_4$$
$$3Na_4[Fe(CN)_6] + 4FeCl_3 \longrightarrow Fe_4[Fe(CN)_6]_3 \downarrow + 12NaCl$$
普鲁士蓝

(2) 硫的检验

用醋酸铅法检出。将钠熔溶液用醋酸酸化，煮沸后放出硫化氢，硫化氢能使醋酸铅试纸出现黑褐色的 PbS 沉淀。

$$Na_2S + 2HAc \longrightarrow H_2S \uparrow + 2NaAc$$
$$H_2S + Pb(Ac)_2 \longrightarrow PbS \downarrow + 2HAc$$

也可在钠熔溶液中加入新制的亚硝基铁氰化钠，若呈紫红色，则表示有硫，本法灵敏度极高。其反应式一般认为是：

$$Na_2S + Na_2[Fe(CN)_5NO] \longrightarrow Na_4[Fe(CN)_5NOS]$$
紫红色

若试样中含氮和硫，在钠熔时如果钠的用量不足，分解不完全，则不能生成 CN^-、S^{2-}，而生成硫氰化钠，可用三氯化铁进行检验，生成血红色的 $Fe(SCN)_3$。

$$3NaSCN + FeCl_3 \longrightarrow Fe(SCN)_3 + 3NaCl$$
血红色

3. 卤素的检验

卤化银沉淀法。用稀硝酸将钠熔溶液酸化，煮沸除去氯化氢和硫化氢后，再加硝酸银溶液，若有 AgX 沉淀生成，则说明含卤素。根据析出沉淀的颜色可以初步推测为何种卤离子。其中氯化银为白色沉淀，溴化银为浅奶黄色沉淀，碘化银为黄色沉淀，而氟化银则是水溶性的。

$$NaX + AgNO_3 \longrightarrow AgX \downarrow + NaNO_3$$

焰色法 (Beilstein test)。用铜丝黏附含有卤素的有机化合物，放在灯焰上灼烧，生成卤化铜（绿色火焰，CuX_2）。但要注意的是，这个反应并非卤素特有的反应，因为一些含硫的有机化合物在此情况下也能产生绿色火焰。此方法仅能表明是否含卤素，究竟含有何种卤素，还需要进一步检定。

溴和碘的检定。向煮沸过的酸性试液中加入四氯化碳和氯水,如四氯化碳液层中呈现紫色则表明有碘;若继续加入氯水,紫色渐褪而出现棕色则表明有溴。

$$2I^- + Cl_2 \longrightarrow 2Cl^- + I_2 \text{(四氯化碳中出现紫色)}$$

$$I_2 + 5Cl_2 + 6H_2O \longrightarrow 2IO_3^- + 12H^+ + 10Cl^- \text{(四氯化碳中紫色褪去)}$$

$$2Br^- + Cl_2 \longrightarrow 2Cl^- + Br_2 \text{(四氯化碳中出现棕色)}$$

氯的检定(有氮、硫、溴和碘共存时)。在煮沸过的酸性试液中加入硝酸银溶液,使所有的卤化银全部沉淀下来,再加入大量的氨水并滤去不溶物,将滤液酸化后加入硝酸银,如有白色沉淀则表示有氯。

【实验药品】

钠,蔗糖,苯甲酸,氧化铜粉末,饱和氢氧化钡溶液,对氨基苯磺酸,对二氯苯,碘仿,$Na_2[Fe(CN)_5NO]$,浓硫酸,稀盐酸,稀硝酸,氯水,$FeSO_4$,CCl_4,HAc(10%),$FeCl_3$(5%),$AgNO_3$(5%),NaOH(10%),$Na_2S_2O_8$(0.5%),$NiSO_4$(0.1 mol·L^{-1}),H_2SO_4(10%),$NH_3·H_2O$(0.1%),醋酸铅试纸。

【实验仪器】

酒精灯,表面皿,曲导管,单孔软木塞,抽滤装置,镊子,小刀,烧杯,硬质试管,小试管,铁架台。

【实验步骤】

1. 碳、氢的检验

称取 0.2 g 干燥的蔗糖或苯甲酸试样与 1 g 干燥的氧化铜粉末放在表面皿上混匀,将混合样品装入干燥的硬质试管中[1]。配一个单孔软木塞,插入 1 根曲导管,导管另一端插入盛有饱和氢氧化钡溶液的试管中,如图 4-1 所示。将装有试样的试管横夹在铁架台上,试管

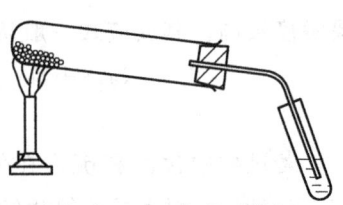

图 4-1 碳、氢检验装置

口稍低于底部。用灯焰先在装有试样的试管上部开始加热,逐渐移至试管底部,然后在试样的中部加强热,如果在试管壁上有水滴出现,则证明试样中含有氢;如氢氧化钡溶液变成白色浑浊或者有沉淀出现,则证明试样中含有碳。实验结束,先将导管从氢氧化钡溶液中取出,然后再熄灭火焰。

2. 氮、硫的检验

(1) 钠熔法分解试样

用镊子取一小块金属钠,再用小刀切取一粒表面光滑如黄豆大小的金属钠,用滤纸拭干其表面附着的煤油,迅速投入一硬质试管中[2]。将试管用铁夹固定于铁架台上,装置如图 4-2 所示。立即在试管底部加强热,使钠熔化,当钠的蓝白色蒸气高达约 10~15mm[3] 时,立即加入约 0.1 g 的固体试样使其直落管底[4,5],强热至试管红热时,继续加热 1~2min 使试样全部分解,立即将红热的试管浸入盛有 15mL 纯水的

小烧杯中，使试管底部破裂。煮沸，除去较大块的玻璃碎片，过滤，用 5mL 纯水洗涤残渣，得无色透明的钠熔溶液。如果溶液呈棕色时，表示试样加热不足，分解不完全，要重做。

（2）硫的检定

① 取 2mL 钠熔溶液于小试管中，用 10％醋酸酸化至酸性，煮沸，将醋酸铅试纸置于试管口，若有黑褐色沉淀出现，则证明含有硫。

② 取一小粒亚硝基铁氰化钠溶于数滴水中，将此溶液滴入盛有 1mL 钠熔溶液的试管中，若混合液呈现紫红色或棕红色，则证明含有硫。

（3）氮的检定

① 取 2mL 钠熔溶液于小试管中，加几滴 10％氢氧化钠溶液，再加一小粒硫酸亚铁晶体或 3～4 滴新配制的饱和硫酸亚铁溶液，将混合液煮沸 1min，如有黑色硫化铁沉淀生成，须过滤除去，也可用吸管小心吸出上层清液，弃去残渣。若上面试验中不含硫，则

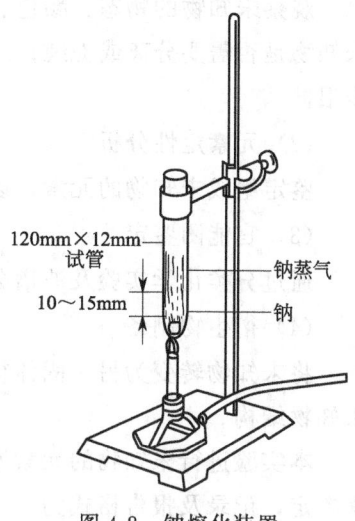

图 4-2 钠熔化装置

无须过滤。冷却后，加 2～3 滴 5％三氯化铁溶液，再加 10％硫酸至氢氧化铁沉淀恰好溶解，如有蓝色沉淀生成则表明含有氮。

② 取 1mL 钠熔溶液于小试管中，加几滴稀盐酸，再滴加 1～2 滴 5％三氯化铁溶液，若出现血红色则表明试样中同时含有氮和硫。

3. 卤素的检验

取 1mL 钠熔溶液于小试管中，用 5％硝酸酸化，在通风橱中煮沸除去 HCN 和 H_2S（均有毒，应避免吸入。若上述实验结果检验不含氮和硫，则不需煮沸）。冷却后，加几滴 5％硝酸银溶液，若有沉淀表明含有卤素。

① 溴与碘的检定。取滤液 2mL 于小试管中，用稀硫酸酸化，微沸数分钟，冷却后加入 1mL 四氯化碳和 1 滴新配制的氯水，若四氯化碳层中呈现紫色，则表示溶液中含有碘。继续加入氯水，边加边振摇，若紫色渐褪出现棕黄色则表明含有溴[6]。

② 氯的检定。若按前法检定含有卤素，而又不含溴和碘，则可证明所含卤素为氯。若同时含有硫、氮、溴和碘，则取 10mL 钠熔溶液，用稀硝酸酸化，在通风橱里煮沸除去硫化氢和氰化氢后，加入足量的硝酸银，使卤化银沉淀完全。过滤，沉淀用 30mL 水洗涤。将沉淀再与 20mL 0.1％氨水一起煮沸 2min，过滤除去不溶物。滤液用硝酸酸化，然后滴加硝酸银，若有白色沉淀或白色浑浊出现，则表明含有氯。

检验氯的另一方法是，取 2mL 钠熔溶液，加入 2mL 浓硫酸和 2mL 0.5％过硫酸钠溶液，煮沸数分钟，将溴和碘全部除去，然后取清液，滴加 5％ $AgNO_3$，若有白色沉淀或白色浑浊出现，则表明含有氯。

4. 未知物的元素定性鉴定

未知物包括文献尚未报道的全新的有机物及文献虽已报道但实验者尚未了解的有

机物。通过有机定性分析便能知道未知物是哪些化合物。进行未知物鉴定的一般步骤为：

(1) 观察和物理常数的测定

观察未知物的物态、颜色、气味，得到初步信息；通过熔点、沸点的测定可确定未知物是否需要分离或提纯；未知物在不同溶剂中的溶解情况可提供有机物分类的初步根据。

(2) 元素定性分析

鉴定组成未知物的元素，以便缩小范围，确定进一步鉴定的途径与方法。

(3) 官能团鉴定

通过分类化学实验及波谱分析确定未知物的官能团。

(4) 衍生物制备

将未知物转变为另一固体衍生物，测定其熔点及未知物熔点、沸点，进一步确定未知物结构。

本实验进行未知物的元素鉴定。首先记录样品的编号、外观，然后进行钠熔及元素鉴定，记录及报告格式为：

样品编号	样品外观	钠熔现象	试剂与用量	现象与反应式	结论
1					
2					
3					
4					

【注意事项】

[1] 氧化铜常潮湿，若不预先干燥，则与试样共热时，其中水汽逸出凝集在试管壁，往往会误认为是样品分解生成的水。使用前应将氧化铜放在坩埚中，强热数分钟把水分完全除去，放在干燥器中贮存备用。样品也须预先干燥，除去水分或结晶水。

[2] 金属钠一般是保存在煤油中的，使用时，应用小刀切除表面的氧化物，取其金属光泽的部分。同时应注意避免接触手和水，也不宜在空气中久置。

[3] 钠非常活泼，加热时易被氧化，应控制好加热时间。当钠成金属小球，并开始出现蓝白色蒸气，如加热时间太长，试管内的金属钠由液态变为白色固体物质后再投入试样，则试样不能完全分解。如出现此现象，则可立即再投入一份钠和一份试样，强热，试样即能完全分解。

[4] 固体试样的参考质量配比，对氨基苯磺酸：对二氯苯：碘仿＝1∶1∶0.6，按比例混匀固体试样后，再边搅拌边滴加溴丁烷至固体湿润成团。

[5] 用药匙取样品，并用玻璃棒拨成团，轻轻推入试管，当钠的蒸气与样品接触时，立刻发生猛烈分解。有时会发生轻微的爆炸或着火，所以加样品时，操作者的脸部要远离试管口。有些样品与钠共熔时会发生猛烈爆炸，可在钠熔前，加入少量无水碳酸钠，使之在强热中分解放出二氧化碳来缓和剧烈的作用。对于较易挥发的样品，可与熔点较低的金属钾共熔，钠和钾的熔点分别为97.7℃和63.6℃。

[6] 若同时存在溴和碘,且碘含量较高时,溴常不易检出。可用滴管吸出紫色的四氯化碳层,再加入四氯化碳振荡,如仍有紫色出现,可重复上述操作至碘完全被萃取,四氯化碳层呈无色,继续滴加氯水,四氯化碳层呈棕色则表明试样中含有溴。

【思考题】

1. 用硝酸银法测定卤素时,为什么要在酸性溶液中进行?沉淀必须明显,仅浑浊或是乳白色不能算是正结果,为什么?
2. 用钠熔法与氧瓶燃烧法进行有机元素定性分析,各有何优缺点?
3. 鉴定卤素时,若试样含有硫和氮,用硝酸酸化再煮沸,可能有什么气体逸出?应如何正确处理?

4.2 烷烃的制备和性质

实验十六 烷烃的制备和性质

【实验目的】

1. 学习甲烷的实验室制法。
2. 验证烷烃的性质。

【实验原理】

烷烃的化学性质比较稳定,常温下不与强酸、强碱、强氧化剂和强还原剂反应,只有在特定的条件下,才能发生一些化学反应。烷烃是石油的主要成分,因此掌握烷烃的性质非常重要。甲烷是烷烃中最简单且最重要的代表物,是天然气的主要成分。本实验通过甲烷和石油醚的性质试验来理解烷烃的一般性质。

实验室常用醋酸钠和碱石灰混合加热制备甲烷,其反应式为:

$$CH_3COONa + NaOH \xrightarrow[\triangle]{CaO} CH_4 + Na_2CO_3$$

该法制甲烷过程中常伴随着副产物乙烯等的生成,将制得的甲烷分别与卤素、高锰酸钾反应,再分别做爆炸实验和可燃性实验,依次推测甲烷的性质。

【实验药品】

浓 H_2SO_4,H_2SO_4(10%),碱石灰,无水醋酸钠,石油醚,NaOH,溴的四氯化碳溶液(1%),$KMnO_4$(0.1%)。

【实验仪器】

硬质试管,铁架台,具支试管,电热套,小漏斗,玻璃导气管,带孔橡皮塞,研钵。

【实验步骤】

1. 甲烷的制备

按照图 4-3 所示连接好装置,在具支试管中盛约 10mL 浓硫酸,检查气密性。将 5g 无水醋酸钠[1]、3g 碱石灰[2] 和 2g 氢氧化钠放在研钵中研细混合均匀[3],立即倒入试管中,从底部往外铺。先用小火缓缓均匀加热整个试管,再强热靠近试管口的反应物,使该处的反应物反应后,逐渐将火焰往试管底部移动[4],做下列性质实验。

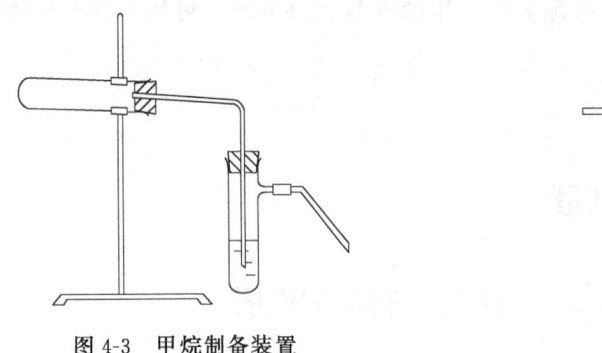

图 4-3 甲烷制备装置

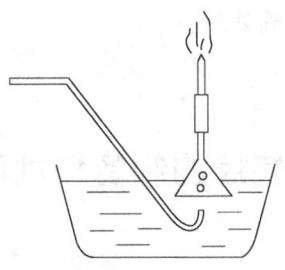

图 4-4 安全点火法

2. 烷烃的性质实验

(1) 卤化

向 2 支小试管中分别加入 0.5mL 1%溴的四氯化碳溶液,其中 1 支用黑布或黑纸包裹好。分别向 2 支试管中通入甲烷气体约 30s,试比较这 2 支试管中液体的颜色是否相同。

(2) 高锰酸钾实验

向 1 支试管中加入 1mL 0.1%高锰酸钾和 2mL 10% H_2SO_4,振荡混匀,通入 30s 甲烷气体,观察颜色有什么变化。

(3) 爆炸实验

用排水法收集 1/3 体积的甲烷和 2/3 体积的氧气,塞好塞子后取出试管,用布裹住试管的大部分,拔开塞子并使试管口快速靠近火焰,观察有什么现象。

(4) 可燃性实验

采用图 4-4 所示安全点火法。将导气管浸没在水槽中水面以下,导气管的上面倒置一个小漏斗,漏斗口连接尖嘴玻璃管。估计漏斗内的空气排尽后,在尖嘴上点火,观察甲烷能否燃烧,若能燃烧,观察火焰的颜色[5]。

(5) 取 0.5mL 石油醚或石蜡油[6],按照上述步骤(1)、(2)进行烷烃性质的实验,观察有什么现象发生。

【注意事项】

[1] 无水醋酸钠的制法如下:取 15g 醋酸钠晶体($CH_3COONa \cdot 3H_2O$)放在瓷

蒸发皿内，玻璃棒不断搅拌下加热，醋酸钠晶体溶解于结晶水中，随着温度的升高，水分逐渐蒸发，得到白色的固状物，此时温度约为120℃。继续加热至固体熔融为止，但温度勿超过醋酸钠的熔点324℃，以免醋酸钠分解为丙酮及碳酸钠。在搅拌下稍冷却，即得无水醋酸钠，趁热在研钵中研细，立即储存于密闭的容器内备用。

因为醋酸钠是碱性物质，受热熔融后易飞溅，操作时防止溅入眼内。搅拌既可减少熔融物的飞溅，又可使熔融物冷却后不致结成硬块黏在蒸发皿上，故在制备过程中要在不断搅拌下加热。若使用市售的无水醋酸钠，在使用前应在烘箱中（105℃）烘去水分。

［2］碱石灰是氢氧化钠和生石灰共热得到的，使用前需烘干。使用碱石灰比单独使用氢氧化钠具有诸多优点：①碱石灰较容易粉碎，容易与醋酸钠混合均匀，反应生成的甲烷气体也容易逸出；②碱石灰对试管的腐蚀性要小；③当有水存在时，不利于甲烷的生成，氢氧化钠吸湿性较强，而碱石灰可以避免此缺点。

［3］适当添加些氢氧化钠混合研细可加快反应速率。

［4］若从试管底部到管口加热，生成的甲烷气体容易冲散反应物，而采用从管口到管底部的加热方法，则可避免上述问题。

［5］纯甲烷的火焰是淡蓝色的，但在此反应中有副产物丙酮生成。

$$2CH_3COONa \longrightarrow CH_3COCH_3 + Na_2CO_3$$

混有丙酮蒸气的甲烷火焰带有黄色，为了使试验结果更接近甲烷的焰色，可采取下面两项措施。第一，将试管口稍向下倾斜，生成的丙酮受热汽化后冷却积留在试管口，减少丙酮蒸气混入甲烷中的机会，同时又可避免丙酮倒流回试管底部，引起试管破裂；第二，按照上述方法处理后，甲烷气体中仍杂有少量的丙酮蒸气，故需再经水洗或碱洗，使丙酮溶解于其中而除去。

由于点燃甲烷和空气的混合气体（1∶10）时会发生爆炸，所以，做甲烷的可燃性实验的甲烷必须是纯的，故要在做完了甲烷的（1）、（2）、（3）实验后才进行，方能保证甲烷的纯度。在导气管口直接点火燃烧甲烷容易引起爆炸，故本实验采用安全点火法。实验毕，应先将导气管移出水面，再熄灭酒精灯，防止水倒流而使试管破裂。

［6］石油醚是烷烃的混合物，但常含少量不饱和烃。故用石油醚做烷烃的性质实验时，必须先用浓硫酸洗涤除去不饱和烃。步骤如下：量取80mL石油醚置于分液漏斗中，加入8mL浓硫酸，充分振摇后，静置分层，放出下层浓硫酸，再加入3mL浓硫酸重复上述操作，直至除净不饱和烃为止（用$KMnO_4$溶液检查）。然后用水洗涤2次，每次用40mL水，彻底分净水层后，所得石油醚放于干燥的锥形瓶中，加入2～3g无水氯化钙，用软木塞塞好，不时振摇。30min后，过滤，蒸馏收集60～120℃馏分。

【思考题】

1. 室温下烷烃能否与$KMnO_4$溶液、溴进行反应？在光照下能否与溴起反应？用游离基反应历程解释。

2. 用硝酸银法测定卤素时，为什么要在酸性溶液中进行？沉淀必须明显，仅浑浊或是乳白色不能算正结果，为什么？

3. 进行酸性高锰酸钾溶液实验的目的是什么？实验中往往会出现紫色消褪，这是什么原因？

4. 安全点火法有什么好处？

5. 煤矿井下的瓦斯爆炸是由什么引起的？

4.3 不饱和烃的制备和性质

实验十七 不饱和烃的制备和性质

【实验目的】

1. 学习乙烯和乙炔的制备方法。
2. 验证不饱和烃的性质。

【实验原理】

实验室制备烯烃的主要方法是醇分子内脱水和卤代烃脱卤化氢。醇分子内脱水可用氧化铝或分子筛在高温下进行催化脱水，也可用酸催化脱水的方法，常用的脱水剂有硫酸、磷酸、对甲苯磺酸或固体超强酸等。实验室常用乙醇在浓硫酸作用下脱水制备乙烯，其反应式为：

$$CH_3CH_2OH \xrightarrow[160\sim170℃]{H_2SO_4} CH_2=CH_2 + H_2O$$

实验室常用碳化钙（电石）与水反应制备乙炔，其反应式为：

$$CaC_2 + 2H_2O \longrightarrow HC\equiv CH + Ca(OH)_2$$

【实验药品】

浓 H_2SO_4，H_2SO_4（20%），H_2SO_4（10%），C_2H_5OH（95%），P_2O_5，石油醚，NaOH（10%），溴的四氯化碳溶液（1%），$KMnO_4$（0.1%），$[Cu(NH_3)_2]Cl$ 溶液，HgO，汽油，煤油，CaC_2，$AgNO_3$（5%），$NH_3·H_2O$（2%），$CuSO_4$（饱和），Schiff 试剂，饱和食盐水。

【实验仪器】

圆底烧瓶，普通漏斗，量筒，温度计，酒精喷灯，硬质试管，恒压漏斗，具支试管，烧杯，铁架台，玻璃导气管，带孔软木塞。

【实验步骤】

1. 乙烯的制备

在 125mL 的圆底烧瓶中插入一个漏斗，通过漏斗向烧瓶加入 4mL 95%乙醇，然后缓慢加入 12mL 浓硫酸,边加边振摇[1]。加完后放入约 1.0g 五氧化二磷粉末[2] 和少量干净的河沙[3]。摇匀后塞上带温度计的软木塞,温度计的水银球应浸入反应液中,圆底烧瓶的支管通过导气管与具支试管相连,具支试管中盛有 15mL 10%氢氧化钠溶液[4],装置如图 4-5 所示。连接好仪器后,检查气密性,加强热,使温度迅速上升至 160~170℃,调节火焰,保持此范围的温度和保持乙烯气流均匀地产生[5],然后做性质实验。

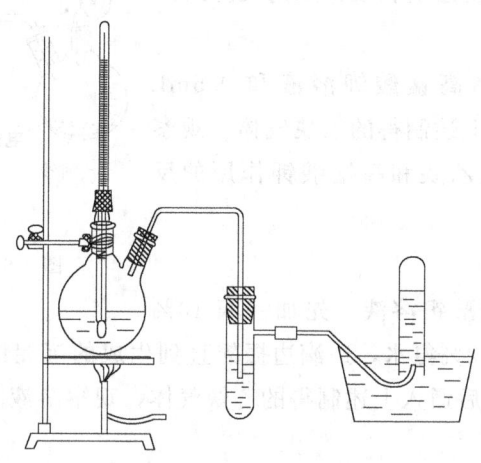

图 4-5 制备乙烯装置图

2. 乙烯的性质实验

(1) 与卤素反应

向盛有 0.5mL 1%溴的四氯化碳溶液的试管中通入上述制得的乙烯气体,边通气边振荡试管,观察溶液的颜色变化,写出乙烯与溴作用的反应式。

(2) 氧化

向盛有 0.5mL 0.1%高锰酸钾和 0.5mL 10%硫酸的试管中通入上述制得的乙烯气体,振摇,观察溶液的颜色变化,写出乙烯与高锰酸钾作用的反应式,并与烷烃作用的性质相比较。

(3) 可燃性

用安全点火法(图 4-4)做燃烧实验。观察燃烧情况,与甲烷的燃烧实验情况作比较(从火焰的颜色、火焰明亮的程度、是否有浓烟等现象进行观察)。

(4) 取 0.5mL 汽油或煤油代替乙烯[6],按照步骤(1)和(2)进行实验,观察有什么现象。和乙烯实验的结果有什么不同?

3. 乙炔的制备

在 250mL 干燥圆底烧瓶中,放入少许干净河沙,平铺于瓶底,沿瓶壁小心地放入 6.0g 块状碳化钙(电石),在瓶口上装一个恒压漏斗。圆底烧瓶的支管连接盛有饱和硫酸铜溶液的洗气瓶(为什么?)[7],装置如图 4-6 所示。加入 15mL 饱和食盐水[8]至恒压漏斗中,小心地旋开旋塞使食盐水慢慢地滴入圆底烧瓶中,即有乙炔生成,注意控制乙炔生成的速度!

4. 乙炔的性质实验

（1）与卤素反应

向盛有 0.5mL 1%溴的四氯化碳溶液的试管中通入上述制得的乙炔气体，边通气边振荡试管，观察溶液的颜色变化，写出乙炔和溴作用的反应式。

（2）氧化

向盛有 1.0mL 1%高锰酸钾溶液和 0.5mL 10%硫酸的试管中通入上述制得的乙炔气体，观察溶液的颜色变化，写出乙炔和高锰酸钾作用的反应式。

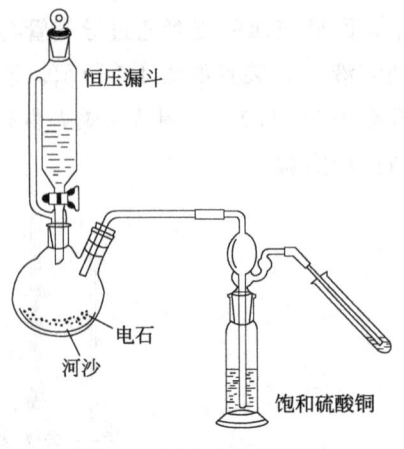

图 4-6　制备乙炔装置图

（3）乙炔银的生成

取 0.3mL 5%的硝酸银溶液，先加一滴 10%氢氧化钠溶液，再滴加 2%氨水，边滴边振摇直到生成的沉淀恰好溶解，得到澄清的硝酸银氨水溶液[9]。然后通入上述制得的乙炔气体，观察溶液的颜色变化，判断生成的沉淀是什么[10]。

（4）乙炔亚铜的生成

向盛有氯化亚铜氨溶液的试管中通入上述制得的乙炔气体，观察是否有沉淀生成，观察沉淀的颜色，并与乙炔银反应相比较。

（5）乙炔的水化

水化装置如图 4-7 所示。将盛有 3mL 硫酸汞溶液（2.0g 氧化汞与 10mL 20%的硫酸作用而得）的具支试管固定在石棉网上，用小火加热，当温度升至约 80℃时，通入经饱和硫酸铜溶液洗涤过的乙炔。在硫酸和硫酸汞的催化下，乙炔与水作用生成乙醛[11]，而乙醛受热蒸出，进入右边的试管中，这支

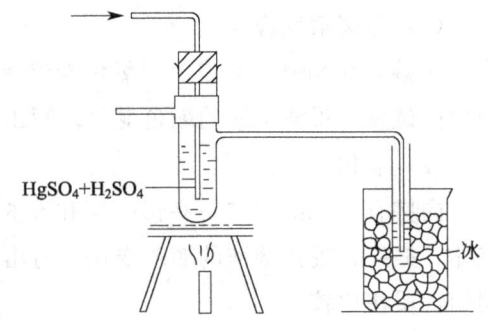

图 4-7　乙炔水化反应装置

试管内盛有 2mL 水并滴有 1～2 滴 Schiff 试剂，外面用冷水（或冰）冷却，乙醛将溶解于水中，当溶液呈桃红色，表明有乙醛生成[12]，即可停止通入乙炔。

（6）燃烧实验

用安全点火法进行燃烧实验，观察燃烧情况，并与乙烯、甲烷的燃烧情况作比较，并说明其原因。

【注意事项】

[1] 乙醇与浓硫酸作用，首先生成硫酸氢乙酯，反应放热，故必要时可浸在冷水

中冷却片刻。边加边振摇可防止乙醇的炭化。

$$CH_3CH_2OH + HOSO_2OH \longrightarrow CH_3CH_2OSO_2OH + H_2O (<130℃)$$

［2］加五氧化二磷可吸收反应过程中产生的水分，保证反应能快速平稳地进行，减缓乙醇的炭化和二氧化硫的生成。

［3］河沙应先用稀盐酸洗涤，除去可能夹杂着的石灰质（因为石灰质与硫酸作用生成的硫酸钙会增加反应物沸腾的困难），然后用水洗涤，干燥备用。河沙的作用有：作硫酸氢乙酯分解为乙烯的催化剂；减少泡沫生成，以使反应顺利进行。

［4］因为浓硫酸具有氧化性，可将乙醇氧化成一氧化碳、二氧化碳等，同时硫酸本身被还原成二氧化硫。这些气体随乙烯一起出来，通过氢氧化钠溶液，可除去二氧化硫与二氧化碳等。在乙烯中虽夹杂有一氧化碳，但它与溴和高锰酸钾溶液均不起作用，故不除去也不妨碍。

［5］硫酸氢乙酯与乙醇在170℃分解生成乙烯，但在140℃时则生成乙醚，故实验中要求加强热使温度迅速达到160℃以上，这样便可减少乙醚生成的机会，但当乙烯开始生成时，则加热不宜过快。否则，将会有大量泡沫产生，使实验难以顺利进行。

［6］汽油、煤油中通常含有少量不饱和烃，若是石油裂化得到的产品，不饱和烃的含量则更多，故可作为烯烃性质实验的样品。但有色的汽油或煤油需蒸制得无色的汽油和煤油，方能使用。

［7］碳化钙中常含有硫化钙、磷化钙、砷化钙等杂质，这些杂质与水作用产生的硫化氢、磷化氢、砷化氢等气体夹杂在乙炔中，使乙炔具有恶臭味。

$$CaS + 2H_2O \longrightarrow Ca(OH)_2 + H_2S\uparrow$$
$$Ca_3P_2 + 6H_2O \longrightarrow 3Ca(OH)_2 + 2PH_3\uparrow$$
$$Ca_3As_2 + 6H_2O \longrightarrow 3Ca(OH)_2 + 2AsH_3\uparrow$$

产生的硫化氢能与硝酸银作用生成黑色的硫化银沉淀，它又能和氯化亚铜作用生成硫化亚铜，往往影响乙炔银和乙炔亚铜及乙炔水化的实验结果，故需用饱和硫酸铜，把这些杂质氧化除去。

［8］实验证明，使用饱和食盐水能平稳而均匀地产生乙炔。

［9］硝酸银的氨水溶液简称银氨溶液（Tollens试剂），其配制方法为：取20mL 5%硝酸银溶液于一干净试管内，加入1滴10%氢氧化钠溶液，然后滴加2%氨水，振摇，直至沉淀刚好溶解。配制Tollens试剂时应防止加入过量的氨水，否则，将生成雷酸银（Ag—O—N≡C），受热后将引起爆炸，试剂本身还将失去灵敏性。Tollens试剂贮存时间过久会析出爆炸性黑色沉淀物Ag_3N，应现配现用并不宜久放。

［10］乙炔银与乙炔亚铜沉淀在干燥状态时均有爆炸性，故实验完毕后，金属乙炔化合物的沉淀不得直接倒入废物桶中，而应滤取沉淀，加入2mL稀硝酸，微热使之分解后，才能倒入指定废物桶中。未经处理不得乱放或倒入废物桶，否则会发生危险。乙炔银或乙炔亚铜分解反应式为：

$$AgC \equiv CAg + 2HNO_3 \longrightarrow 2AgNO_3 + HC \equiv CH$$

$$CuC\equiv CCu + 2HCl \longrightarrow 2CuCl_2 + HC\equiv CH$$

[11] 乙醛在硫酸和硫酸汞催化下与水反应生成乙醛：

$$HC\equiv CH + H_2O \xrightarrow[HgSO_4]{H_2SO_4} CH_3CHO$$

[12] 乙醛遇 Schiff 试剂呈桃红色。

【思考题】

1. 实验室用无水乙醇和浓硫酸混合加热制备乙烯成败的关键是什么？怎样保证实验的成功？
2. 实验室制取的乙烯中可能含有哪些杂质？对乙烯的性质实验有何影响？应如何净化？
3. 乙烯的实验室制法中反应混合物为什么会变黑？如何防止反应混合物变黑？
4. 由电石制取乙炔时，所得乙炔可能含有哪些杂质？在实验中应如何除去这些杂质？如果使用粉末状的电石能否制得乙炔？
5. 甲烷、乙烯和乙炔的焰色有什么不同？为什么？
6. 为什么不可以使用启普发生器制备乙炔？

4.4 芳烃的性质

实验十八 芳烃的性质

【实验目的】

1. 学习芳烃的化学性质。
2. 重点掌握取代反应的条件。
3. 掌握芳烃的鉴别方法。
4. 了解游离基的存在及化学检验方法。

【实验原理】

芳烃是芳香族化合物的母体，通常是指分子中含有苯环结构的碳氢化合物。苯是最典型的芳烃，为芳烃的母体，化学性质非常稳定，容易发生亲电取代反应，如卤化、硝化、磺化和烷基化及酰基化等反应，不易氧化。在一定条件下能发生加成反应。当苯环上有取代基时，会影响其亲电取代反应的速率，供电子基团能够活化苯环使反应容易进行，吸电子基团则使苯环钝化，使反应较难进行。

在氧化反应中，应注意苯环比较稳定，要使苯环破裂需较强烈的条件，但苯的同系物则较易氧化，氧化过程中苯环不被破坏，而侧链被氧化为羧基。

【实验药品】

苯，甲苯，环己烯，二甲苯，正丁苯，叔丁苯，仲丁苯，三甲苯，联苯，己烷，环己烷,铁粉,萘,菲,蒽,无水 $AlCl_3$,CCl_4,$CHCl_3$,NaCl(饱和),浓 HNO_3,浓 H_2SO_4,H_2SO_4(10%),碱石灰,无水醋酸钠,福尔马林,石油醚,NaOH(10%),$NH_3·H_2O$(25%~28%),溴的四氯化碳溶液(20%),$KMnO_4$(0.5%)。

【实验仪器】

硬质试管,铁架台,具支试管,电热套,小漏斗,玻璃导气管,带孔橡皮塞,研钵,烧杯。

【实验步骤】

1. 高锰酸钾溶液氧化

向 3 支试管中分别加入 0.5mL 苯、0.5mL 甲苯、0.5mL 环己烯,再分别加入 1 滴 0.5% $KMnO_4$ 溶液和 0.5mL 10% 硫酸,剧烈振摇,必要时可在 60~70℃ 水浴上加热 10~15min,观察并比较苯、甲苯、环己烯与氧化剂作用的现象。

2. 芳烃的取代反应

(1) 溴代

① 光对溴代反应的影响。向 3 支试管中分别加入等体积苯、甲苯、二甲苯,使液柱高度 3~4cm,每支试管套上约 1.5cm 高的橡胶管或黑纸筒,使液面免受光直射。

向每支试管中各加入 3~4 滴溴的四氯化碳溶液,振荡混匀后,把试管放在离灯源 2~3cm 处(或日光下)[1],使每支试管上光照射强度基本上相等。观察哪支试管褪色最快,哪支试管褪色最慢,哪支试管变化不大,并解释其现象。然后拿掉遮光的套管或黑纸筒,并观察未受光照射部分液柱中溴的颜色是否褪去。是否可观察到明显的界面?管口用湿润的石蕊试纸测试有何现象?

② 催化剂对溴代反应的影响。向试管中加入 3mL 苯、0.5mL 20% 溴的四氯化碳溶液,再加入少量铁屑或铁粉,按图 4-8 所示装好仪器[2]。在 3 个小烧杯中分别加入碱液(10% NaOH 溶液)、去离子水、氨水各 10mL。水浴加热试管,使之微沸(注意控制加热速率),然后分别用上述 3 个小烧杯的液体吸收[3],观察各有何现象。待反应完毕后,将反应液倒入盛有 10mL 水的小烧杯中,振荡片刻,静置几分钟,观察有何现象?

(2) 磺化

在 4 支试管中分别加入苯、甲苯、二甲苯各 1.5mL 和 0.5g 萘,再分别加入 2mL 浓硫酸,将试管在水浴中加热到 75℃ 左右(不能超过 80℃),不时强烈振荡

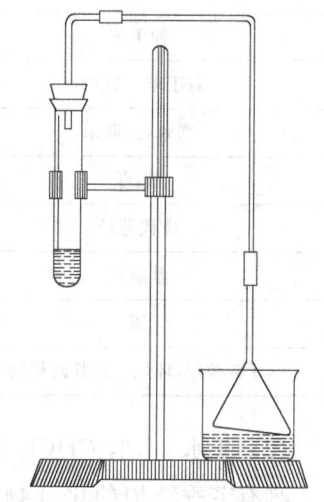

图 4-8 溴和苯的取代反应装置

(萘常在液面外的管壁上析出固体),当反应液不分层时则表明反应已经完成。观察比较各样品反应活性差异并解释其原因。把各反应后的混合物分成两份,一份倒入

盛10mL水的小烧杯，另一份倒入盛10mL饱和食盐水的烧杯中，观察各有何现象发生。

(3) 硝化

① 一硝基化合物的制备。向干燥的大试管中加入3mL浓硝酸，在冷却下逐滴加入4mL浓硫酸，振荡混匀，然后将以上制备的混酸分成两份，分别在冷却下逐滴加入1mL苯、甲苯，充分振荡，必要时放在60℃以下的水浴中加热数分钟，再分别倾入10mL冷水中，搅拌、静置，观察生成物是否为浅黄色油状物，并注意有无苦杏仁味[4]。

② 二硝基化合物的制备。向干燥的大试管中加入2mL浓硝酸，在冷却下逐滴加入4mL浓硫酸，振荡混匀，在冷却下逐滴加入1.5mL苯，在沸水中加热10min，并不时振荡，使硝化完全。冷却后，倒入盛有40mL冷水的烧杯中，观察有何现象发生，并解释其原因。

3. 芳烃的显色反应

(1) 甲醛-硫酸实验

将30mg固体试样或1～2滴液体试样溶于1mL非芳烃溶剂（如己烷、环己烷、四氯化碳等）中。取此溶液1～2滴加到点滴板上，再加一滴试剂［试剂现配现用，配法是：取一滴福尔马林（37％～40％甲醛水溶液）加到1mL浓硫酸中，加以轻微振荡而成］。当加入试剂后，注意观察颜色变化（表4-1）。

表4-1 甲醛-硫酸实验显色

化合物	颜色
苯,甲苯,正丁苯	红色
仲丁苯	粉红色
叔丁苯,三甲苯	橙色
联苯,三联苯	蓝色或绿蓝色
萘,菲	蓝绿至绿色
卤代芳烃	粉红至紫红色
萘醚类	紫红色
蒽	茶绿色
开链烷烃,环烷烃及其卤代物	不发生颜色反应或几乎显淡黄色,偶尔也有沉淀生成

(2) 无水 $AlCl_3$-$CHCl_3$ 实验

具有芳香结构的化合物通常在无水 $AlCl_3$ 存在下与氯仿反应生成有颜色的产物[5]。向1支干燥的试管中加入0.1～0.2g无水 $AlCl_3$，试管口放少许脱脂棉，加热使 $AlCl_3$ 升华并结晶在脱脂棉上。取升华的 $AlCl_3$ 粉末少许置于点滴板孔内，滴加2～3滴样品的氯仿溶液，即可观察到特征颜色的产生（表4-2）。

表 4-2　无水 $AlCl_3$-$CHCl_3$ 实验显色

化合物	颜色
苯及其同系物	橙色
芳烃的卤代物	橙色到红色
萘	蓝色
联苯和菲	紫红色
蒽	绿色

【注意事项】

［1］溴代反应时，如有阳光，可用阳光照射，也可以用镁条燃烧的光代替日光灯。

［2］溴代反应时整套装置所用导管必须干燥，否则现象不明显。

［3］吸收装置中漏斗应距液面约 1cm 处，切勿浸于液面下。用水或碱液都可吸收 HBr，后者更易吸收，而氨水则与 HBr 生成白色的 NH_4Br，不用氨水吸收时也可看到漏斗内出现白雾，这是反应所产生的 HBr 溶于空气中的水蒸气而成。反应完毕，分别从三杯吸收液中各取 1mL 于 3 支小试管中，加入硝酸银溶液 2~3 滴，立即生成淡黄色溴化银沉淀。

［4］硝化反应时生成的黄色油状液体比水重，沉于烧杯底部，具有苦杏仁味。如反应不完全，则有剩余的苯残留于硝基苯中，当倾入水中后以油状物浮于水面，若搅拌后仍不能沉于水底，则应重做。

［5］具有芳环结构的化合物通常在无水三氯化铝存在下可与氯仿反应，生成有颜色的物质，由生成物的颜色可以初步推测芳香烃的种类，或对照已知物进行实验。现以苯为例：

$$9C_6H_6 + 4CHCl_3 \xrightarrow{AlCl_3} 3(C_6H_5)_3CCl + 9HCl + CH_4$$

$$(C_6H_5)_3CCl + AlCl_3 \longrightarrow (C_6H_5)_3C^+ AlCl_4^-$$

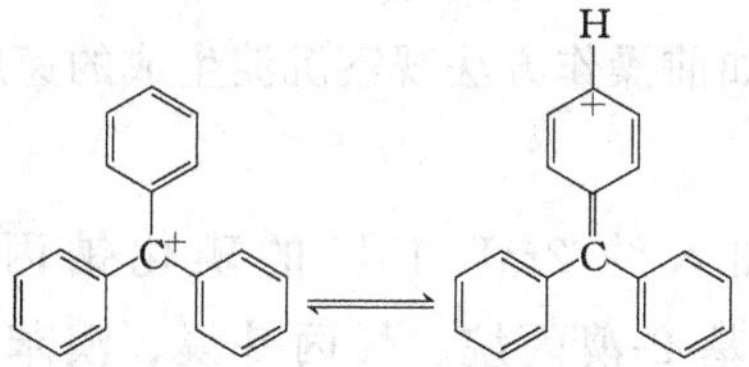

无色 ⇌ 有色

4.5　卤代烃的性质

实验十九　卤代烃的性质

【实验目的】

掌握卤代烃的化学性质与鉴别方法。

【实验原理】

取代反应和消除反应是卤代烃的主要化学性质。其化学性质取决于卤原子的种类和烃基的结构。叔卤代烃的活性比仲卤代烃和伯卤代烃的活性要高；烷基结构相同时，不同卤素表现出不同的活性，其活性次序为：$RI>RBr>RCl>RF$。乙烯型和苯基型的卤原子都比较稳定，即使加热也不与硝酸银的醇溶液作用；烯丙型和苄基型卤代烃非常活泼，室温下即可与硝酸银的醇溶液作用；隔离型卤代烃需要加热才能与硝酸银的醇溶液作用；卤代烷与碱的醇溶液共热，分子中脱去卤化氢等小分子形成双键的反应为消除反应。

【实验药品】

硝酸银乙醇溶液（饱和），1-氯丁烷，2-氯丁烷，2-氯-2-甲基丙烷，1-溴丁烷，2-溴丁烷，溴苯，1-碘丁烷，碘化钠丙酮溶液（15%），2-甲基-2-溴丙烷，烯丙基溴。

【实验仪器】

试管，水浴锅，量筒，滴管。

【实验步骤】

1. 与硝酸银的作用

（1）不同烃基结构的反应

取 3 支干燥的试管，各加入约 1mL 饱和硝酸银乙醇溶液，然后分别加入 2～3 滴 1-氯丁烷、2-氯丁烷、2-氯-2-甲基丙烷，摇动试管观察是否有沉淀生成。如 10min 后仍无沉淀出现，可在水浴上加热煮沸后再观察现象。比较它们活泼性的次序，并写出反应式。

（2）不同卤原子的反应

取 3 支干燥的试管，各加入约 1mL 饱和硝酸银乙醇溶液，然后分别加入 2～3 滴 1-氯丁烷、1-溴丁烷、1-碘丁烷。如前操作方法观察沉淀生成的速度，记录活泼性次序。

2. 与碘化钠丙酮溶液反应

取 5 支干燥的试管，各加入约 2mL 15% 的碘化钠丙酮溶液，然后分别加 2 滴 1-溴丁烷、2-溴丁烷、2-甲基-2-溴丙烷、烯丙基溴、溴苯，混匀，必要时将试管置于 50℃左右水浴中加热片刻，记录形成沉淀所需的时间。

【注意事项】

在 18～20℃时，硝酸银在无水乙醇中的溶解度为 2.1g，由于卤代烃能溶于乙醇而不溶于水，所以用乙醇作溶剂能使反应处于均相，有利于反应顺利进行。

【思考题】

1. 根据实验结果解释，为什么与硝酸银乙醇溶液作用时，不同烃基的活泼性顺序是 3°>2°>1°？在本实验中可否用硝酸银的水溶液？为什么？

2. 卤原子在不同反应中的活性为什么总是碘＞溴＞氯？

4.6 醇和酚的性质

实验二十 醇和酚的性质

【实验目的】

1. 学习和掌握测定醇和酚主要化学性质的实验操作。
2. 比较醇和酚化学性质上的差异。
3. 能够利用化学性质鉴别伯醇、仲醇与叔醇，一元醇与多元醇，醇与酚。
4. 认识羟基和烃基之间的相互影响。

【实验原理】

醇和酚都是含有羟基官能团的化合物，但醇羟基与脂肪碳原子相连，而酚羟基与芳环碳原子相连，因此二者在化学性质上具有许多不同的地方。

醇中 O—H、C—O 键容易断裂发生化学反应，同时 α-H 和 β-H 具有一定的活性，使得醇能发生氧化、消除等反应；而邻多元醇除了具有一般醇的化学性质以外，由于分子中相邻羟基的相互影响，还具有一些特殊的性质，如甘油能与 $Cu(OH)_2$ 作用。

酚中 O—H 容易发生断裂，在水溶液中能电离出少量氢离子，使酚溶液显弱酸性。O—H 受苯环大 π 键的影响，使得 C—OH 键表现出一定的活性，易发生氧化反应；而苯环也受—OH 的影响，使得苯环亲电取代反应活性升高。

【实验药品】

甲醇，乙醇，正丁醇，仲丁醇，叔丁醇，异丙醇，正辛醇，乙二醇，甘油，苯，钠，酚酞，Lucas 试剂，苯酚溶液（0.1mol·L^{-1}），溴水，KI（1%），浓 H_2SO_4，浓 HNO_3，$CuSO_4$（10%），Na_2CO_3（5%），饱和 Na_2CO_3 溶液，饱和 $NaHCO_3$ 溶液，$KMnO_4$（1%，0.5%），NaOH（5%，40%），$FeCl_3$（5%）。

【实验仪器】

试管，量筒，滴管，水浴锅，玻璃棒。

【实验步骤】

1. 醇的性质

（1）比较醇的同系物在水中的溶解度

向 4 支试管中各加入 2mL 水，然后分别滴加 10 滴甲醇、乙醇、正丁醇、仲丁醇、叔丁醇及正辛醇，振摇并观察溶解情况，如已溶解则再加 10 滴样品，观察现象，可得出什么结论？

(2) 醇钠的生成及水解

向干燥的试管中加入 1mL 无水乙醇，然后将 1 小粒表面氧化膜切除干净的金属钠投入试管中，观察反应放出的气体和试管是否发热。随着反应的进行，试管内溶液变稠。当钠完全溶解后[1]，冷却，试管内溶液逐渐凝结成固体。然后加水直到固体消失，滴加酚酞指示剂，观察并解释发生的现象。

(3) 醇与 Lucas 试剂

向 3 支干燥的试管中，分别加入 0.5mL 正丁醇、仲丁醇和叔丁醇，向每支试管中各加入 2mL Lucas 试剂[2]，立即用塞子将管口塞住，充分振荡后静置，温度最好保持在 26~27℃，注意最初 5min 及 1h 后混合物的变化，记录混合物变浑浊和出现分层的时间。

(4) 醇的氧化

向 2 支干燥的试管中，分别加入 1mL 乙醇和异丙醇，向每支试管中分别滴加 2 滴 1% $KMnO_4$ 溶液，充分振荡后将试管置于水浴中微热，观察溶液颜色的变化，写出有关的化学反应式。

(5) 多元醇与氢氧化铜的作用

将 6mL 5% 氢氧化钠及 10 滴 10% $CuSO_4$ 溶液，配制成氢氧化铜，然后分为两份，取 5 滴多元醇（乙二醇或甘油）滴入新制的氢氧化铜中，记录观察到的现象。

2. 酚的性质

(1) 苯酚的酸性

向两支试管中各加入 3mL 0.1mol·L^{-1} 苯酚溶液，用玻璃棒蘸取一滴滴于 pH 试纸上检验其酸性。一份作空白对照，向另一份中逐滴滴入 5% 氢氧化钠溶液，边加边振荡，直至溶液呈清亮为止（解释溶液变清理由），通入 CO_2 直到酸性，又有何现象发生？写出有关反应式。

(2) 苯酚与碱反应

向三支试管中各加入 1mL 苯酚悬浊液，分别加入 1mL 40% NaOH 溶液、1mL 饱和 Na_2CO_3 溶液和 1mL 饱和 $NaHCO_3$ 溶液，振摇，观察现象并解释发生的变化。

(3) 苯酚与溴水作用

取 2 滴 0.1mol·L^{-1} 苯酚溶液，用水稀释至 2mL，逐滴滴入饱和溴水，当溶液中开始析出的白色沉淀转变为淡黄色时，即停止滴加，然后将混合物煮沸 1~2min，以除去过量的溴。冷却后又有沉淀析出，再在此混合物中滴入 1% KI 溶液数滴及 1mL 苯，用力振荡，沉淀溶于苯中，析出的碘使苯层呈紫色[3]。

(4) 苯酚的硝化

向干燥的试管中加入 0.5g 苯酚，滴加 1mL H_2SO_4 摇匀，在沸水浴中加热 5min，并不断振荡，使反应完全[4]，冷却后加水 3mL，小心地逐滴加入 2mL 浓 HNO_3，振荡均匀，置于沸水浴上加热至溶液呈黄色，取出试管，冷却，观察有无黄色结晶析出，判断这是什么物质。

(5) 苯酚的氧化

向试管中加入 3mL 0.1mol·L^{-1} 苯酚溶液，加 0.5mL 5%碳酸钠及 1mL 0.5%高锰酸钾溶液，边加边振荡，观察现象。

(6) 苯酚与 $FeCl_3$ 作用

向试管中加入 2 滴 0.1mol·L^{-1} 苯酚溶液，加入 2mL 水，并逐滴滴入 $FeCl_3$ 溶液，观察颜色变化[5]。

【注意事项】

[1] 如果反应停止后溶液中仍有残余的钠，应该先用镊子将钠取出放在酒精中，然后加水。否则，金属钠遇水会着火，反应剧烈，不但影响实验结果，而且不安全。

[2] 此试剂可用于各种醇的鉴别和比较：含六个碳以下的低级醇均溶于 Lucas 试剂（又称盐酸-氯化锌试剂），作用后生成不溶性的氯代烷，使反应液出现浑浊，静止后分层明显。

[3] 苯酚与溴水作用，生成微溶于水的 2,4,6-三溴苯酚白色沉淀，反应如下所示：

$$\text{C}_6\text{H}_5\text{OH} + \text{Br}_2 \longrightarrow \text{2,4,6-Br}_3\text{C}_6\text{H}_2\text{OH} \downarrow + \text{HBr}$$

若溴水加过量，白色的三溴苯酚就会转化为淡黄色难溶于水的四溴化物。

得到的四溴化物易溶于苯，能氧化氢碘酸，本身又被还原成为三溴苯酚。

$$\text{KI} + \text{HBr} \longrightarrow \text{KBr} + \text{HI}$$

四溴化物 + HI ⟶ 三溴苯酚 + HBr + I_2

[4] 由于苯酚的羟基的邻对位氢易被浓 HNO_3 氧化，故在硝化前先进行磺化，利用磺酸基将邻对位保护起来，然后，用—NO_2 置换—SO_3H，故本实验顺利完成的

109

关键是磺化这一步要较完全。且加浓 HNO_3 前溶液必先充分冷却，否则，溶液会有冲出的危险。

[5] 酚类化合物大多数能与 $FeCl_3$ 溶液发生各种特有的颜色反应，产生颜色的主要原因是生成了电离度很大的酚铁盐。如苯酚与 $FeCl_3$ 的反应如下：

$$FeCl_3 + 6C_6H_5OH \longrightarrow [Fe(OC_6H_5)_6]^{3-} + 6H^+ + 3Cl^-$$

加入酸、乙醇或过量的 $FeCl_3$ 溶液，均能降低酚铁盐的电离度，有颜色的阴离子浓度也就相应降低，反应液的颜色也将褪去。

【思考题】

1. 在配制 Lucas 试剂时应注意些什么？为什么可用 Lucas 试剂来鉴别伯醇、仲醇和叔醇？此反应用于鉴别有什么限制？

2. 与氢氧化铜反应产生绛蓝色是邻羟基多元醇的特征反应，此外，还有什么试剂能起类似的鉴别作用？

3. 苯酚为什么能溶于氢氧化钠和碳酸钠溶液，而不溶于碳酸氢钠溶液？

4.7 醛和酮的性质

实验二十一 醛和酮的性质

【实验目的】

1. 学习和掌握测定醛和酮主要化学性质的实验操作。
2. 能够利用化学性质鉴别醛、酮。

【实验原理】

醛和酮都含有羰基，可与苯肼、2,4-二硝基苯肼、亚硫酸氢钠、羟胺、氨基脲等羰基试剂发生亲核加成反应，所得产物经适当处理可得到原来的醛酮。这些反应可用来分离提纯和鉴别醛酮。此外，甲基酮还可发生碘仿反应。可利用 Tollens 试剂、Fehling 试剂、Benedict 试剂、Schiff 试剂或铬酸试剂鉴别醛酮。

【实验药品】

2,4-二硝基苯肼，乙醇，二噁烷，甲醛，乙醛，丙酮，苯甲醛，二苯酮，饱和 $NaHSO_3$，3-戊酮，氨基脲盐酸盐，CH_3COONa，庚醛，丁醛，3-己酮，环己酮，苯乙酮，I_2，KI，1-丁醇，异丙醇，叔丁醇，Schiff 试剂，浓 HCl，浓 H_2SO_4，Tollens 试剂，Fehling 试剂，Benedict 试剂，铬酸，NaOH（10%）。

【实验仪器】

试管，量筒，滴管，烧杯，洗耳球，水浴锅，玻璃棒。

【实验步骤】

1. 醛、酮的亲核加成

（1）2,4-二硝基苯肼实验

向 5 支试管中各加入 1mL 2,4-二硝基苯肼试剂[1]，然后分别滴加 1~2 滴样品（甲醛、乙醛、苯甲醛、丙酮、二苯酮），若试样为固体，则先向试管中加入 10mg 试样，滴加 1~2 滴乙醇或二噁烷使之溶解[2]，再与 2,4-二硝基苯肼试剂作用。振荡摇匀后静置片刻，观察结晶的颜色[3]。

（2）与饱和 $NaHSO_3$ 反应

向 4 支试管中各加入 2mL 新配制的饱和 $NaHSO_3$ 溶液，然后分别滴加 1mL 样品（苯甲醛、乙醛、丙酮、3-戊酮），用力振荡摇匀后置于冰水中冷却数分钟[4]，观察比较沉淀析出的相对速率。

（3）缩氨脲的制备

将 0.5g 氨基脲盐酸盐、1.5g 醋酸钠溶于 5mL 蒸馏水中，然后分装入 4 支试管中。再各加入 3 滴试样（庚醛、3-己酮、苯乙酮、丙酮）和 1mL 乙醇，摇匀。将 4 支试管置于 70℃左右的水浴中加热 15min，然后各加入 2mL 水，在水浴中再放置 10min，待冷却后再将试管置于冰水中，用玻璃棒摩擦试管壁，直至结晶完全。

2. 醛、酮 α-H 的活泼性：碘仿实验

向 5 支试管中分别加入 1mL 蒸馏水和 3~4 滴样品（乙醛、丙酮、乙醇、异丙醇、1-丁醇），若试样不溶于水，则加入几滴二噁烷使之溶解。再分别滴加 1mL 10% NaOH 溶液，然后滴加碘-碘化钾溶液至溶液呈浅黄色。继续振荡，溶液的浅黄色逐渐消失，随之析出浅黄色沉淀。若未生成沉淀或出现白色乳浊液，可将试管放在 50~60℃水浴中温热几分钟，若溶液变成无色，应补加几滴碘-碘化钾溶液，观察结果[5]。

3. 醛、酮的区别

（1）Schiff 实验

向 5 支试管中分别加入 1mL Schiff 试剂，然后分别滴加 2 滴样品（甲醛、乙醛、丙酮、苯乙酮、3-戊酮），振荡摇匀，放置数分钟。然后分别向溶液中逐滴加入浓盐酸或浓硫酸，边滴边摇，观察溶液颜色的变化[6]。

（2）Tollens 实验

向 5 支试管中分别加入 1mL Tollens 试剂，然后分别加入 2 滴样品（甲醛、乙醛、丙酮、苯甲醛、环己酮），摇匀后静置数分钟。若无变化可将试管放在 50~60℃的水浴中温热几分钟，观察银镜的生成[7]。

（3）Fehling 实验

向 4 支试管中分别加入 0.5mL 的 Fehling A 和 Fehling B 溶液[8]，振荡均匀后分别滴加 3~4 滴样品（甲醛、乙醛、苯甲醛、丙酮），振荡均匀后置于沸水中加热 3~5min，观察体系颜色的变化。

(4) Benedict 实验

用 Benedict 试剂代替 Fehling 试剂重复上述实验[9]。

(5) 铬酸实验

在 6 支试管中分别加入 1 滴液体或 10mg 固体样品（丁醛、苯甲醛、环己酮、乙醇、异丙醇、叔丁醇），然后分别加入 1mL 丙酮，振荡摇匀。再加入数滴铬酸试剂，边加边摇。若试剂的橙黄色消失并析出绿色沉淀或浑浊，表示试验为阳性试验[10]。

【注意事项】

[1] 2,4-二硝基苯肼试剂的配制：取 2,4-二硝基苯肼 3g 溶于 15mL 浓硫酸，将此酸性溶液慢慢加入 70mL 体积分数 95% 的乙醇中，再加蒸馏水稀释到 100mL，过滤，将滤液保存在棕色试剂瓶中。

[2] 溶解固体样品时所用溶剂的量应尽可能少且不含醛，若乙醇溶剂被空气氧化成醛，也会出现阳性反应；缩醛由于可被 2,4-二硝基苯肼试剂中的酸水解生成醛，烯丙醇和苄醇易被试剂氧化成相应的醛酮，故也可与 2,4-二硝基苯肼生成沉淀。此外，强酸强碱有时也会使未反应的试剂沉淀析出。

[3] 2,4-二硝基苯肼实验中析出的结晶一般为黄色、橙色或橙红色：非共轭的醛酮生成黄色沉淀，共轭醛酮生成橙红色沉淀；含长共轭链的羰基化合物则生成红色沉淀。要弄清沉淀的真实颜色，可将沉淀分离出来并加以洗涤。

[4] 醛及甲基酮易与亚硫酸氢钠发生加成反应，羰基化合物的结构和位阻效应对加成反应的反应速率影响很大。如乙醛、丙酮、丁酮与亚硫酸氢钠反应 30min，反应产率分别为 88%、47% 和 25%。同样，位阻较大的 2-戊酮、3-甲基-2-丁酮、3,3-二甲基-2-丁酮则分别为 14.8%、7.5% 和 5.6%。

[5] 碘仿实验常可用来检验 $CH_3CH(OH)—R$、$CH_3CO—$ 两种结构的存在，但连有某些基团的这种结构不发生碘仿反应，如：$CH_3CO—CH_2COOR$、$CH_3CO—CH_2NO_2$、$CH_3CO—CH_2CN$。

[6] Schiff 试剂与醛作用后反应液显紫红色，其反应原理如下：

$$H_2N^+ \!\!=\!\! \langle \rangle \!\!=\!\! C(\langle \rangle \!\!-\!\! NH_2)_2 Cl^- + 3H_2SO_4 \longrightarrow H_3N^+ \!\!-\!\! \langle \rangle \!\!-\!\! \underset{SO_3H}{C}(\langle \rangle \!\!-\!\! NHSO_2H)_2 Cl^-$$

品红（桃红色)   Schiff 试剂（无色）

$$\xrightarrow[-H_2SO_3]{+2RCHO} H_2N^+ \!\!=\!\! \langle \rangle \!\!=\!\! C(\langle \rangle \!\!-\!\! NH \!-\! \underset{O}{\overset{O\ OH}{\underset{|}{S}}} \!-\! CH \!-\! R)_2 Cl^-$$

紫红色

如试样中含有醛或其他可与二氧化硫作用的物质，都会使 Schiff 试剂显紫红色。样品是固体且不溶于水，则取 10~20mg 样品先溶于无醛乙醇中，再进行实验。

甲基酮（丙酮）可与二氧化硫作用，故它与 Schiff 试剂接触后可使试剂脱去亚硫酸，反应液出现品红的桃红色。

加入大量的无机酸（盐酸或硫酸），将使醛类与 Schiff 试剂的作用物分解而褪色，只有甲醛和 Schiff 试剂的作用物在无机强酸存在下仍不褪色，据此可鉴别甲醛与其他的醛类。

[7] Tollens 试剂可以区别醛和酮，但 α-烷氧基酮、α-二烷氧基酮以及其他具有还原性的有机物如某些芳胺、多羟基酚、含—SH 的有机物对 Tollens 试剂都显阳性反应而干扰此反应。因此所用试管最好依次用温热浓硝酸、水、蒸馏水洗净。

[8] Fehling A 液、B 液分别指质量浓度为 $0.1g \cdot mL^{-1}$ 的氢氧化钠溶液和质量浓度为 $0.05g \cdot mL^{-1}$ 的硫酸铜溶液。

[9] Fehling 试剂和 Benedict 试剂分别是铜离子与酒石酸盐、铜离子与柠檬酸盐生成的配合物。由于氢氧化铜与酒石酸钾钠形成的配合物不稳定，不宜久置，故 Fehling 试剂需临时配制。Benedict 试剂为 Fehling 试剂的改进试剂，不需临时配制。脂肪醛可使铜离子还原成红色的氧化亚铜，而芳香醛和酮则不能。利用 Tollens 试剂、Schiff 试剂可区别醛和酮；利用 Fehling 试剂和 Benedict 试剂则可区别脂肪醛和芳香醛。

肼衍生物如苯肼、二苯肼、α-羟基酮都可被上述试剂所氧化，其他易被氧化的体系如苯基羟胺、氨基酚等也可被上述试剂氧化。

[10] 铬酸试剂配制方法：向 25mL 98%浓硫酸中小心加入 25g CrO_3，搅拌成均匀糊状物。在搅拌下，小心将此糊状物注入 75mL 蒸馏水，得到透明橘红色溶液。在 5s 内，伯醇、仲醇及所有脂肪醛能使铬酸的橘红色消失并形成绿色、蓝绿色沉淀或乳浊液，芳香醛需 30～60s，叔醇及酮类在相同条件下，数分钟内不产生明显变化。利用 Tollens 实验、Benedict 或 Fehling 实验可将醛与伯醇、仲醇区别开来。

市售丙酮中往往含有少量乙醛等杂质，会干扰实验现象。为了确保实验的准确性，应对本实验所用的丙酮进行空白实验。加几滴铬酸试剂于丙酮中，摇匀，静置 3～5min 应无阳性反应。否则应事先向丙酮中加入固体氢氧化钠，回流加热，然后再蒸出丙酮备用。

【思考题】

1. 醛和酮与氨基脲的加成实验中，为什么要加入醋酸钠？
2. 醛、酮与亚硫酸氢钠的加成反应中，为什么一定要使用饱和亚硫酸氢钠溶液？而且必须是新配制的？
3. 采用化学方法鉴别下列化合物。

A. 乙醛　B. 丁醛　C. 环戊酮　D. 丙酮　E. 异丙醇　F. 苯甲醛　G. 苯乙烯

4.8 羧酸及其衍生物的性质

实验二十二　羧酸及其衍生物的性质

【实验目的】

1. 验证羧酸及其衍生物的性质。

2. 了解肥皂的制备原理及其性质。

【实验原理】

羧酸最典型的化学性质是具有酸性，酸性比碳酸强，故羧酸不仅能溶于氢氧化钠溶液，而且能溶于碳酸氢钠溶液。饱和一元羧酸中，以甲酸酸性最强，而低级饱和二元羧酸的酸性又比一元羧酸强。羧酸能与碱作用成盐，与醇作用成酯。甲酸和草酸还具有较强的还原性，甲酸能发生银镜反应，但不能与 Fehling 试剂反应。草酸能被高锰酸钾氧化，此反应用于定量分析。

羧酸衍生物都含有酰基结构，具有相似的化学性质。在一定条件下，都能发生水解、醇解和氨解反应，其活性次序为：酰卤＞酸酐＞酯＞酰胺。

【实验药品】

HCOOH，CH_3COOH，Tollens 试剂，丙酮，草酸，刚果红试纸，广泛 pH 试纸，红色石蕊试纸，苯甲酸，NaOH（10%，20%，40%），HCl（10%），饱和石灰水，H_2SO_4（10%，3mol·L^{-1}），浓 H_2SO_4，$KMnO_4$（0.5%），无水 C_2H_5OH，$AgNO_3$（2%），乙酰氯，Na_2CO_3（20%），NaCl，苯胺，乙酸酐，乙酰胺，熟猪油，植物油，硬化油，CCl_4，溴的四氯化碳溶液（3%），C_2H_5OH（95%），$CaCl_2$（10%）。

【实验仪器】

试管，量筒，滴管，玻璃导管，烧瓶夹，铁架台，酒精灯，烧杯，水浴锅，玻璃棒。

【实验步骤】

1. 羧酸的性质

（1）甲酸的还原性

向两支洁净的试管中分别加入 1mL Tollens 试剂，然后再分别加入 4 滴丙酮和 5 滴甲酸，振摇均匀，若无变化，可放入温水浴中稍微温热几分钟，观察实验现象。

（2）酸性实验

向 3 支试管中各加入 2mL 水，再分别加入 5 滴甲酸、5 滴乙酸和 0.2g 草酸，振荡溶解均匀，然后用洗净的玻璃棒分别蘸取相应的酸液在同一条刚果红试纸上画线[1]，比较各线条的颜色和深浅程度。

（3）成盐反应

取 0.2g 苯甲酸晶体放入盛有 1mL 水的试管中，加入数滴 10%氢氧化钠溶液，振荡并观察现象。接着再加数滴 10%的盐酸，振荡并观察所发生的变化。

（4）加热分解作用

将甲酸和冰醋酸各 1mL 及草酸 1g 分别放入 3 支带导管的小试管中，将试管用烧瓶夹固定在铁架台上，管口略向上倾斜。导管的末端分别伸入 3 支各自盛有 2mL 石灰水的试管中加热试样，观察石灰水中有何现象发生。

(5) 氧化作用

向 3 支试管中分别加入 0.5mL 甲酸、0.5mL 乙酸以及 0.2g 草酸与 1mL 水所配成的溶液，然后分别加入 1mL 3mol·L^{-1} 硫酸和 3mL 0.5% 高锰酸钾溶液，加热至沸腾，观察现象，比较反应速率。

(6) 成酯反应

在一干燥的试管中加入 1mL 无水乙醇和 1mL 冰醋酸，再加入 0.2mL 浓硫酸，振荡均匀后浸没在 60～70℃ 的热水浴中约 10min。然后将试管浸入冷水中冷却，最后向试管内再加入 5mL 水。这时试管中有酯层析出并浮于液面上，注意所生成的酯的气味。

2. 酰氯和酸酐的性质

(1) 水解作用

向试管中加入 2mL 蒸馏水，再加入数滴乙酰氯[2]，观察现象。反应结束后在溶液中滴加数滴 2% 的硝酸银溶液，观察现象。

(2) 醇解作用

向 1 支干燥的小试管中加入 1mL 无水乙醇，慢慢滴加 1mL 乙酰氯[3]，同时用冷水冷却试管并不断振荡。反应结束后先加入 1mL 水，然后小心地用 20% 的碳酸钠溶液中和反应液使之呈中性，即有酯层析出并浮于液面上。如果没有酯层浮起，可在溶液中加入粉状的氯化钠至溶液饱和为止，观察现象并闻其气味。

(3) 氨解作用

向 1 支干燥的小试管中加入 5 滴新蒸过的苯胺，然后慢慢滴加 8 滴乙酰氯，待反应结束后再加入 5mL 水并用玻璃棒搅拌均匀，观察现象。

用乙酸酐代替乙酰氯重复上述三个实验，注意反应较乙酰氯活性略低，需要在热水浴加热条件下进行，并且反应时间较长一些。

3. 酰胺的水解作用

(1) 碱性水解

取 0.1g 乙酰胺和 1mL 20% 氢氧化钠溶液一起加入一小试管中，混合均匀并用小火加热至沸腾。用湿润的红色石蕊试纸在试管口检验所产生的气体性质。

(2) 酸性水解

取 0.1g 乙酰胺和 2mL 10% 硫酸一起加入一小试管中，混合均匀并用小火加热至沸腾，保持沸腾 2min，注意有醋酸味产生。放冷并加入 20% 的氢氧化钠溶液至反应液呈碱性，再次加热。用湿润的红色石蕊试纸检验所产生气体的性质。

4. 油脂的性质

(1) 油脂的不饱和性

取 0.2g 熟猪油和数滴浅色的植物油分别加入 2 支小试管中，并分别加入 2mL 四氯化碳，振荡溶解。然后分别滴加 3％的溴的四氯化碳溶液。边加边振荡，观察反应现象。

（2）油脂的皂化

取 3g 油脂[4]、3mL 95％的乙醇和 3mL 40％氢氧化钠溶液放入一大试管中，摇匀后在沸水中加热煮沸。待试管中的反应物成均匀相后，继续加热 10min，并不断振荡。皂化完全后[5]，将制得的黏稠液体倒入盛有 15～20mL 温热的饱和食盐水的小烧杯中，不断搅拌，肥皂逐渐凝固析出，用玻璃棒将制得的肥皂取出，进行下列各项实验。

① 脂肪酸的析出。取 0.5g 新制的肥皂放入一试管中，加入 4mL 蒸馏水，加热使肥皂溶解。再加入 2mL 3mol·L^{-1} 硫酸，然后在沸水中加热，观察反应现象。

② 钙离子与肥皂的作用。向试管中加入 2mL 蒸馏水和 0.02g 新制备的肥皂，振荡均匀，然后加入 2～3 滴 10％氯化钙溶液，振荡，观察反应现象。

③ 肥皂的乳化作用。向 2 支试管中各加入 1～2 滴液态油脂，然后在 1 支试管中加入 2mL 水，另 1 支试管中加入 2mL 制得的肥皂溶液，用力振荡，观察并比较实验现象。

【注意事项】

[1] 刚果红试纸的制备：取 0.2g 刚果红溶于 100mL 蒸馏水配成溶液，把滤纸放在刚果红溶液中浸透，取出晾干裁成长 70～80mm、宽 10～20mm 的纸条，试纸呈鲜红色。

刚果红适合用作酸性物质的指示剂，变色范围 pH＝3～5，与弱酸作用呈蓝黑色，与强酸作用呈稳定的蓝色，遇碱又变为红色。

[2] 乙酰氯中往往含有 $CH_3COOPCl_2$ 等杂质沉淀，该沉淀往往会影响水解作用结果，故使用时应取其无色透明清液。

[3] 乙酰氯与醇反应十分剧烈，并有爆破声，滴加时必须十分小心，以免液体从试管中冲出。

[4] 皂化反应若单纯使用植物油则制得的肥皂太软，而单纯使用硬化油则制得的肥皂太硬，故一般选用硬化油和适量猪油的混合油脂。

[5] 检验皂化反应是否完成，可取几滴皂化液放入试管中，加入 2mL 蒸馏水，加热不断振荡。若此时无油滴分出则表示皂化已经完全，否则再继续皂化数分钟，并再次检验皂化反应是否完成。

【思考题】

1. 为什么酯化反应要加浓硫酸？为什么碱性介质能加速酯的水解反应？
2. 羧酸成酯为什么必须控制在 60～70℃？温度偏高或偏低会有什么影响？
3. 采用简单的化学方法鉴别下列化合物。

A. 甲酸　B. 乙酸　C. 草酸

4.9 胺的性质

实验二十三 胺的性质

【实验目的】

1. 掌握脂肪胺和芳香胺的化学反应。
2. 用简单的化学方法区别伯、仲、叔胺。

【实验原理】

胺是碱性化合物，与酸反应生成盐，因此很容易从不溶于水的物质转变为水溶性的盐来证明它的碱性。伯胺和仲胺分子中氮原子上连有氢原子，可与酸酐、酰氯发生酰化反应，而叔胺不反应。通常利用它们与苯磺酰氯在氢氧化钠溶液中的反应来加以区别，该反应称作 Hinsberg 反应。伯胺的磺酰化产物易溶于氢氧化钠溶液，酸化后才析出沉淀。而仲胺在碱性溶液中直接析出沉淀。

亚硝酸与伯、仲、叔胺的反应可用来鉴别三种胺，伯胺与亚硝酸反应放出氮气，仲胺与亚硝酸反应生成难溶于水的黄色油状物或固体，叔胺不反应，没有明显现象。

【实验药品】

苯胺，丙胺，H_2SO_4（10%），N-甲基苯胺，N,N-二甲基苯胺，二乙胺，三乙胺，NaOH（20%，5%，10%），浓盐酸，盐酸（$6mol \cdot L^{-1}$），甲胺（30%），NaClO（5%），亚硝酸钠，苯磺酰氯，二甲胺，溴水，淀粉-碘化钾试纸，β-萘酚。

【实验仪器】

试管，量筒，滴管，烧杯，水浴锅，玻璃棒。

【实验步骤】

1. 胺的碱性与溶解度实验

向洁净的试管中加入 2 滴苯胺，逐渐加入 1.5mL 水，观察是否溶解。逐渐加入 10 滴 10%硫酸使其溶解，再逐渐滴加 10～15 滴 20%氢氧化钠溶液，观察实验现象。

2. 胺的亚硝酸实验

（1）伯胺的反应

向试管中加入 0.5mL 脂肪族伯胺（如丙胺），加盐酸使其呈酸性，然后滴加 5%亚硝酸钠[1]溶液，振摇，观察实验现象。

向试管中加入 0.5mL 苯胺，加 2mL 浓盐酸和 3mL 水，将试管放在冰水浴中冷却至 0℃。再取 0.5g 亚硝酸钠溶于 2.5mL 水中，用冰浴冷却后，慢慢加入含有苯胺盐酸盐的试管中，边加边搅，直至溶液对淀粉-碘化钾试纸呈蓝色为止[2]，此为重氮盐溶液。

取 1mL 重氮盐溶液加热，观察有什么现象发生。注意是否有苯酚的气味，与脂肪族伯胺和亚硝酸的反应现象有何不同。

再取 1mL 重氮盐溶液，加入数滴 β-萘酚溶液（0.4g β-萘酚溶于 4mL 5％氢氧化钠溶液中），观察有无橙红色沉淀生成。

（2）仲胺的反应

取 1mL N-甲基苯胺及 1mL 二乙胺分别盛于试管中，各加 1mL 浓盐酸及 2.5mL 水。把试管浸在冰水中冷却至 0℃。再取 2 支试管，分别加入 0.75g 亚硝酸钠和 2.5mL 水。把 2 支试管中的亚硝酸钠溶液分别慢慢加入上述盛有仲胺盐酸盐的溶液中，并不时振荡，观察有无黄色物生成。

（3）叔胺的反应

取 N,N-二甲基苯胺及三乙胺重复（2）的实验，观察试验现象与结果。

利用上述反应可以区别胺的类型：放出氮气，得到澄清液体，表明为脂肪族伯胺；有黄色油状物或固体析出，加碱后不变色，表明为仲胺，加碱至呈碱性时转变为绿色固体，表明为芳香叔胺；无颜色，表明为脂肪族叔胺。

3. Hinsberg 实验：伯胺的反应

向 3 支试管中分别加入 0.5mL 液体胺或 0.1g 固体胺试样（苯胺、N-甲基苯胺或 N,N-二甲基苯胺）、5mL 10％ NaOH 溶液及 3 滴苯磺酰氯，塞住试管口，剧烈振摇 3～5min，除去塞子，振摇下在水浴上温热 1min，冷却。用试纸检验溶液是否呈碱性，若不呈碱性，应加氢氧化钠至碱性。观察实验现象，观察是否有固体或油状物析出。

若溶液中无沉淀析出，加 $6mol·L^{-1}$ 盐酸酸化并用玻璃棒摩擦试管壁，析出沉淀为伯胺；若溶液中析出固体或油状物，加 $6mol·L^{-1}$ 盐酸酸化后不溶解的为仲胺；若溶液中仍为油状物，加浓盐酸后，溶解为澄清溶液的为叔胺。

4. 苯胺与溴的反应

向试管中加入 2mL 水，滴入 1 滴苯胺，剧烈振荡均匀，加入 2 滴饱和溴水，观察实验现象。

5. 苯胺与 NaClO 的反应

向试管中加入 2mL 水，滴入 1 滴苯胺，剧烈振荡均匀，加入 2 滴 5％ NaClO 溶液[3]，振荡，观察实验现象。

【注意事项】

[1] 许多亚硝基化合物已被证实有致癌作用，应避免直接接触，并应立即对实验溶液进行处理，倒入废液桶内及时清运。

[2] 亚硝酸钠是氧化剂，当它过量后与 KI 反应，生成碘，所以试纸会变蓝。

[3] 次氯酸钠起氧化作用，先出现绿色，再变为紫色：

$$\underset{}{C_6H_5NH_2} \xrightarrow{NaClO} \underset{}{} \longrightarrow O=\!\!\!\!\bigcirc\!\!\!\!=N-\!\!\!\bigcirc\!\!\!-NH_2$$

【思考题】

1. Hinsberg 实验中加盐酸酸化前，为什么必须使苯磺酰氯水解完全？如何判断其水解是否完全？
2. 如何用简单的化学方法区别丙胺、甲乙胺和三甲胺？
3. 如何除去三乙胺中少量的乙胺？

4.10 糖类化合物的性质

实验二十四　糖类化合物的性质

【实验目的】

1. 验证和巩固糖类化合物的主要化学性质。
2. 掌握糖类化合物的化学鉴别方法。

【实验原理】

糖通常分为单糖、二糖和多糖，又可分为还原糖和非还原糖。单糖和具有半缩醛羟基的二糖可与碱性弱氧化剂 Tollens 试剂、Fehling 试剂或 Benedict 试剂发生氧化还原反应，它们是还原糖。无半缩醛羟基的二糖和多糖不能通过开链结构互变，不能与碱性弱氧化剂反应，是非还原糖。还原糖可与过量的苯肼反应，生成具有一定结晶形态的脎，C2 以下构型相同的糖可形成相同的脎，C2 以下构型不同的糖则形成不同的脎。成脎反应也可以作为糖类鉴别的方法之一，脎的晶型、生成时间、糖类物质的比旋光度对鉴定糖类化合物都有一定意义。

Molish 反应是鉴定糖类化合物的重要方法。糖类、苷类及其他含糖化合物与 α-萘酚和浓硫酸反应呈紫红色环。酮糖能与间苯二酚显色，而醛糖不能，可利用这一性质区别醛糖和酮糖。淀粉的碘实验是鉴定淀粉的一个很灵敏的反应。

糖类化合物由于分子中具有羟基，能被乙酰化和硝化。醋酸纤维和硝酸纤维的制备就是利用这一性质。纤维素还能溶于铜氨溶液中，这是人造纤维再生的基础。

【实验药品】

葡萄糖（$0.1\,mol \cdot L^{-1}$），果糖（$0.1\,mol \cdot L^{-1}$），麦芽糖（$0.1\,mol \cdot L^{-1}$），乳糖（$0.1\,mol \cdot L^{-1}$），蔗糖（$0.1\,mol \cdot L^{-1}$），淀粉（$0.1\,mol \cdot L^{-1}$），滤纸浆，浓

H_2SO_4，间苯二酚，浓 HCl，Fehling 试剂，Benedict 试剂，Tollens 试剂，浓 HNO_3，NaOH（10%），α-萘酚，苯肼，脱脂棉，无水乙醇，乙醚，碘液。

【实验仪器】

试管，量筒，滴管，烧杯，水浴锅，点滴板，玻璃棒，显微镜，表面皿，坩埚钳，酒精灯。

【实验步骤】

1. 糖的还原性

(1) 与 Fehling 试剂反应

取 5 支试管分别加入 Fehling A 液和 Fehling B 液各 0.5mL，加热煮沸，再分别加入 $0.1mol \cdot L^{-1}$ 葡萄糖、$0.1mol \cdot L^{-1}$ 果糖、$0.1mol \cdot L^{-1}$ 麦芽糖、$0.1mol \cdot L^{-1}$ 乳糖、$0.1mol \cdot L^{-1}$ 淀粉溶液各 0.5mL，在沸水中加热 2~3min，冷却，观察实验现象及是否有沉淀析出。

(2) 与 Benedict 试剂反应

取 5 支试管分别加入新配制的 Benedict 试剂 1mL，再分别加入上述试样溶液各 0.5mL，在沸水中加热 2~3min，冷却，观察实验现象及是否有红色或黄绿色沉淀析出。

(3) 与 Tollens 试剂反应

取 5 支试管分别加入新配制的 Tollens 试剂 1mL，加热煮沸，再分别加入上述试样溶液各 0.5mL，在 60~80℃热水浴中加热 2~3min，冷却，观察实验现象。

2. 脎的生成

取 4 支试管分别加入新配制的 2mL 苯肼试剂[1]，加热煮沸，再分别加入 $0.1mol \cdot L^{-1}$ 葡萄糖、$0.1mol \cdot L^{-1}$ 果糖、$0.1mol \cdot L^{-1}$ 麦芽糖、$0.1mol \cdot L^{-1}$ 乳糖溶液各 1mL，充分振荡此试管，沸水浴中加热，观察记录试管中形成脎所需的时间，若 20min 后无结晶析出，取出试管，冷却后再观察（双脎溶于热水中，直到溶液冷却才析出结晶）。

用一宽口的滴管转移一滴所得脎的悬浮液于载玻片上，在显微镜下观察脎的结晶形状。

3. Molish 实验[2]（α-萘酚检验糖）

取 6 支试管分别加入 $0.1mol \cdot L^{-1}$ 葡萄糖、$0.1mol \cdot L^{-1}$ 果糖、$0.1mol \cdot L^{-1}$ 麦芽糖、$0.1mol \cdot L^{-1}$ 蔗糖、$0.1mol \cdot L^{-1}$ 淀粉、滤纸浆溶液，再各滴入 3 滴 10% α-萘酚的 95%乙醇溶液，振荡均匀，将试管倾斜 45°，沿管壁慢慢加入 1mL 浓硫酸，观察实验现象。若无颜色，可在水浴中加热 1~2min 后再观察结果。

4. 间苯二酚实验（α-萘酚检验糖）

取 4 支试管各加入间苯二酚溶液 2mL[3]，再分别加入 $0.1mol \cdot L^{-1}$ 葡萄糖、$0.1mol \cdot L^{-1}$ 果糖、$0.1mol \cdot L^{-1}$ 麦芽糖、$0.1mol \cdot L^{-1}$ 蔗糖溶液，振荡均匀，在

热水浴中加热 1~2min，观察颜色变化，加热 20min 后再观察有什么变化，并解释。

5. 糖类化合物的水解

（1）蔗糖的水解

取 1 支试管加入 8mL 0.1mol·L^{-1} 蔗糖溶液并滴加 2 滴浓盐酸，在沸水中加热 3~5min，冷却后，用 10% 氢氧化钠溶液中和，用此水解液做 Benedict 实验。

（2）淀粉的水解

取 2 支试管分别加入 0.2g·L^{-1} 淀粉 2mL，其中一支试管中加 1 滴碘液，振荡均匀后观察颜色。将试管在沸水浴中加热，观察有何变化。再冷却后，又有什么变化。

向另一支试管中加入浓盐酸 5 滴，在沸水浴中加热约 15min，加热时每隔 2min 用吸管吸出 2 滴放在点滴板上，加 1 滴碘液，仔细观察颜色变化。待反应液不与碘液发生颜色变化时，再加热 2~3min，冷却后用 1mol·L^{-1} 碳酸钠溶液调至碱性，加入 1mL Benedict 试剂，沸水浴中加热 3min，冷却后观察结果。

6. 纤维素的性质实验

取 1 支试管，加入 4mL 硝酸，在振荡下小心加入 8mL 浓硫酸，冷却，把一小团脱脂棉用玻璃棒浸入上述混酸中，浸在 60~70℃ 热水浴中加热，充分硝化，5min 后，取出脱脂棉，充分洗涤，水浴干燥，即得浅黄色的硝酸纤维素。将其分为两份，用坩埚钳夹着放在火焰上，观察是否立刻猛烈燃烧，另用一小块脱脂棉点燃之，比较燃烧有何不同。把另一块硝酸纤维素放在干燥表面皿上，加 1~2mL 乙醇-乙醚混合液（体积比 1∶3）制成火胶棉，在热水浴上蒸发溶剂后得到一火胶棉薄片，放在火焰上燃烧，比较燃烧速度。

【注意事项】

[1] 苯肼试剂的配制：取 4mL 苯肼溶于 4mL 冰醋酸和 36mL 水中，加入活性炭 0.5g，过滤，装入有色瓶中贮存备用；或取 5g 苯肼盐酸盐溶于 160mL 水中，加活性炭脱色，然后加 9g 结晶醋酸钠，搅拌溶解，贮存在棕色瓶中备用。在此试剂配制过程中，苯肼盐酸盐与醋酸钠经复分解生成苯肼醋酸盐，后者是弱酸强碱盐，在此溶液中易水解，与苯肼达到平衡。

$$C_6H_5NHNH_2 \cdot HCl + CH_3COONa \longrightarrow C_6H_5NHNH_2 \cdot CH_3COOH + NaCl$$
$$C_6H_5NHNH_2 \cdot CH_3COOH \rightleftharpoons C_6H_5NHNH_2 + CH_3COOH$$

由于苯肼试剂久置后易变质，所以也可以将两份苯肼盐酸盐与三份醋酸钠混合研匀后，临用时取适量混合物溶于水，直接使用。

[2] 间苯二酚溶液配制方法：取 0.01g 间苯二酚溶于 10mL 浓盐酸和 10mL 水，混匀即可。

[3] Molish 反应可能是糖类化合物先与浓硫酸作用生成糠醛衍生物，后者再与 α-萘酚反应生成紫色配合物。

$$OHC-\text{furan}-CHO + 2\,\text{naphthol} \longrightarrow \text{紫色配合物}$$

紫色配合物

该颜色变化非常灵敏。如果操作不慎，甚至将滤纸毛屑或碎片落进试管中，都会得到正性结果。但正性结果不一定都是糖，例如，甲酸、丙酮、乳酸、草酸、葡萄糖酸、没食子酸、苯三酚与 α-萘酚试剂也能生成有色环。但 1,3,5-苯三酚与 α-萘酚的反应产物用水稀释后，颜色即消失。但负性结果肯定不是糖。

【思考题】

1. 蔗糖水解得到葡萄糖和果糖，如果用此水解溶液来制取脎，两种单糖的脎是否一样？为什么？

2. 在糖类化合物的还原实验中，蔗糖与 Benedict 或 Tollens 试剂长时间加热时，有时也得到正性结果，请解释此现象。

3. 糖类化合物有哪些性质？糖分子中的羟基、羰基与醇分子中的羟基及醛酮分子中的羰基有何联系与区别？

4.11 氨基酸和蛋白质的性质

实验二十五 氨基酸和蛋白质的性质

【实验目的】

1. 熟悉氨基酸和蛋白质的化学性质。
2. 掌握氨基酸和蛋白质的鉴别方法。

【实验原理】

氨基酸是一类既含有氨基又含有羧基的两性化合物，具有内盐的性质，一般以晶体形式存在，且熔点较高。作为两性化合物，氨基酸易溶于强酸、强碱等极性溶剂，大多难溶于有机溶剂。氨基酸与水合茚三酮溶液共热，经一系列反应，最终可生成蓝紫色化合物（罗曼紫），此反应为 α-氨基酸所共有，灵敏度非常高，即使稀释至 1∶500000 的 α-氨基酸水溶液也有此显色反应，可根据生成物的颜色深浅程度以及释放出二氧化碳的体积测定氨基酸，但含亚氨基的脯氨酸除外，它与水合茚三酮反应呈黄色。氨基酸中的伯氨基（脯氨酸除外）可与亚硝酸反应生成 α-羟基酸并放出氮气。

蛋白质是 α-氨基酸通过肽键相连而成的生物高分子，不同来源的蛋白质在酸、碱或酶的催化下可完全水解而得到各种不同的 α-氨基酸的混合物，即 α-氨基酸是组成蛋白质的基本单位。可用茚三酮和缩二脲等显色反应对蛋白质进行定性和定量分析。蛋白质分子中若含有带苯环的氨基酸，可与硝酸反应，苯环被硝化而显黄色。

一些物理或化学因素，如电解质、有机溶剂等能改变蛋白质在水中的溶解度，产生沉淀。可利用这些物理或化学性质来分离、提纯蛋白质。某些物理因素（如加热、紫外线照射、超声波等）和化学因素（酸、碱、有机溶剂等）可破坏蛋白质特定的结构，进而改变它们的性质，这种现象称为蛋白质的变性。变性后的蛋白质溶解度降低，产生沉淀。

【实验药品】

清蛋白，丙氨酸（固体，1%），甘氨酸（固体，1%），色氨酸（固体，1%），茚三酮（2%），盐酸（$3mol \cdot L^{-1}$，$0.5mol \cdot L^{-1}$），亚硝酸钠（$0.1mol \cdot L^{-1}$），浓 HNO_3，NaOH（20%，10%），$CuSO_4$（$0.05mol \cdot L^{-1}$，$0.2mol \cdot L^{-1}$），$HgCl_2$（$0.05mol \cdot L^{-1}$），PbAc（$0.05mol \cdot L^{-1}$），$AgNO_3$（$0.05mol \cdot L^{-1}$），$(NH_4)_2SO_4$（固体，饱和溶液），C_2H_5OH（95%），CCl_3COOH（$0.5mol \cdot L^{-1}$），苦味酸（$0.5mol \cdot L^{-1}$），蛋白质溶液。

【实验仪器】

试管，量筒，滴管，烧杯，水浴锅，玻璃棒，离心管，离心机。

【实验步骤】

1. 氨基酸的性质

（1）与茚三酮反应

取 3 支试管分别加入 10 滴 1%丙氨酸溶液、1%甘氨酸溶液、1%色氨酸溶液，然后各加入 3 滴 2%茚三酮溶液，煮沸 5~10min，观察颜色变化。

（2）与亚硝酸反应

取 3 支试管各加入 5mL $3mol \cdot L^{-1}$ 盐酸，并分别加入 0.1g 丙氨酸、甘氨酸、色氨酸，小心加入 15mL $0.1mol \cdot L^{-1}$ 亚硝酸钠溶液至 3 支试管中，充分摇匀，观察气泡冒出的速率。

2. 蛋白质的性质

（1）蛋白质的颜色反应

① 与茚三酮反应。取 1 支试管加入 10 滴蛋白质溶液[1]，然后加入 3 滴 2%茚三酮溶液，煮沸 5~10min，观察颜色变化，并解释。

② 黄色反应。取 1 支试管加入 10 滴清蛋白溶液，然后加入 3 滴浓硝酸，此时呈现白色沉淀或浑浊。将试管放入沸水中加热，观察实验现象，并解释。

③ 缩二脲反应。取 1 支试管依次加入 5 滴清蛋白溶液、5 滴 20%氢氧化钠溶液和 2 滴 $0.2mol \cdot L^{-1}$ 硫酸铜溶液[2]，水浴加热。观察实验现象，并解释。

(2) 蛋白质的盐析

取 1 支试管加入蛋白质溶液和饱和硫酸铵溶液各 2mL，振荡均匀，静置 10min，球蛋白沉淀析出。离心后，将上层清液用毛细管小心吸出，并移至另一离心管中，慢慢加入硫酸铵粉末。每加一次，都要充分搅拌，加至粉末不再溶解为止。静置 10min 后，即可看见清蛋白沉淀析出，离心后，弃去上层清液。向这 2 支有沉淀的离心管中加入 2mL 蒸馏水，并用玻璃棒搅拌，观察沉淀能否复溶。

(3) 蛋白质的沉淀

① 乙醇沉淀蛋白质。取 1 支试管加入 5 滴蛋白质溶液，沿试管壁加入 10 滴 95% 乙醇[3]。静置，观察溶液中是否出现浑浊。

② 有机酸沉淀蛋白质。取 2 支试管各加入 5 滴蛋白质溶液，然后各滴加 1 滴 $3mol·L^{-1}$ 盐酸酸化，再分别滴加 $0.5mol·L^{-1}$ 三氯乙酸、$0.5mol·L^{-1}$ 苦味酸各 2 滴，观察是否有沉淀生成，若无，可再滴加相应的酸。

③ 金属离子沉淀蛋白质。取 4 支试管各加入 5 滴蛋白质溶液，然后分别加入 3 滴 $0.05mol·L^{-1}$ 硝酸银、$0.05mol·L^{-1}$ 氯化汞[4]、$0.05mol·L^{-1}$ 醋酸铅、$0.05mol·L^{-1}$ 硫酸铜溶液，观察实验现象。

④ 蛋白质的可逆沉淀。取 1 支试管加入 2mL 清蛋白溶液和 2mL 饱和硫酸铵溶液，振荡均匀，试管中出现沉淀或浑浊。取 1mL 浑浊液转移至另一试管中，加入 2～3mL 水，振荡，观察蛋白质沉淀是否溶解。

【注意事项】

[1] 将鸡蛋清用生理盐水稀释 10 倍，通过 2～3 层纱布滤去不溶物即得到所需的蛋白质溶液。

[2] 蛋白质分子中有许多肽键，与铜盐在碱性条件下反应出现紫红色，即发生缩二脲反应。此反应中硫酸铜不能过量，否则有氢氧化铜产生，干扰颜色的观察。

[3] 乙醇等一些极性较大的有机溶剂与水具有较强的亲和力，能够破坏蛋白质表面的水化膜而使蛋白质沉淀。将高浓度的中性盐加入蛋白质溶液中，盐离子的水化能力强而夺去蛋白质的水分，破坏了蛋白质分子表面的水化膜，产生沉淀，即发生盐析。利用各种蛋白质沉淀所需中性盐浓度不同，可将蛋白质分阶段沉淀，此操作过程被称为分段盐析。

[4] 氯化汞有毒，使用时应注意。

【思考题】

1. 蛋白质的盐析和蛋白质的沉淀，有何区别？
2. 如何区分蛋白质的可逆沉淀和不可逆沉淀？
3. 为何硝酸银和氯化汞是良好的杀菌剂？
4. 当硝酸溅到皮肤上时，即可产生黄色斑迹，为什么？

第 5 章

有机化合物的制备实验

5.1 基础有机化学实验

基础有机化学实验是化学相关学科实验教学的重要组成部分。从合成的有机物类型来看，基础有机实验基本包含了烃、卤代烃、醇、醛、酮、羧酸及其衍生物、胺等化合物的制备。从合成的操作方法来看，基本涵盖了各种回流技术、洗涤和萃取、蒸馏和分馏、重结晶等主要有机合成基本操作，有些实验还提供了不同的合成方法。这些实验可以作为步入有机化学实验大门的基石。基础有机化学实验要求学生了解合成实验的反应原理，包括对反应温度的控制、溶剂的选择、催化剂的使用以及相关反应条件的控制；同时要了解分离原理，加强对所学物质理化性质的理解，特别是要学习和掌握基本合成实验操作及分离操作。通过基础有机化学实验的训练，可让学生掌握一般有机化合物的合成方法和基本操作技能，培养做有机化学实验的兴趣，提高学生的动手动脑能力。

5.1.1 烯烃

实验二十六 环己烯的制备

【实验目的】

1. 掌握由环己醇制备环己烯的原理及方法。
2. 练习并掌握蒸馏、分馏、分液、干燥等实验操作方法。

【实验原理】

烯烃是重要的有机化工原料，工业上主要通过石油裂解的方法制备烯烃，有时也利用醇在氧化铝等催化剂存在下，进行高温催化脱水来制取，实验室里则主要用醇脱水或卤代烃脱卤化氢两种方法来制备烯烃。

环己烯（cyclohexene）的分子式为 C_6H_{10}，分子量 82，相对密度 0.81，沸点 83℃，无色透明液体，有特殊刺激性气味，不溶于水，易溶于乙醇和醚，主要用于有机合成，也可作溶剂和油类萃取剂。本实验采用浓磷酸作催化剂使环己醇脱水制备环己烯。

主反应：环己醇 $\xrightarrow[\triangle]{85\%H_3PO_4}$ 环己烯 $+H_2O$

副反应：环己醇 $\xrightarrow[\triangle]{85\%H_3PO_4}$ 二环己醚 $+H_2O$

一般认为，该反应历程为 E_1 历程，整个反应是可逆的：酸使醇羟基质子化，使其易于离去而生成碳正离子，后者失去一个质子，就生成烯烃。

主反应为可逆反应，本实验采用的措施是：边反应边蒸出反应中生成的环己烯和水形成的二元共沸物（沸点 70.8℃，含水 10%），但是原料环己醇也能和水形成二元共沸物（沸点 97.8℃，含水 80%）。为了使产物以共沸物的形式蒸出，而又不夹带原料环己醇，本实验采用分馏装置，并控制柱顶温度不超过 90℃。反应采用 85% 的磷酸为催化剂，而不用浓硫酸作催化剂，是因为磷酸氧化能力较硫酸弱得多，减少了氧化副反应。

【实验药品】

环己醇，85% 磷酸，氯化钠，5% 碳酸钠溶液，无水氯化钙。

【实验仪器】

圆底烧瓶，分馏柱，蒸馏头，温度计（100℃），直形冷凝管，接引管，锥形瓶，分液漏斗，油浴锅。

【实验装置】

制备环己烯的实验装置见图 5-1。

【实验步骤】

在 50mL 干燥的圆底烧瓶中加入 10mL（0.1mol）环己醇[1]、5mL 85% 磷酸和磁力搅拌子，在烧瓶上装一带有温度计套管的分馏柱，接上直形冷凝管，用锥形瓶作接收器，将其放在冷水中冷却。在搅拌状态下[2]，将反应混合物慢慢加热至沸腾，且控制加热速率使分馏柱上端的温度不要超过 90℃[3]，馏出液为含水的浑浊液。当烧瓶中只剩下很少量的残液并出现阵阵白雾时，即可停止分馏。全部分馏时间约为 40min[4]。

向馏出液中加入氯化钠（约 1g）至饱和，再加入 3~4mL 5% 的碳酸钠溶液中和微量的酸，将液体转入分液漏斗中，振摇（注意放气操作）后静置分层（洗涤微量的

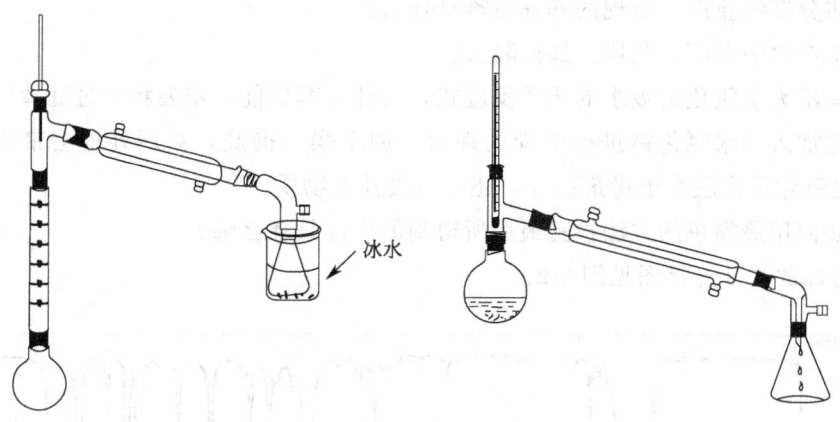

图 5-1 制备环己烯的实验装置

酸，产品在上层）。将下层水溶液自漏斗下端活塞放出，上层的粗产物自漏斗的上口倒入干燥的小锥形瓶中，加入 1~2g 无水氯化钙干燥[5]。待溶液透明澄清后，小心滤入干燥的小烧瓶中，蒸馏[6]，收集 80~85℃的馏分于一已称量的小锥形瓶中，产率约为 55%。

【注意事项】

[1] 环己醇在常温下是黏稠状液体，若用量筒量取应注意转移中的损失，取用宜采用称量法。

[2] 环己醇与磷酸应充分混合，否则在加热过程中可能会局部炭化，使溶液变黑。

[3] 由于反应中环己烯与水形成共沸物（沸点 70.8℃，含水 10%）；环己醇也能与水形成共沸物（沸点 97.8℃，含水 80%）。因此在加热时温度不可过高，蒸馏速率不宜太快，以减少未反应的环己醇蒸出。文献要求柱顶温度控制在 73℃左右，但反应速率太慢。本实验为了加快蒸出的速率，可控制在 90℃以下。

[4] 反应终点的判断可参考以下几个参数：①反应进行 40min 左右；②柱顶温度下降后又升到 85℃以上；③用盛有水的小烧杯接 1 滴馏出液，若看不到油珠则反应完毕；④反应烧瓶中出现白雾。

[5] 洗涤时，水层应尽可能分离完全，否则将增加无水氯化钙的用量，使产物更多地被干燥剂吸附而导致损失。无水氯化钙除干燥水分外，还可除去少量的环己醇。

[6] 在蒸馏已干燥的产物时，蒸馏所用仪器都应充分干燥。

【思考题】

1. 在纯化环己烯时，加入氯化钠的目的是什么？
2. 本实验提高产率的措施是什么？
3. 实验中，为什么要控制柱顶温度不超过 90℃？
4. 与硫酸作催化剂相比，本实验用磷酸作催化剂好在哪里？

5. 在分馏终止前，出现的阵阵白雾是什么？

6. 粗产物中有哪些杂质？如何除去？

7. 写出无水氯化钙吸水的化学反应式，为什么蒸馏前一定要将它过滤掉？

8. 在加入无水氯化钙进行干燥处理时，如干燥不彻底，对后处理会带来什么问题？氯化钙除了作脱水干燥剂以外，还可除去什么物质？

9. 如何用最简单的方法检验最后所得到的产品是环己烯？

环己烯的红外光谱图见图 5-2。

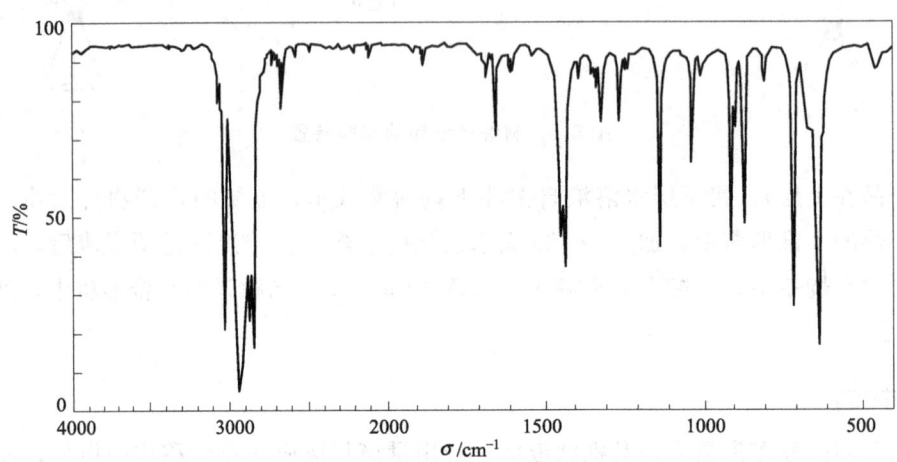

图 5-2　环己烯红外光谱图

5.1.2　卤代烃

实验二十七　1-溴丁烷的制备

【实验目的】

1. 掌握由醇制备卤代烃的原理及方法。
2. 掌握带有有害气体吸收装置的回流加热操作。

【实验原理】

卤代烃是一类重要的化工产品，可用作溶剂（如 $CHCl_3$、CH_2Cl_2）、灭火剂（如 CCl_4）、冷冻剂（如 $CHClF_2$），以及高分子工业的原料（如 $CH_2=CHCl$、$CF_2=CF_2$）等。卤代烃的化学性质比较活泼，能发生取代反应、消去反应等多种反应，从而转化成其他类型的化合物。因此，引入卤原子常常是改变分子性能的第一步反应，在有机合成中起着重要的桥梁作用。卤代烃可通过多种方法合成。烷烃的自由基卤化、烯烃或炔烃与卤化氢的亲电加成反应等都是制备卤代烃的方法，但存在异构体的混合物难以分离的问题。实验室最常用的方法就是通过醇和氢卤酸发生亲核取代反应（nucleophilic substitution reaction）来制备卤代烃，反应一般在酸性介质中进行。

1-溴丁烷（bromobutane）的分子式为 C_4H_9Br，分子量 137，相对密度 1.276，沸点 101.6℃，折射率 1.4399，无色透明液体，不溶于水，易溶于乙醇、乙醚、丙酮，可用作溶剂、烷化剂、稀有元素萃取剂等。实验室合成 1-溴丁烷是通过正丁醇与氢溴酸反应来实现的，由于氢溴酸是一种极易挥发的无机酸，因此在合成时采用溴化钠与硫酸作用产生氢溴酸直接参与反应。在该反应过程中，常常伴随消除反应和重排反应的发生。过量的硫酸可起到促进反应平衡向正方向移动的作用，通过产生更高浓度的氢溴酸促使反应加速，还可以将反应中生成的水质子化，阻止卤代烷通过水的亲核进攻生成醇。合成 1-溴丁烷的反应式如下：

主反应：

$$NaBr + H_2SO_4 \xrightleftharpoons{\triangle} HBr + NaHSO_4$$

$$n\text{-}C_4H_9OH + HBr \xrightleftharpoons{\triangle} n\text{-}C_4H_9Br + H_2O$$

副反应：

$$n\text{-}C_4H_9OH \xrightarrow[\triangle]{\text{浓 } H_2SO_4} CH_3CH_2CH=CH_2 + H_2O$$

$$n\text{-}C_4H_9OH \xrightarrow[\triangle]{\text{浓 } H_2SO_4} CH_3CH_2CH_2CH_2OCH_2CH_2CH_2CH_3 + H_2O$$

$$2HBr + H_2SO_4 \xrightarrow{\triangle} Br_2 + SO_2 + 2H_2O$$

【实验药品】

浓 H_2SO_4，$n\text{-}C_4H_9OH$，NaBr，饱和 $NaHCO_3$ 溶液，无水 $CaCl_2$，5% NaOH 溶液，饱和 $NaHSO_3$ 溶液。

【实验仪器】

圆底烧瓶，球形冷凝管，导气管，小玻璃漏斗，量筒，烧杯，直形冷凝管，接引管，分液漏斗，油浴锅，锥形瓶，蒸馏头，温度计套管，铁架台，温度计（200℃）。

【实验装置】

制备 1-溴丁烷的实验装置见图 5-3。

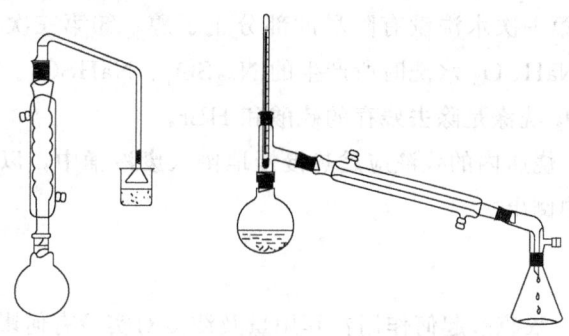

图 5-3 制备 1-溴丁烷的实验装置

【实验步骤】

在 100mL 圆底烧瓶中，加入 10mL 水，再慢慢加入 12mL（0.22mol）浓 H_2SO_4，混匀冷至室温[1]。再加入正丁醇 7.5mL（0.08mol），混合后加入 10g（0.10mol）研细的溴化钠，充分振荡后加入磁力搅拌子。在圆底烧瓶上加装球形冷凝管，并在其上端接一个溴化氢吸收装置[2]，用 5% NaOH 作吸收剂。加热，搅拌回流 0.5h 后，冷却，再改为蒸馏装置，蒸出 1-溴丁烷粗品，至馏出液清亮为止[3-5]。然后将馏出液转入分液漏斗，先用 10mL 水洗涤，并小心地将粗品转入另一干燥的分液漏斗中。再用 5mL 浓 H_2SO_4 洗涤，尽量分去硫酸层，有机层依次用水、饱和 $NaHCO_3$ 和水各 10mL 洗涤[6-9]。所得产物移入干燥锥形瓶内，加入无水 $CaCl_2$ 干燥，间歇摇动至液体透明。过滤，将所得滤液蒸馏，收集 99~103℃ 馏分，称量，计算产率。

【注意事项】

[1] 将浓硫酸加入水中时，要少量多次加入，边加边振荡，冷却至室温后再加溴化钠。

[2] 要注意溴化氢吸收装置，玻璃漏斗不要浸入水中，防止倒吸。

[3] 1-溴丁烷粗产品是否蒸完可以从以下三个方面来判断：①馏出液是否已由浑浊变为澄清；②圆底烧瓶中油层是否已蒸完；③用干净试管接几滴馏出液，加水摇动，如无油珠则已蒸完。

[4] 洗涤时要注意顺序，要分清哪一层是产品，最后蒸馏时玻璃仪器要干燥。

[5] 粗产物（或用水洗涤后）如有红色（应为无色）则是由于浓 H_2SO_4 的氧化作用产生了游离态的溴，可分去水层后加 10mL 饱和 $NaHSO_3$ 洗涤。

$$2NaBr + 3H_2SO_4（浓）\longrightarrow Br_2 + SO_2 + 2NaHSO_4 + 2H_2O$$
$$Br_2 + 3NaHSO_3 \longrightarrow 2NaBr + NaHSO_4 + 2SO_2 + H_2O$$

[6] 用浓硫酸洗涤是洗去粗产品中未反应的正丁醇和副产物丁醚，否则正丁醇和 1-溴丁烷可形成含 13% 正丁醇的共沸物（沸点 98.6℃）。

[7] 三次水洗作用：①第一次是洗去 HBr、部分正丁醇；②第二次主要是洗去残存的 H_2SO_4，以及第一次水洗没有除尽的部分正丁醇；③第三次主要是除去残存的 $NaHCO_3$，以及用 $NaHCO_3$ 水洗时所产生的 Na_2SO_4、$NaHSO_4$。

[8] 用 $NaHCO_3$ 洗涤是除去残存的硫酸和 HBr。

[9] 蒸馏完毕，烧瓶内的残液应趁热慢慢地倒入废液桶中，以免冷却后硫酸氢钠结块，不易从烧瓶中倒出。

【思考题】

1. 在本实验中，浓硫酸起何作用？其用量及浓度对实验有何影响？
2. 反应后的粗产物中含有哪些杂质？它们是如何被除去的？

3. 为什么用饱和碳酸氢钠溶液洗涤前要先用水洗涤？

4. 正溴丁烷必须蒸完，否则会影响产率，可从哪几个方面判断正溴丁烷已经蒸完？

5. 加料时，为什么不可以先使溴化钠与浓硫酸混合，然后加入正丁醇和水？

6. 用分液漏斗洗涤产物时，正溴丁烷时而在上层，时而在下层，若不知道产物的密度，用什么简便方法判断？

7. 1-溴丁烷的制备如何减少副反应的发生？

8. 以溴化钠、浓硫酸和正丁烷制备 1-溴丁烷时，浓硫酸要用适量的水稀释的目的是什么？

9. 从反应混合物中分离出粗产品 1-溴丁烷时，为何不直接用分液漏斗分离？

1-溴丁烷的红外光谱图见图 5-4。

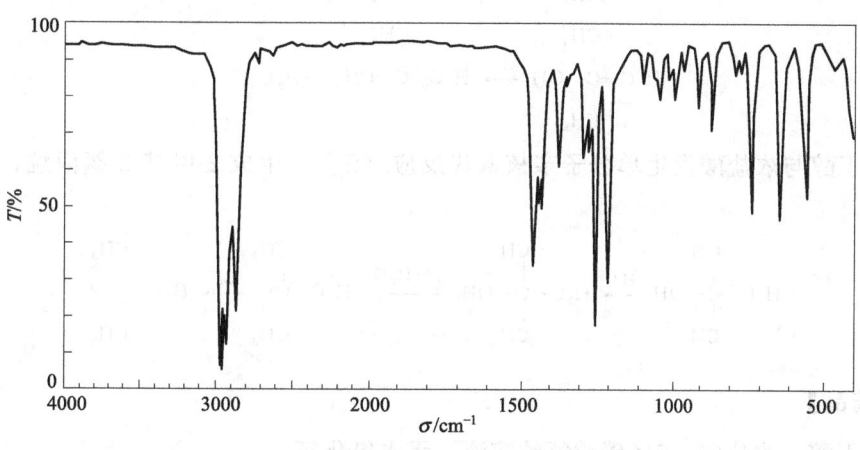

图 5-4　1-溴丁烷红外光谱图

实验二十八　2-甲基-2-氯丙烷的制备

【实验目的】

1. 掌握由醇与氢卤酸通过亲核取代反应制备卤代烃的方法。
2. 进一步巩固蒸馏的基本操作和分液漏斗的使用方法。

【实验原理】

2-甲基-2-氯丙烷（2-chloro-2-methylpropane）又称为叔丁基氯或叔氯丁烷，分子式是 C_4H_9Cl，分子量 92.5，沸点 51～52℃，相对密度 0.87，无色液体，不溶于水，与乙醇、乙醚混溶。2-甲基-2-氯丙烷易燃，遇高热分解放出有毒的光气。它与氧化剂发生强烈反应，遇明火立即燃烧。2-甲基-2-氯丙烷可用于合成香料二甲苯麝香，也可用于合成农药及其他精细化工产品。

可用叔丁醇为原料与浓盐酸反应合成 2-甲基-2-氯丙烷，也可用异丁烯为原料与 HCl 加成得到，本实验采用前一种方法。不像一级醇或二级醇与浓盐酸反应时需要催化剂，在室温条件下三级醇就很容易和浓盐酸反应。合成 2-甲基-2-氯丙烷的反应式如下：

主反应：

$$H_3C-\underset{\underset{CH_3}{|}}{\overset{\overset{CH_3}{|}}{C}}-OH + HCl \longrightarrow H_3C-\underset{\underset{CH_3}{|}}{\overset{\overset{CH_3}{|}}{C}}-Cl + H_2O$$

副反应：

$$H_3C-\underset{\underset{CH_3}{|}}{\overset{\overset{CH_3}{|}}{C}}-OH \xrightarrow{H^+} H_3C-\underset{\underset{CH_3}{|}}{\overset{\overset{CH_3}{|}}{C}}-O-\underset{\underset{CH_3}{|}}{\overset{\overset{CH_3}{|}}{C}}-CH_3 + H_2O$$

$$H_3C-\underset{\underset{CH_3}{|}}{\overset{\overset{CH_3}{|}}{C}}-OH \xrightarrow{H^+} H_3C-\underset{\overset{CH_3}{|}}{C}=CH_2 + H_2O$$

叔丁醇与浓盐酸发生单分子亲核取代反应（S_N1）生成 2-甲基-2-氯丙烷，反应机理如下：

$$H_3C-\underset{\underset{CH_3}{|}}{\overset{\overset{CH_3}{|}}{C}}-OH \xrightarrow{H^+} H_3C-\underset{\underset{CH_3}{|}}{\overset{\overset{CH_3}{|}}{C}}-\overset{+}{O}H_2 \xrightarrow{-H_2O} H_3C-\underset{\underset{CH_3}{|}}{\overset{\overset{CH_3}{|}}{C}}{}^+ \xrightarrow{Cl^-} H_3C-\underset{\underset{CH_3}{|}}{\overset{\overset{CH_3}{|}}{C}}-Cl$$

【实验药品】

叔丁醇，浓盐酸，5% 碳酸氢钠溶液，无水氯化钙。

【实验仪器】

圆底烧瓶，锥形瓶，烧杯，量筒，分液漏斗，温度计，蒸馏头，直形冷凝管，接引管，水浴锅，铁架台。

【实验装置】

制备 2-甲基-2-氯丙烷的实验装置见图 5-5。

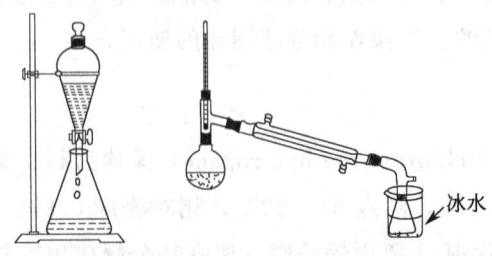

图 5-5 制备 2-甲基-2-氯丙烷的实验装置

【实验步骤】

在 100mL 圆底烧瓶中加入 6.2g（0.084mol）叔丁醇和 21mL 浓盐酸[1]，再加入磁力搅拌子，于室温下搅拌 10～15min 后，转入分液漏斗，静置，待分层明显后[2]，弃去水层（下层）。有机层（上层）分别用水、5%碳酸氢钠和水各 5mL 洗涤（注意放气）[3,4]。产品用无水氯化钙干燥后[5]，过滤，将粗产品转入蒸馏装置，接收瓶置于冰水浴中，在水浴上蒸馏，收集 50～51℃ 馏分[6,7]。

【注意事项】

[1] 叔丁醇（熔点 25℃）温度较低时呈固态，需要加热熔化后使用。

[2] 产物 2-甲基-2-氯丙烷不溶于水，当反应瓶上层出现油珠状物质即为反应发生的标志。

[3] 有机层分别用水、5%碳酸氢钠、水各 5mL 洗涤的原因：第一次用水洗涤是为了除去溶液中未反应的大部分的盐酸，用 5%碳酸氢钠洗涤是为了完全除去溶液中的残留盐酸，而第二次用水洗涤是为了除去溶液中混有的碳酸氢钠、氯化钠。

[4] 碳酸氢钠洗涤时间不宜过长，洗涤时间过长会导致少量产物水解。

[5] 产品用无水氯化钙干燥有两大好处：①可以吸水，干燥效能中等；②能和叔丁醇反应，能除去未反应的叔丁醇。

[6] 由于 2-甲基-2-氯丙烷的沸点较低，操作时动作要快些，以免挥发而造成损失。

[7] 水浴加热是因为本产品沸点低且极易燃，严禁用明火直接加热，接收瓶用冰水浴，减少因产物挥发而造成的损失。

【思考题】

1. 如何用简单的方法检验最终产品是 2-甲基-2-氯丙烷？
2. 为何选用 5%碳酸氢钠而不使用氢氧化钠溶液洗涤粗产物？
3. 分析影响产品 2-甲基-2-氯丙烷产率的因素。
4. 分液后，如何用简单的方法判断产品在分液漏斗的上层还是下层？

2-甲基-2-氯丙烷的红外光谱图见图 5-6。

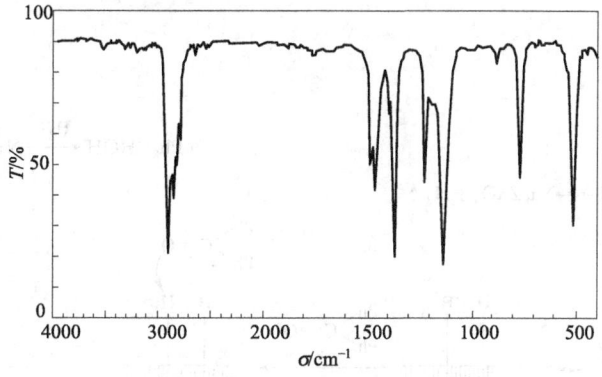

图 5-6 2-甲基-2-氯丙烷红外光谱图

5.1.3 醇

实验二十九　二苯甲醇的制备

【实验目的】

1. 掌握用还原法制备二苯甲醇的实验原理和方法。
2. 进一步巩固蒸馏、萃取和重结晶等基本操作方法。

【实验原理】

二苯甲醇（benzhydrol）又名双苯甲醇、二苯基甲醇、α-苯基苯甲醇，分子式为 $C_{13}H_{12}O$，熔点 65～67℃。它在常温下为白色或浅米色结晶固体，易溶于乙醇、乙醚、氯仿和二硫化碳，20℃时在水中的溶解度仅为 $0.5g \cdot L^{-1}$。二苯甲醇低毒，主要用于有机合成，在医药工业上可作为苯甲托品、苯海拉明及乙酰唑胺的中间体。

用多种还原剂还原二苯甲酮可以得到二苯甲醇。对于小量合成，硼氢化钠是更理想的试剂。硼氢化钠是一种选择性地将醛酮还原为相应醇的负氢试剂，它操作方便，反应可在含水或者醇溶液中进行，1mol 硼氢化钠理论上能还原 4mol 醛或酮。在碱性醇溶液中用锌粉还原，是制备二苯甲醇常用的方法，适用于中等规模的实验室制备。这两种合成方法的反应式如下：

(1) $Ph_2C=O \xrightarrow{NaBH_4} Na^+[BOCHPh_2]_4^- \xrightarrow{H_2O} 4Ph_2CHOH$

(2) $Ph_2C=O \xrightarrow[\triangle]{Zn, NaOH} Ph_2CHOH$

它们的反应机理如下：

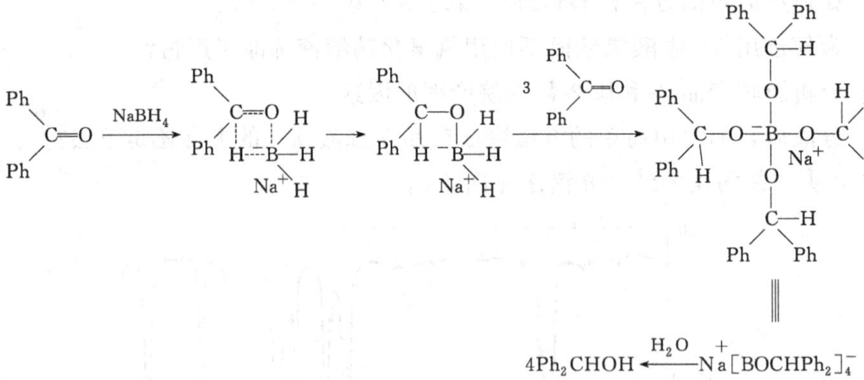

(2) $Zn + 2NaOH = Na_2ZnO_2 + H_2\uparrow$

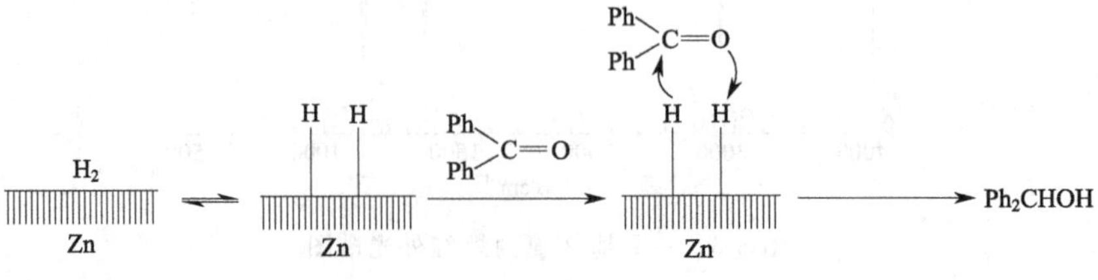

方法一：硼氢化钠还原

【实验药品】

二苯甲酮，硼氢化钠，95％乙醇，浓盐酸，石油醚。

【实验仪器】

圆底烧瓶，球形冷凝管，锥形瓶，烧杯，量筒，分液漏斗，水浴锅，布氏漏斗，循环水式真空泵。

【实验装置】

制备二苯甲醇的主要实验装置见图 5-7。

【实验步骤】

在装有球形冷凝管的 50mL 圆底烧瓶中[1]，加入 1.5g（0.008mol）二苯甲酮，再加入 20mL 95％乙醇使其溶解。然后称取 0.4g（0.010mol）硼氢化钠缓慢加入瓶中[2]，搅拌，反应物会自然升温至沸腾，然后在室温下继续反应 20min。此时将圆底烧瓶中的液体连同沉淀物一起倒入盛有 40mL 冷水的烧杯中，滴几滴浓盐酸[3]，至不再有气泡冒出，搅拌，抽滤，用水洗涤粗产品两次，再用 15mL 石油醚（沸程 60～90℃）重结晶，可得 1g 左右的白色针状晶体，测其熔点为 65～66℃。

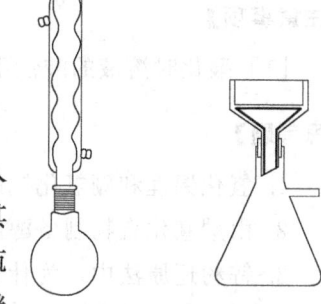

图 5-7 制备二苯甲醇的主要实验装置

【注意事项】

[1] 采用硼氢化钠还原法，实验开始前应干燥仪器。

[2] 硼氢化钠有腐蚀性，勿与皮肤接触。

[3] 浓盐酸在本实验中的作用：①分解过量的硼氢化钠，此时滴加速度不宜过快，有大量气泡放出，严禁明火；②水解硼酸酯的配合物。

方法二：锌粉还原

【实验药品】

二苯甲酮，锌粉，95％乙醇，氢氧化钠，浓盐酸，石油醚。

【实验仪器】

实验仪器与方法一相同。

【实验装置】

反应装置与方法一相同（图 5-7）。

【实验步骤】

在装有球形冷凝管的 50mL 圆底烧瓶中,加入 1.5g(0.038mol)氢氧化钠、1.5g(0.008mol)二苯甲酮、1.5g(0.023mol)锌粉和 15mL 95% 乙醇。搅拌,反应微微放热,约 20min 后,在 80℃ 的水浴上加热搅拌 10min,使之反应完全。冷却,减压抽滤,所得固体用少量乙醇洗涤。滤液倒入 80mL 事先用冰水浴冷却的水中,混匀后用浓盐酸小心酸化[1],使溶液的 pH 值为 5~6。减压抽滤,干燥,粗产物用 15mL 石油醚(60~90℃)重结晶,可得 1g 左右的白色针状晶体,测其熔点为 65~66℃。

【注意事项】

[1] 酸化时溶液的酸性不宜太强,否则难以析出产品。

【思考题】

1. 氢化铝锂和硼氢化钠的还原性有何区别?
2. 由羰基化合物制备醇的方法有哪些?
3. 锌粉还原法中,为什么要用水浴加热?温度为什么要控制在 80℃?
4. 锌粉还原法中,滤液为什么要倒入事先用冰水浴冷却的水中?

二苯甲醇的红外光谱图见图 5-8。

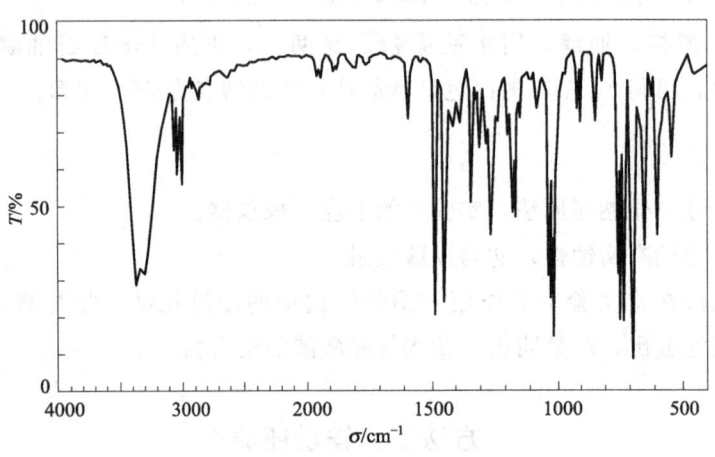

图 5-8 二苯甲醇红外光谱图

实验三十 无水乙醇的制备

【实验目的】

1. 掌握氧化钙法制备无水乙醇的原理和方法。
2. 进一步巩固回流、蒸馏装置的安装和使用方法。

【实验原理】

乙醇（ethanol），俗称酒精，分子式 C_2H_6O，相对密度 0.816，沸点 78℃，能与水以任意比例互溶。它在常温常压下是一种易燃、易挥发的无色透明液体，它的水溶液具有特殊的令人愉快的香味，并略带刺激性，在医疗上也常用体积分数为 70%~75% 的乙醇作消毒剂。乙醇可用于制作饮料、香精、染料、燃料等，在国防化工、医疗卫生、食品工业、工农业生产中有广泛的用途。

在一些要求较高的有机化学实验中，常常要使用无水试剂，如无水乙醇、无水乙醚、无水苯等。由于无水试剂具有较强的吸水性，难以保存，因此通常在使用前制备。为了制得乙醇含量为 99.5% 的无水乙醇，实验室常用的制备方法是生石灰法，即利用生石灰（CaO）与工业酒精中的水反应生成不挥发、一般加热不分解的熟石灰 $[Ca(OH)_2]$，从而得到无水乙醇，反应方程式如下：

$$CaO + H_2O = Ca(OH)_2$$

【实验药品】

95%乙醇，氧化钙，无水氯化钙，氢氧化钠，无水硫酸铜。

【实验仪器】

圆底烧瓶，锥形瓶，球形冷凝管，干燥管，温度计，量筒，水浴锅，蒸馏头，接引管，直形冷凝管，铁架台。

【实验装置】

制备无水乙醇的实验装置见图 5-9。

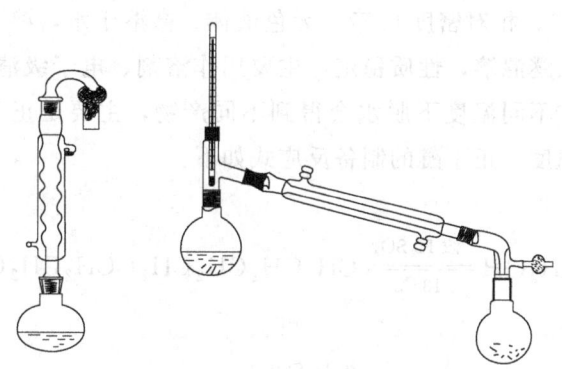

图 5-9　制备无水乙醇的实验装置

【实验步骤】

在 100mL 圆底烧瓶中[1]，加入 40mL 95%乙醇、16g 氧化钙[2]和少许氢氧化钠，再放入磁力搅拌子，球形冷凝管上端接装有无水氯化钙的干燥管，搅拌回流 1h。回流完毕，改为蒸馏装置，以圆底烧瓶作接收器，接引管支口上连接装有无水氯化钙的干燥管[3]。所蒸得的乙醇用无水硫酸铜检验后再密封储存。

【注意事项】

[1] 仪器应事先干燥。

[2] 务必使用颗粒状的氧化钙,若用粉末状的氧化钙,会导致暴沸。

[3] 蒸馏时,当烧瓶中的物质变为糊状物时,表示蒸馏已接近尾声,此时应停止加热,利用余温将剩余液体蒸出,避免烧瓶过热破裂。

【思考题】

1. 为什么接引管支口上应接干燥管?
2. 为什么要在氧化钙中加入少许氢氧化钠?
3. 如何制备绝对无水乙醇(纯度>99.95%)?

5.1.4 醚

实验三十一 正丁醚的制备

【实验目的】

1. 掌握醇分子间脱水合成醚的反应原理和实验方法。
2. 掌握分水器的使用方法。

【实验原理】

醇的分子间脱水是合成简单醚的常用方法。正丁醚(n-butyl ether)的分子式为$C_8H_{18}O$,沸点142℃,相对密度0.77,无色液体,微溶于水,溶于丙酮、二氯丙烷、汽油,可与乙醇、乙醚混溶,性质稳定,主要用作溶剂、电子级清洗剂。以浓硫酸作为催化剂,正丁醇在不同温度下脱水会得到不同产物,主要是正丁醚和丁烯,因此,反应必须严格控制温度。正丁醚的制备反应式如下:

主反应:

$$2CH_3CH_2CH_2CH_2OH \xrightleftharpoons[135℃]{浓 H_2SO_4} CH_3CH_2CH_2CH_2OCH_2CH_2CH_2CH_3 + H_2O$$

副反应:

$$CH_3CH_2CH_2CH_2OH \xrightarrow[>135℃]{浓 H_2SO_4} CH_3CH_2CH=CH_2 + H_2O$$

反应机理:

$$CH_3CH_2CH_2CH_2OH \xrightarrow{H^+} CH_3CH_2CH_2-\overset{+}{O}H_2 \xrightarrow{HOCH_2CH_2CH_2CH_3} CH_3CH_2CH_2OCH_2CH_2CH_3$$

【实验药品】

正丁醇,浓硫酸,无水氯化钙。

【实验仪器】

三颈烧瓶，温度计，球形冷凝管，分水器，蒸馏头，直形冷凝管，接引管，圆底烧瓶，分液漏斗，油浴锅，铁架台。

【实验装置】

制备正丁醚的实验装置见图 5-10。

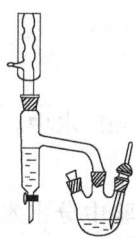

图 5-10 制备正丁醚的实验装置

【实验步骤】

在 100mL 三颈烧瓶中，加入 15.5mL（12.5g，0.17mol）正丁醇和约 2.2mL（4g）浓硫酸，混合均匀后加入磁力搅拌子[1]。在三颈烧瓶的一瓶口装上温度计，温度计的水银球必须浸入液面以下，另一瓶口装上分水器，分水器上端接球形冷凝管。分水器预先加水至支管口后再放水 2mL[2]，然后加热回流。继续加热直至瓶内温度升高到 134～135℃时，分水器会全部被水充满，表明反应已基本完成[3,4]。

冷却反应液，连同分水器里的水一起倒入盛有 25mL 水的分液漏斗中，充分振摇，静置，分出产物粗制正丁醚。然后用 50%硫酸洗涤两次[5,6]，每次 8mL，再用 10mL 水洗涤一次，然后用无水氯化钙干燥[7]。将干燥后的产物倒入圆底烧瓶中，蒸馏，收集 139～142℃馏分，产量 5～6g，产率约为 50%。

【注意事项】

[1] 加料时，正丁醇和浓硫酸如不充分摇动混匀，硫酸浓度局部过大，加热后易使反应溶液变黑。

[2] 按反应式计算，生成水的量约为 1.52g，但是实际分出水的体积要略大于理论计算量，因为有单分子脱水的副产物生成。

[3] 本实验利用恒沸混合物蒸馏方法，采用分水器将反应生成的水层上面的有机层不断流回到反应瓶中，而将生成的水除去。在反应液中，正丁醚和水形成恒沸物，沸点为 94.1℃，含水 33.4%。正丁醇和水形成恒沸物，沸点为 93℃，含水 45.5%。正丁醚和正丁醇形成二元恒沸物，沸点为 117.6℃，含正丁醇 82.5%。此外，正丁醚还能和正丁醇、水形成三元恒沸物，沸点为 90.6℃，含正丁醇 34.6%，含水 29.9%，这些含水的恒沸物冷凝后，在分水器中分层。上层主要是正丁醇和正丁醚，下层主要是水，利用分水器可以使分水器上层的有机物流回反应容器中。

[4] 反应开始回流时，因为有恒沸物的存在，温度不可能马上达到 135℃。但随

着水被蒸出，温度逐渐升高，最后达到 135℃ 以上，即应停止加热。如果温度升得太高，反应溶液会炭化变黑，并有大量副产物丁烯生成。

［5］50％ 硫酸的配制方法：20mL 浓硫酸缓慢加入 34mL 水中。

［6］正丁醇能溶于 50％ 硫酸，而正丁醚溶解很少。

［7］精制粗产品正丁醚也可先用 20mL 2mol·L^{-1} 氢氧化钠洗至碱性，然后再依次用 10mL 水和 10mL 饱和氯化钙溶液洗去未反应的正丁醇。

【思考题】

1. 如何判断已经完全反应？
2. 反应物冷却后为什么要倒入 25mL 水中，各步洗涤的目的是什么？
3. 使用分水器的目的是什么？
4. 计算理论上分出的水量，若实验中分出水的量超过理论数值，分析其原因。
5. 能否用本实验方法由乙醇和 2-丁醇制备乙基仲丁基醚？你认为用什么方法比较好？

正丁醚的红外光谱见图 5-11。

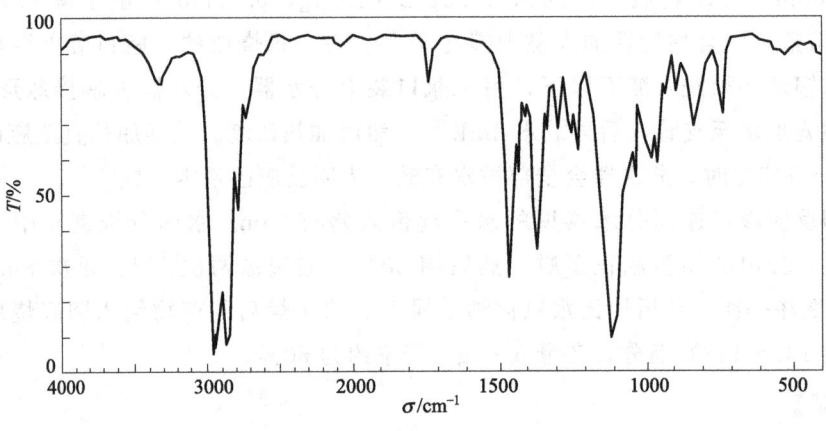

图 5-11　正丁醚红外光谱图

5.1.5　醛、酮及其衍生物

实验三十二　环己酮的制备

【实验目的】

1. 掌握氧化法合成酮的反应原理和实验方法。
2. 进一步巩固分液、蒸馏等实验操作。

【实验原理】

醇的氧化是合成醛或酮的重要方法之一。铬酸是将仲醇氧化成酮的常用试剂，它氧化仲醇的反应是放热反应，必须严格控制反应温度以免反应过于剧烈，否则产物会进一步氧化导致其碳链断裂。次氯酸钠也可将仲醇氧化成酮，产率也较高，可以避免铬酸价格相对较贵，且会造成环境污染的弊端。

环己酮（cyclohexanone）的分子式为 $C_6H_{10}O$，分子量98，沸点155℃，相对密度0.95，无色透明液体，微溶于水，易溶于乙醇、乙醚、苯和丙酮等多数有机溶剂，在工业上主要用作有机合成原料和溶剂。在实验室中合成环己酮，可用环己醇作原料，以铬酸溶液或次氯酸钠作氧化剂，相应的反应式如下：

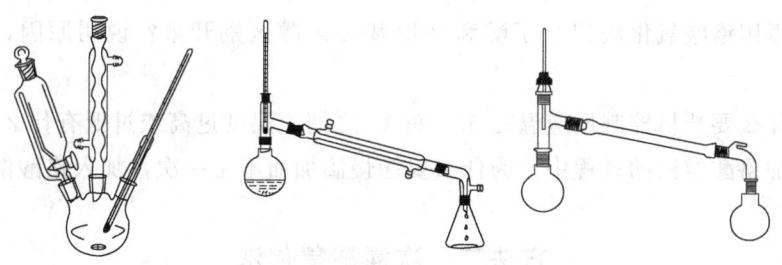

方法一：铬酸氧化法

【实验药品】

环己醇，重铬酸钠，浓硫酸，乙醚，氯化钠，5% Na_2CO_3 溶液，甲醇，无水硫酸镁。

【实验仪器】

三颈烧瓶，圆底烧瓶，锥形瓶，烧杯，温度计，量筒，分液漏斗，空气冷凝管，直形冷凝管，球形冷凝管，接引管，蒸馏头，水浴锅，磁力搅拌器，恒压滴液漏斗。

【实验装置】

制备环己酮的实验装置见图 5-12。

图 5-12 制备环己酮的实验装置

【实验步骤】

在100mL三颈烧瓶中加入5.3mL（0.05mol）环己醇和25mL乙醚，摇匀，冷却至0℃。将冷却至0℃的50mL铬酸溶液分两次倒入恒压滴液漏斗中[1,2]，在10min内将其缓慢滴入三颈烧瓶中，搅拌，保持反应温度在55～60℃之间[3]。再继续搅拌20min，反应完全后反应液呈墨绿色[4]。在反应液中加入18g左右的氯化钠使之达到饱和[5]，再转移到分液漏斗中，分出醚层，水层用乙醚萃取两次（每次15mL乙醚），合并有机相，然后依次用15mL 5% Na_2CO_3 溶液洗涤1次，水洗3次（每次15mL水）。用无水 $MgSO_4$ 干燥，过滤，所得溶液用50～55℃水浴蒸去乙醚[6]，再改为空气冷凝管蒸馏，收集152～155℃馏分，产量3～4g。

【注意事项】

[1] 铬酸溶液的配制：在250mL烧杯中加入60mL水和11g重铬酸钠，搅拌使之全部溶解。然后在搅拌下慢慢加入9mL浓硫酸，将所得橙红色溶液冷却至0℃备用。

[2] 重铬酸钠是强氧化剂且有毒，应避免与皮肤接触。反应残余物不得随意乱倒，应放入指定的容器处理，以免污染环境。

[3] 本实验是一个放热反应，必须严格控制温度。温度低于55℃，反应进行太慢，温度过高，可能导致酮的断链氧化。如果温度高于60℃，反应容器外要用冰水浴冷却。

[4] 如果反应后溶液不能完全变成墨绿色，则应加入1mL甲醇（或加入1.0g左右的草酸）还原过量的铬酸。

[5] 加入氯化钠的目的是降低环己酮在水中的溶解度（在31℃时，环己酮在水中的溶解度为2.4g/100mL），且有利于分层。

[6] 本实验使用大量乙醚作溶剂和萃取剂，故在操作时应特别小心，以免出现意外。乙醚容易燃烧，必须远离火源。

【思考题】

1. 新配制的铬酸溶液为什么要冷却后再使用？
2. 本实验中的重铬酸钠能否改用硝酸或高锰酸钾？为什么？
3. 加入氯化钠的作用是什么？
4. 能否用铬酸氧化法把2-丁醇和2-甲基-2-丙醇区别开来？说明原因，并写出有关反应式。
5. 为什么要严格控制反应温在55～60℃之间，温度过高或过低有什么影响？
6. 在加铬酸溶液的过程中，为什么要缓慢滴加而不是一次性加入铬酸溶液？

方法二：次氯酸氧化法

【实验药品】

环己醇，冰醋酸，次氯酸钠溶液（约 $1.8mol·L^{-1}$），淀粉碘化钾试纸，饱和亚硫酸氢钠溶液，三氯化铝，无水碳酸钠，无水硫酸镁，氯化钠。

【实验仪器】

实验仪器与方法一相同。

【实验装置】

反应装置与方法一相同（图 5-12）。

【实验步骤】

在 100mL 三颈烧瓶中依次加入 5.3mL（0.05mol）环己醇和 25mL 冰醋酸，放入磁力搅拌子并开动磁力加热搅拌器。在冰浴冷却条件下，将 38mL 次氯酸钠溶液（约 1.8mol·L^{-1}）经恒压滴液漏斗逐滴加入三颈烧瓶中[1]，15min 内滴完，使瓶内温度保持在 30~35℃。加完后搅拌 5min，用淀粉碘化钾试纸检验反应混合物应为蓝色，否则应再次补加 5mL 次氯酸钠溶液[2]。在室温下继续搅拌 30min，然后加入饱和亚硫酸氢钠溶液至反应液对淀粉碘化钾试纸不再显色为止。在反应混合物中加入 30mL 水、3g 三氯化铝，加热蒸馏，直至馏出液无油滴出现[3,4]。在搅拌条件下向馏出液中加入无水碳酸钠至中性，然后再加入氯化钠使之饱和，将此液体倒入分液漏斗，分出有机层，再用无水硫酸镁干燥，过滤后蒸馏并收集 152~155℃的馏分，产量 3~4g。

【注意事项】

［1］次氯酸钠溶液的浓度可用间接碘量法测定。

［2］若用淀粉碘化钾试纸检验反应混合物时没变蓝色，需再次补加次氯酸钠溶液，这是为了确保反应体系中有过量的次氯酸钠存在，使氧化反应完全。

［3］蒸馏时在反应混合物中加入 30mL 水是一种简化的水蒸气蒸馏操作，环己酮的沸点为 155℃，加入水后能形成恒沸溶液（含环己酮 38.4%），在 95℃时就可蒸出产物。

［4］加三氯化铝是为了防止蒸馏时发泡。

【思考题】

1. 加入饱和亚硫酸氢钠溶液和碳酸钠各起的作用是什么？
2. 有机反应常用的氧化剂有哪些？

环己酮的红外光谱图见图 5-13。

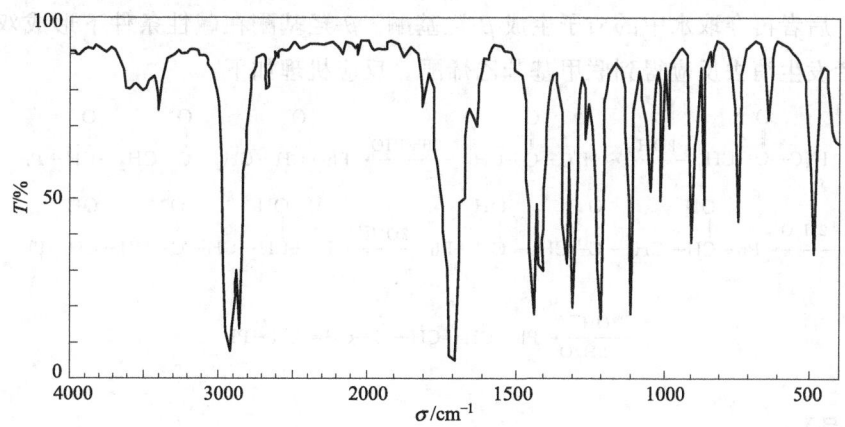

图 5-13　环己酮红外光谱图

实验三十三 联甲基苯乙烯酮的制备

【实验目的】

1. 掌握羟醛缩合反应增长碳链的原理和方法。
2. 学习利用反应物的投料比控制反应产物的方法。

【实验原理】

具有 α-活泼氢的醛或酮在稀酸或稀碱的催化下发生分子间缩合反应生成 β-羟基醛（酮），若提高反应温度则进一步失水生成 α,β-不饱和醛（酮），这种反应叫羟醛缩合反应。这是合成 α,β-不饱和羰基化合物的重要方法，也是有机合成中增长碳链的重要反应。羟醛缩合可分为自身缩合和交叉羟醛缩合，芳香醛与含有 α-H 的醛（酮）发生的交叉羟醛缩合反应称为 Claisen-Schmidt 缩合反应，可用于合成侧链上含两种官能团的芳香族化合物以及含几个苯环的脂肪族中间体。在苯甲醛和丙酮的交叉羟醛缩合反应中，通过改变反应物的投料比可得到两种不同的产物，如果苯甲醛和丙酮按 1∶1 比例反应则生成乙酰苯乙烯，而按照 2∶1 比例反应则生成联甲基苯乙烯酮。

联甲基苯乙烯酮（dibenzylidene acetone）的分子式为 $C_{17}H_{14}O$，分子量 234，熔点 112~114℃，不溶于水，易溶于乙醇、丙酮、氯仿等多种有机溶剂。联甲基苯乙烯酮是重要的有机合成中间体，可用于合成香料、医药中间体、防晒制品等各种精细化学品。生成联甲基苯乙烯酮的反应式如下：

$$2\ PhCHO + H_3C-CO-CH_3 \xrightarrow{NaOH} Ph-CH=CH-CO-CH=CH-Ph + 2H_2O$$

丙酮在碱性条件下生成双碳负离子，碳负离子作为亲核试剂进攻苯甲醛生成双氧负离子，后者再夺取水中的质子生成 β-羟基酮。β-羟基酮在碱性条件下形成双碳负离子，后者发生消去反应得到联甲基苯乙烯酮。反应机理如下：

$$H_3C-CO-CH_3 \xrightarrow{2OH^-} H_2\bar{C}-CO-\bar{C}H_2 \xrightarrow{2PhCHO} Ph-CH(O^-)-CH_2-CO-CH_2-CH(O^-)-Ph$$

$$\xrightarrow{2H_2O} Ph-CH(OH)-CH_2-CO-CH_2-CH(OH)-Ph \xrightarrow{2OH^-} Ph-CH(OH)-\bar{C}H-CO-\bar{C}H-CH(OH)-Ph$$

$$\xrightarrow[-2H_2O]{2OH^-} Ph-CH=CH-CO-CH=CH-Ph$$

【实验药品】

苯甲醛，丙酮，95%乙醇，10%氢氧化钠，冰醋酸，95%乙醇。

【实验仪器】

量筒，烧杯，布氏漏斗，抽滤瓶，磁力搅拌器，球形冷凝管，三颈烧瓶，循环水式真空泵。

【实验装置】

制备联甲基苯乙烯酮的主要实验装置见图 5-14。

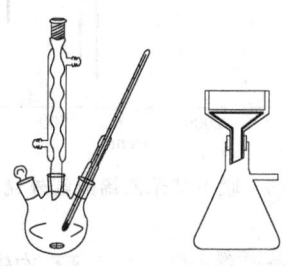

图 5-14 制备联甲基苯乙烯酮的主要实验装置

【实验步骤】

将 5.3mL（0.05mol）新蒸馏的苯甲醛、1.8mL（0.025mol）丙酮装入 250mL 三颈烧瓶中[1]，在磁力搅拌下加入 40mL 95％乙醇和 50mL 10％氢氧化钠溶液，控制反应温度在 25～30℃[2]，继续搅拌 20min。反应结束后将反应物抽滤，固体用水洗涤，再抽干。然后用 1mL 冰醋酸和 25mL 95％乙醇配成的混合液浸泡、洗涤，最后再用水洗涤一次[3]。将固体转移到 100mL 圆底烧瓶中，用无水乙醇进行重结晶[4]，所得饱和溶液用冰水冷却到 0℃，抽滤，干燥[5]，得淡黄色片状晶体，产量约 4g。

【注意事项】

[1] 苯甲醛及丙酮的量应准确量取，丙酮一定不能过量。
[2] 反应温度不要太高，温度升高，副产物增多，产率下降。
[3] 抽滤后，洗涤、浸泡都可在布氏漏斗上进行（拔去抽气管）。
[4] 若溶液颜色不是淡黄色而呈棕红色，可加入少量活性炭脱色。
[5] 烘干温度应控制在 50～60℃，以免产品熔化或分解。

【思考题】

1. 如果增加丙酮的实验用量，是否可提高联甲基苯乙烯酮的产量？
2. 如果碱的浓度偏高，反应会有何不同？
3. 氢氧化钠在本实验中有什么作用？
4. 醛酮发生缩合反应时，能否用两种都含有 α-H 的不同醛酮来合成产物？

联甲基苯乙烯酮的红外光谱见图 5-15。

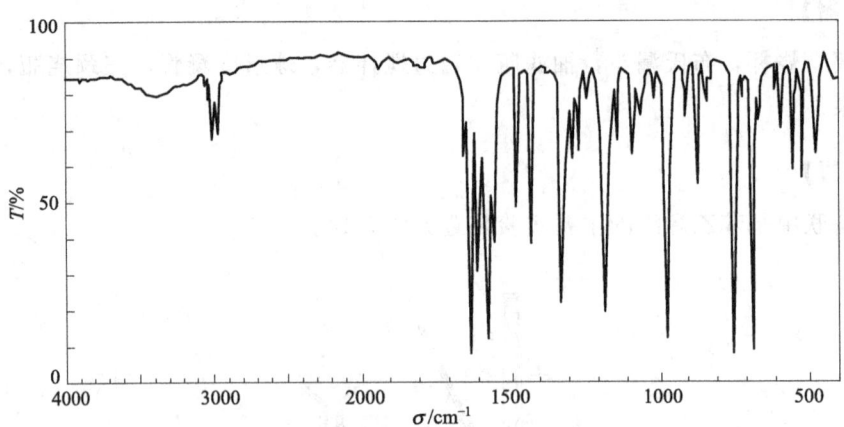

图 5-15 联甲基苯乙烯酮红外光谱图

实验三十四 正丁醛的制备

【实验目的】

1. 掌握醇氧化制备醛的方法。
2. 进一步巩固蒸馏、分馏等操作技术。

【实验原理】

铬酸氧化法是合成醛的方法之一，一般是将铬酸滴加到热的酸性醇溶液中，及时将生成的较低沸点的醛从反应体系中蒸出来，以防止反应混合物中有过量的氧化剂存在，使生成的醛被氧化成羧酸，利用这种方法可以得到中等收率的醛。

正丁醛（n-butanal）的分子式为 C_4H_8O，分子量 72，沸点 75℃，相对密度 0.80，无色透明液体。它微溶于水，溶于乙醇、乙醚等多种有机溶剂。正丁醛是生产多种精细化工产品的重要原料，常用作树脂、塑料增塑剂、硫化促进剂、杀虫剂等的中间体。实验室用铬酸氧化醇合成正丁醛的反应式如下：

主反应：

$$CH_3(CH_2)_2CH_2OH \xrightarrow[H_2SO_4]{Na_2Cr_2O_7} CH_3(CH_2)_2CHO + H_2O$$

副反应：

$$CH_3(CH_2)_2CHO \xrightarrow[H_2SO_4]{Na_2Cr_2O_7} CH_3(CH_2)_2COOH$$

【实验药品】

正丁醇，重铬酸钠，浓硫酸，无水硫酸镁。

【实验仪器】

三颈烧瓶，圆底烧瓶，分馏柱，分液漏斗，恒压滴液漏斗，温度计，量筒，直形冷凝管，蒸馏头，接引管，锥形瓶，烧杯，磁力搅拌器。

【实验装置】

制备正丁醛的实验装置见图 5-16。

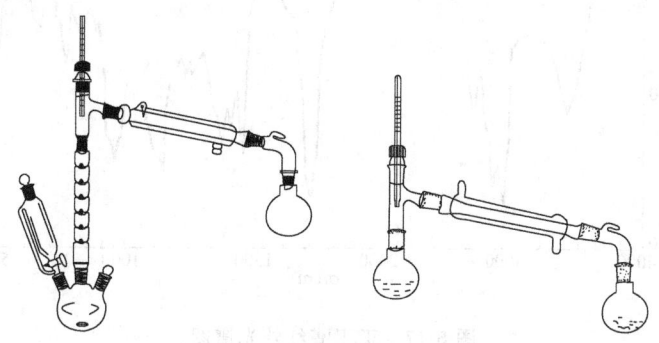

图 5-16　制备正丁醛的实验装置

【实验步骤】

将 15g（0.05mol）重铬酸钠加入 250mL 烧杯中，再倒入 83mL 水使其溶解。搅拌，冷却后缓缓加入 11mL 浓硫酸。将配制好的铬酸溶液倒入滴液漏斗中（可分数次加入），再往 250mL 三颈烧瓶中加入 14mL（0.15mol）正丁醇及磁力搅拌子。将正丁醇加热至微沸，待蒸气上升刚好达到分馏柱底部时，开始滴加铬酸溶液，约在 30min 内滴完。注意滴加速度，使分馏柱顶部的温度不超过 78℃[1]。此时，生成的正丁醛不断被蒸出。当铬酸溶液全部滴加完后，继续加热 15~20min。当温度计读数超过 90℃ 时，停止加热[2]。将收集到的粗产物倒入分液漏斗中，分去水层，把上层的油状物倒入干燥的锥形瓶中，加入 1~2g 无水硫酸镁干燥。过滤后再将澄清透明的粗产物倒入干燥的圆底烧瓶中蒸馏，收集 70~80℃ 的馏分[3]，产量约 7g。

【注意事项】

[1] 铬酸氧化正丁醇的反应是放热反应，在加料时要注意温度变化，控制柱顶温度在 75~78℃之间。

[2] 正丁醛和水形成二元恒沸混合物，其沸点为 68℃，恒沸物含正丁醛 90.3%。正丁醇和水也形成二元恒沸混合物，其沸点为 93℃，恒沸物含正丁醇 55.5%。为减少正丁醛的挥发，接收瓶可用冰水浴冷却。

[3] 绝大部分正丁醛在 73~76℃馏出，应保存在棕色的磨口玻璃瓶内。若要回收正丁醇（沸点 117℃），可继续蒸馏，收集 80~120℃ 的馏分。

【思考题】

1. 制备正丁醛有哪些方法？
2. 为什么本实验中正丁醛的产率可能不高？
3. 反应混合物有颜色的变化说明了什么？
4. 能否将正丁醇滴入铬酸溶液中？为什么？

正丁醛的红外光谱图见图 5-17。

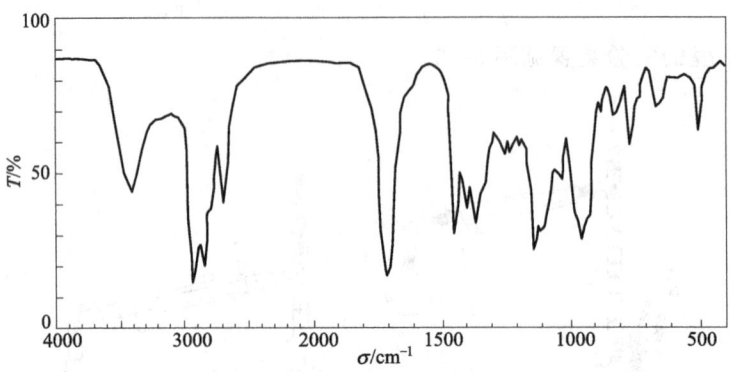

图 5-17 正丁醛红外光谱图

5.1.6 羧酸及其衍生物

实验三十五 己二酸的制备

【实验目的】

1. 学习用环己醇氧化制备己二酸的原理和方法。
2. 掌握抽滤、活性炭脱色、重结晶、浓缩等操作方法。

【实验原理】

烯烃、醇或醛的氧化可得到羧酸，所用的氧化剂有浓硝酸、铬酸溶液、酸性高锰酸钾溶液和双氧水等。氧化反应一般都是放热反应，因此必须严格控制反应条件，既能避免反应失控造成事故，又能获得较好的收率。

己二酸又称肥酸，分子式为 $C_6H_{10}O_4$，分子量 146，微溶于水，易溶于乙醇，熔点 152℃，常温下为白色晶体。己二酸是工业上具有重要意义的二元羧酸，主要用于生产尼龙-66 和聚氨酯，在有机合成工业、医药等方面都有重要的应用。实验室合成己二酸可用浓硝酸或高锰酸钾氧化环己醇而得，相关反应式如下：

$$3\,C_6H_{11}OH + 8KMnO_4 + H_2O \longrightarrow 3HOOC(CH_2)_4COOH + 8MnO_2 + 8KOH$$

$$3\,C_6H_{11}OH + 8HNO_3 \xrightarrow{NH_4VO_3} 3HOOC(CH_2)_4COOH + 8NO + 7H_2O$$
$$\downarrow 4O_2$$
$$8NO_2$$

方法一：高锰酸钾氧化法

【实验药品】

高锰酸钾，环己醇，亚硫酸氢钠，浓盐酸，活性炭，10%氢氧化钠溶液，活性炭。

【实验仪器】

三颈烧瓶，温度计，水浴锅，恒压滴液漏斗，球形冷凝管，布氏漏斗，烧杯，循环水式真空泵。

【实验装置】

高锰酸钾氧化法制备己二酸的主要实验装置见图 5-18。

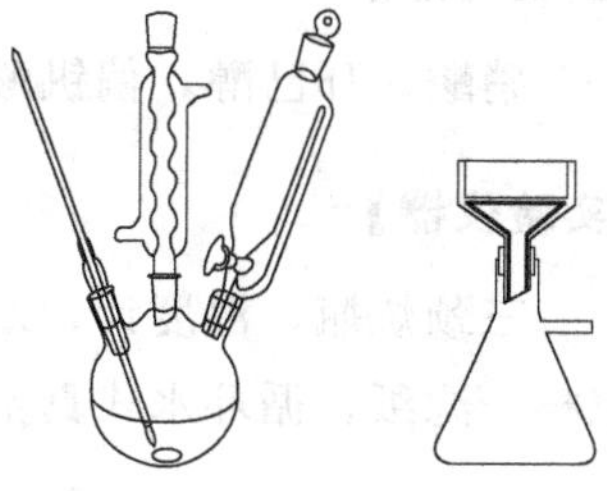

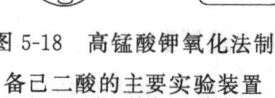

图 5-18 高锰酸钾氧化法制备己二酸的主要实验装置

【实验步骤】

在 100mL 三颈烧瓶中加入 5mL 10%氢氧化钠溶液和 50mL 水，搅拌下加入 6g（0.038mol·L^{-1}）高锰酸钾，并使其溶解。将 2.1mL（0.02mol·L^{-1}）环己醇通过恒压滴液漏斗缓慢加入烧瓶中[1]，控制滴加速度，维持反应温度在 45℃左右[2]。滴加完毕，在沸水浴中将混合物加热 5min，使二氧化锰沉淀凝结。用玻璃棒蘸一滴反应混合物点到滤纸上做"点滴实验"用以判断反应是否完全。如有高锰酸盐存在，则在二氧化锰点的周围会出现紫色的环，此时可向反应混合液中加入少量固体亚硫酸氢钠，直到"点滴实验"呈负性为止。趁热抽滤，滤渣二氧化锰用少量热水洗涤 3 次[3]。合并滤液与洗涤液，并用约 4mL 浓盐酸酸化，使溶液呈强酸性。再向溶液中加入少量活性炭，加热煮沸 5~10min，过滤。加热滤液浓缩使溶液体积减少至 10mL 左右[4]，冷却后放置结晶[5]，抽滤，烘干后得白色晶体，产量 1~2g。

【注意事项】

[1] 环己醇熔点为 24℃，熔融时为黏稠液体。为减少转移时的损失，可用少量水冲洗量筒，并转移至滴液漏斗中。在室温较低时，这样处理可降低其熔点，以免堵塞漏斗。

[2] 此反应为强烈放热反应，切不可大量加入，滴加环己醇的速度不宜过快（1~2 滴/s），否则会因反应强烈放热导致反应体系温度急剧升高而引起爆炸。

[3] 用热水洗涤 MnO_2 滤饼时，每次加水量约 5~10mL，不可太多。

[4] 浓缩蒸发时，加热不要过猛，以防液体外溅。浓缩至 10mL 左右后停止加热，让其自然冷却结晶。

[5] 为了提高收率，最好用冰水冷却溶液以降低己二酸在水中的溶解度。

【思考题】

1. 本实验中为什么必须控制反应温度和环己醇的滴加速度？

2. 为什么一些反应剧烈的实验，开始时的加料速度较慢，等反应开始后反而可以适当加快加料速度？

3. 高锰酸钾氧化环己醇制备己二酸实验的操作关键是什么？说明其原因。

方法二：硝酸氧化法

【实验药品】

硝酸，环己醇，偏钒酸铵，5% NaOH 溶液。

【实验仪器】

三颈烧瓶，温度计，水浴锅，恒压滴液漏斗，小漏斗，球形冷凝管，布氏漏斗，烧杯，滤纸，循环水式真空泵。

【实验装置】

硝酸氧化法制备己二酸的主要实验装置见图 5-19。

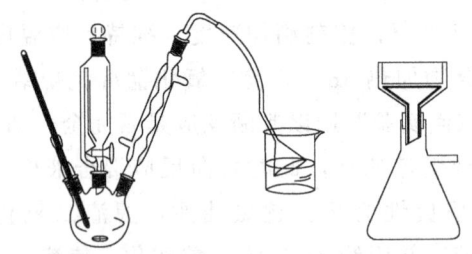

图 5-19 硝酸氧化法制备己二酸的主要实验装置

【实验步骤】

在 100mL 的三颈烧瓶中加入 8mL 50% HNO_3（0.083mol）和 1 粒 NH_4VO_3（约 0.01g）[1]，再在三个瓶口依次安装温度计、恒压滴液漏斗和连有尾气吸收装置的球形冷凝管，用 5% NaOH 溶液作为尾气吸收液[2,3]。水浴预热到 50℃后，用滴液漏斗缓慢加入 2.6mL（0.025mol）环己醇[4]，搅拌，控制滴加速度，维持反应温度 50~60℃，必要时用冷水浴或热水浴调节温度。加料完毕后（约需 20min），水浴加热 10min 左右，直至无红棕色 NO_2 产生为止。稍冷，将反应液趁热倾倒入盛有冰水的烧杯中冷却，抽滤析出的晶体，并用少量冷水洗涤。将所得粗产品用水重结晶可得到约 2g 的白色晶体。

【注意事项】

[1] 偏钒酸铵不可多加，否则产品发黄。

[2] 实验产生的二氧化氮气体有毒，所以装置要求严密不漏气，尾气用碱液

吸收。

[3] 在尾气吸收装置中，漏斗口应恰好接触水面，切勿浸入水中，以免倒吸。

[4] 环己醇和硝酸切不可用同一量筒量取，二者之间会发生剧烈反应，甚至发生意外事故。

【思考题】

1. 加料时，量取过环己醇的量筒能否直接用来量取硝酸？
2. 用硝酸氧化法制备己二酸时，为什么要用50%的硝酸而不用71%的浓硝酸？
3. 用5.3mL的环己醇加16mL 50%的硝酸制备己二酸，试计算其理论产量（98%环己醇相对密度0.96，50%硝酸相对密度1.31）。

己二酸红外光谱图见图5-20。

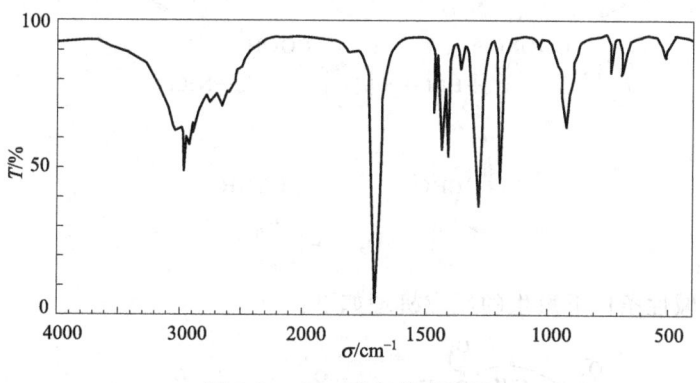

图5-20　己二酸红外光谱图

实验三十六　苯甲醇和苯甲酸的制备

【实验目的】

1. 掌握Cannizzaro反应制备苯甲酸和苯甲醇的原理与方法。
2. 进一步掌握萃取、洗涤、蒸馏和干燥等基本操作。

【实验原理】

苯甲醇又称苄醇，分子式为C_7H_8O，分子量108，微溶于水，易溶于醇、醚、芳烃，沸点205℃，相对密度1.04，常温下为无色液体、有芳香气味。苯甲醇可看作是苯基取代的甲醇，在自然界中多数以酯的形式存在于香精油中，主要用作定香剂、防腐剂和油漆溶剂等。

苯甲酸又称安息香酸，分子式为$C_7H_6O_2$，分子量122，微溶于水，易溶于乙醇、乙醚等有机溶剂，熔点122℃，常温下为白色鳞片状或针状结晶。苯甲酸是弱酸，以游离酸、酯或其衍生物的形式广泛存在于自然界中，常作为药物或防腐剂使用，苯甲酸及其钠盐可用作牙膏、果酱或其他食品的抑菌剂，也可作染色和印色的媒染剂。

无 α-H 的醛在浓碱（如 NaOH 或 KOH）溶液作用下发生歧化反应，一分子醛被氧化成羧酸（在碱性溶液中成为羧酸盐），另一分子醛则被还原成醇，此反应称为康尼扎罗反应（Cannizzaro reaction）。意大利化学家康尼扎罗用草木灰处理苯甲醛，得到了苯甲酸和苯甲醇，首次发现了这个反应，Cannizzaro 反应也由此得名。本实验采用苯甲醛在浓氢氧化钠溶液中发生康尼扎罗反应，制备苯甲醇和苯甲酸，反应式如下：

主反应：

$$2\ C_6H_5CHO + NaOH \longrightarrow C_6H_5CH_2OH + C_6H_5COONa$$

$$C_6H_5COONa + HCl \longrightarrow C_6H_5COOH + NaCl$$

副反应：

$$C_6H_5CHO + O_2 \longrightarrow C_6H_5COOH$$

苯甲醛在碱性条件下发生的反应机理如下：

$$C_6H_5\overset{O}{\underset{H}{C}} \xrightarrow{OH^-} C_6H_5\overset{O^-}{\underset{OH}{\underset{|}{C}}}-H \xrightarrow{C_6H_5\overset{O}{C}-H} C_6H_5\overset{O}{C}-OH + C_6H_5\overset{O^-}{\underset{H}{C}}-H \longrightarrow C_6H_5COO^- + C_6H_5CH_2OH$$

【实验药品】

苯甲醛，氢氧化钠，乙醚，饱和亚硫酸氢钠溶液，碳酸钠溶液（10%），无水硫酸镁，浓盐酸。

【实验仪器】

圆底烧瓶，水浴锅，球形冷凝管，直形冷凝管，空气冷凝管，蒸馏头，接引管，分液漏斗，温度计，锥形瓶，量筒，布氏漏斗，抽滤瓶，循环水式真空泵。

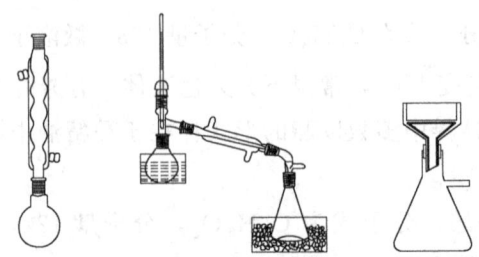

图 5-21 制备苯甲醇和苯甲酸的主要实验装置

【实验装置】

制备苯甲醇和苯甲酸的主要实验装置见图 5-21。

【实验步骤】

将 8g 氢氧化钠和 30mL 水加入 100mL 圆底烧瓶中,搅拌溶解。稍冷后,加入 10mL 新蒸的苯甲醛[1],开启搅拌器,加热回流约 40min。反应完毕,边搅拌边向烧瓶中缓缓加入冷水 20mL,使烧瓶中的固体完全溶解,并冷却至室温。将反应液倒入分液漏斗中,用乙醚萃取三次,每次 10mL,水层保留待用。合并三次乙醚萃取液,依次用 5mL 饱和亚硫酸氢钠、10mL 10%碳酸钠溶液和 10mL 水洗涤。分出有机相,倒入干燥的锥形瓶中,加无水硫酸镁干燥(注意锥形瓶上要加塞子)。用水浴蒸去乙醚后[2],再将直形冷凝管改为空气冷凝管,收集 198~204℃的馏分,计算产率。

将保留的水层慢慢地加入盛有 30mL 浓盐酸和 30mL 水的混合物中[3],同时用玻璃棒搅拌,析出白色固体。冷却,抽滤,得到粗苯甲酸,再用水作溶剂重结晶可得纯品(粗产品若有颜色,重结晶时可加活性炭脱色)[4],干燥后称重,计算产率。

【注意事项】

[1] 苯甲醛很容易被空气中的氧气氧化成苯甲酸。为除去苯甲酸,在实验前应该重新蒸馏苯甲醛。

[2] 在实验室使用或者蒸馏乙醚时,实验台附近严禁有明火。蒸馏乙醚时可在接引管支管上连接一长橡皮管通入水槽的下水管内或引出室外,接收器用冰水浴冷却。

[3] 水层如果酸化不完全,会使苯甲酸不能充分析出,导致产物损失。

[4] 结晶提纯苯甲酸可用水作溶剂,苯甲酸在水中的溶解能力:80℃ 时,每 100mL 水中可溶解苯甲酸 2.2g。

【思考题】

1. 试比较 Cannizzaro 反应与羟醛缩合反应使用的醛在结构上有何不同。

2. 本实验中两种产物是根据什么原理分离提纯的?用饱和亚硫酸氢钠及 10%碳酸钠溶液洗涤的目的是什么?

3. 乙醚萃取后剩余的水溶液,用浓盐酸酸化到中性是否最恰当?为什么?

4. 为什么要用新蒸的苯甲醛?如不重新蒸馏,对本实验有何影响?

5. 在利用 Cannizzaro 反应制备苯甲酸和苯甲醇的实验中,为什么苯甲醇产率会过低?

6. 干燥乙醚溶液时能否用无水氯化钙代替无水硫酸镁?

苯甲醇和苯甲酸的红外光谱图分别见图 5-22 和图 5-23。

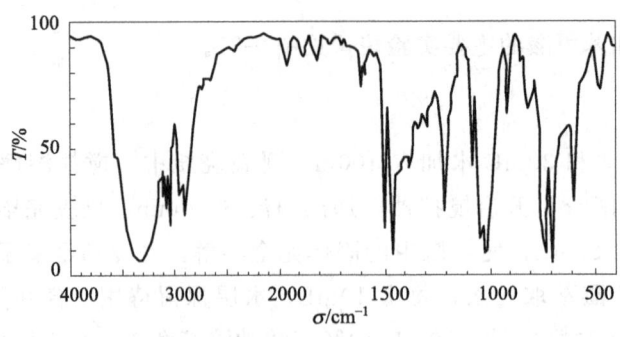

图 5-22　苯甲醇红外光谱图

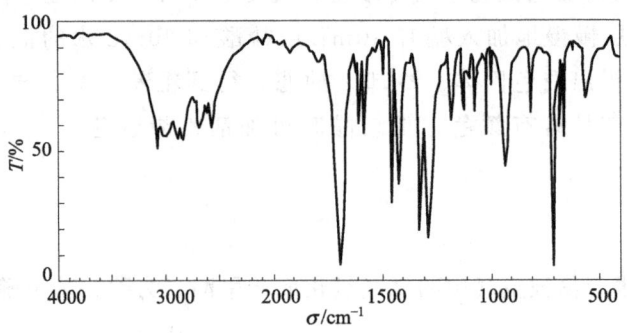

图 5-23　苯甲酸红外光谱图

实验三十七　邻氨基苯甲酸的制备

【实验目的】

1. 掌握霍夫曼重排反应合成邻氨基苯甲酸的原理与方法。
2. 学习和掌握使用冰盐浴的实验方法。

【实验原理】

邻氨基苯甲酸又称 2-氨基苯甲酸，分子式为 $C_7H_7NO_2$，分子量 137，难溶于冷水，易溶于乙醇、乙醚和热水，熔点 144～146℃，常温下为白色至浅黄色结晶性粉末。邻氨基苯甲酸是一种重要的化工原料，常用作染料、医药、香料的中间体。

酰胺与液溴在碱性溶液中反应可生成少一个碳原子的伯胺，这种反应称为霍夫曼（Hofmann）重排反应，它是由酰胺合成少一个碳原子伯胺的重要方法。在工业上，邻氨基苯甲酸就是以邻苯二甲酰亚胺为原料，通过霍夫曼重排反应来合成的，反应式如下：

【实验药品】

邻苯二甲酰亚胺，液溴，氢氧化钠溶液（25%），浓盐酸，冰醋酸，饱和亚硫酸氢钠溶液。

【实验仪器】

圆底烧瓶，水浴锅，球形冷凝管，温度计，移液管，布氏漏斗，抽滤瓶，循环水式真空泵。

【实验装置】

制备邻氨基苯甲酸的主要实验装置见图 5-24。

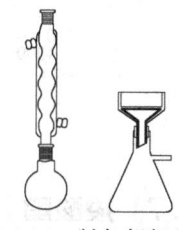

图 5-24 制备邻氨基苯甲酸的主要实验装置

【实验步骤】

在 100mL 圆底烧瓶中加入 20mL 25%的氢氧化钠溶液，用冰盐浴冷却至 $-4\sim0℃$，再缓慢滴加 1mL 液溴[1]，可得次溴酸钠溶液。将溶液温度保持在 0℃以下[2]，加入 4.0g（0.026mol）邻苯二甲酰亚胺，开动搅拌器，缓缓加入 12mL 25%的氢氧化钠溶液。加完后在室温下搅拌 10min，再将反应液放在水浴上加热，缓慢升温至 70℃并保持 2min。反应完毕，向烧瓶中加入 1mL 饱和亚硫酸氢钠溶液[3]，冷却后过滤。向滤液中加入浓盐酸中和至中性[4]，再滴加冰醋酸使邻氨基苯甲酸沉淀完全（pH 值调至 3~4）[5]。过滤，滤饼用少量冷水冲洗。粗产品再用热水重结晶，干燥，可得白色结晶 1.5~2g。

【注意事项】

[1] 液溴是易挥发、有刺激性和腐蚀性的红棕色液体，最好用移液管量取，在通风橱中进行，防止液溴灼伤。

[2] 反应须在 0℃以下进行，因为在较高温度下生成含溴的杂质以及难以除掉的树脂状物质，使产物带暗色并大大降低其产率。

[3] 加入亚硫酸氢钠溶液的目的是还原反应产生的过量次溴酸钠。

[4] 邻氨基苯甲酸既能溶于酸，又能溶于碱。加入过量的盐酸会使产物溶解，若加入了过量的盐酸，需再加氢氧化钠中和。

[5] 邻氨基苯甲酸的等电点 pI 为 3~4，为使邻氨基苯甲酸完全析出，加入适量的醋酸调节溶液的 pH 值至 3~4。

【思考题】

1. 在本实验中，液溴和氢氧化钠过量或不足有什么影响？

2. 邻氨基苯甲酸的碱性溶液，加入盐酸使之成中性后，为什么不再加盐酸而是加适量的冰醋酸使邻氨基苯甲酸完全析出？

3. 如何定性鉴定合成的邻氨基苯甲酸？

邻氨基苯甲酸的红外光谱图见图 5-25。

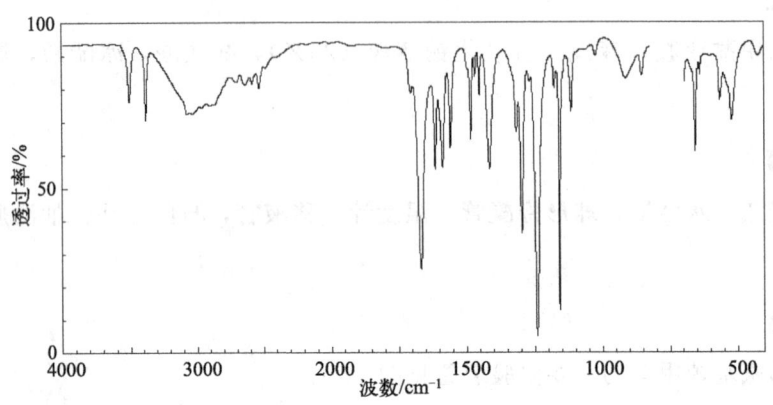

图 5-25　邻氨基苯甲酸红外光谱图

5.1.7　羧酸酯

实验三十八　乙酸乙酯的制备

【实验目的】

1. 了解由醇和羧酸制备羧酸酯的原理和方法。
2. 掌握可逆反应提高产率的措施。
3. 掌握蒸馏、分液漏斗的使用等操作。

【实验原理】

乙酸乙酯又称醋酸乙酯，分子式为 $C_4H_8O_2$，分子量 88，相对密度 0.89，沸点 77℃，水中溶解度 8.3g/100mL（20℃），能与氯仿、乙醇、丙酮和乙醚混溶，常温下为无色液体。乙酸乙酯是一种用途广泛的精细化工产品，具有优异的溶解性、快干性，主要用作有机化工原料和工业溶剂。

酯化反应是在少量酸（H_2SO_4 或 HCl）的催化下，羧酸和醇反应生成酯的反应。这种反应经历加成-消去历程，质子活化的羰基被亲核的醇进攻发生加成反应，在酸的催化下脱水成酯。乙酸乙酯的合成方法很多，例如：可由乙酸或其衍生物与乙醇反应制取，也可由乙酸钠与卤乙烷反应来合成等，其中最常用的方法是在酸催化下由乙酸和乙醇直接酯化。在此反应中，浓硫酸除了起催化作用外，还吸收反应生成的水，有利于酯的生成。若反应温度过高，则促使副反应发生，生成乙醚或乙烯。为提高产率，在实验中可采用增加醇的用量、不断将产物酯和水蒸出、采用催化剂浓硫酸等措施，使平衡向右移动。该反应的特点：①反应温度较高，达到平衡时间短；②反应可逆，操作简单；③转化率较高。合成乙酸乙酯的反应式如下。

主反应：

$$CH_3COOH + CH_3CH_2OH \xrightleftharpoons[\triangle]{浓 H_2SO_4} CH_3COOCH_2CH_3 + H_2O$$

副反应：

$$2CH_3CH_2OH \xrightleftharpoons[\triangle]{浓 H_2SO_4} CH_3CH_2OCH_2CH_3 + H_2O$$

$$CH_3CH_2OH \xrightleftharpoons[\triangle]{浓 H_2SO_4} CH_2=CH_2 + H_2O$$

酯化反应的可能历程为：

$$H_3C-\underset{OH}{\overset{O}{C}} \xrightleftharpoons{H^+} H_3C-\underset{OH}{\overset{\overset{+}{O}H}{C}} \xrightleftharpoons{C_2H_5OH} H_3C-\underset{H-OC_2H_5}{\overset{OH}{C}-OH} \xrightleftharpoons{-H^+} H_3C-\underset{OC_2H_5}{\overset{OH}{C}-OH} \xrightleftharpoons{H^+} H_3C-\underset{OC_2H_5}{\overset{OH}{C}-\overset{+}{O}H_2}$$

$$\xrightleftharpoons{-H_2O} H_3C-\underset{}{\overset{\overset{+}{O}H}{C}-OC_2H_5} \xrightleftharpoons{-H^+} H_3C-\overset{O}{C}-OC_2H_5$$

方法一：回流法

【实验药品】

乙醇，冰醋酸，浓硫酸，饱和碳酸钠溶液，饱和食盐水溶液，饱和氯化钙溶液，硫酸镁。

【实验仪器】

圆底烧瓶，水浴锅，球形冷凝管，直形冷凝管，蒸馏头，接引管，温度计，分液漏斗。

【实验装置】

回流法制备乙酸乙酯的实验装置见图5-26。

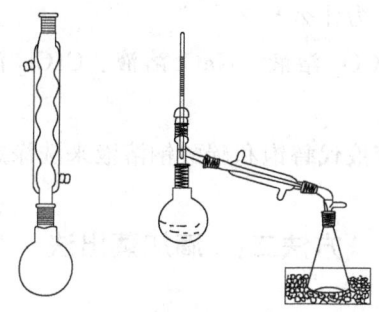

图5-26 回流法制备乙酸乙酯的实验装置

【实验步骤】

在 50mL 圆底烧瓶中，分别加入 7.5mL（0.13mol）乙醇和 5mL（0.09mol）冰醋酸，搅拌下再慢慢加入 2.2mL（0.04mol）浓硫酸使之混合均匀。加热回流 0.5h，冷却后改成蒸馏装置，蒸出粗产品，接收瓶用冰水冷却。向馏出液中加入饱和碳酸钠溶液 5mL[1]，至无二氧化碳气体逸出，酯层用 pH 试纸检验应呈中性[2]。将溶液转入分液漏斗，充分振摇后静置（注意及时放气！），分去下层水相[3]。有机相先用 5mL 饱和食盐水洗涤后[4]，再用饱和氯化钙溶液洗涤 2 次，每次 5mL。弃去下层水溶液，酯层由分液漏斗上口倒入干燥的锥形瓶中，用无水硫酸镁干燥[5]。过滤后，将粗产品转入 50mL 圆底烧瓶中，蒸馏，收集 73～78℃ 馏分[6]，产量约 4g。

【注意事项】

[1] 酯层用饱和碳酸钠溶液洗完后，碳酸钠应尽量洗去，否则下一步用饱和氯化钙溶液洗时，会产生絮状的碳酸钙沉淀，造成分离困难。

[2] 酯层 pH 值检测时，应先将试纸润湿，然后再涂上一薄层酯液，不可直接将滤纸伸入漏斗中。

[3] 洗涤产品时要仔细认真，分清产品在哪层，注意分液漏斗的使用方法，在中和步骤时应注意放气。

[4] 用饱和食盐水洗涤是为了减少酯在水中的溶解度（每 17 份水溶解 1 份乙酸乙酯）。

[5] 干燥剂无水硫酸镁的用量不应太多，一般每 10mL 待干燥液体加 0.5～1g 无水硫酸镁。

[6] 收集乙酸乙酯的沸程应为 73～78℃，接收器应事先干燥，并称重。

【思考题】

1. 酯化反应有什么特点？本实验如何创造条件使酯化反应尽量向生成物方向进行？

2. 本实验有哪些可能的副反应？

3. 醋酸是否可以过量？为什么？

4. 在除杂过程中，Na_2CO_3 溶液、NaCl 溶液、$CaCl_2$ 溶液、无水 $MgSO_4$ 分别除去什么杂质？

5. 能否用浓氢氧化钠溶液代替饱和碳酸钠溶液来洗涤蒸馏液？为什么？

方法二： 滴加蒸出法

【实验药品】

乙醇，乙酸，浓硫酸，饱和碳酸钠溶液，饱和食盐水溶液，硫酸镁。

【实验仪器】

三颈烧瓶，恒压滴液漏斗，圆底烧瓶，水浴锅，球形冷凝管，直形冷凝管，蒸馏头，接引管，温度计，分液漏斗。

【实验装置】

滴加蒸出法制备乙酸乙酯的实验装置见图5-27。

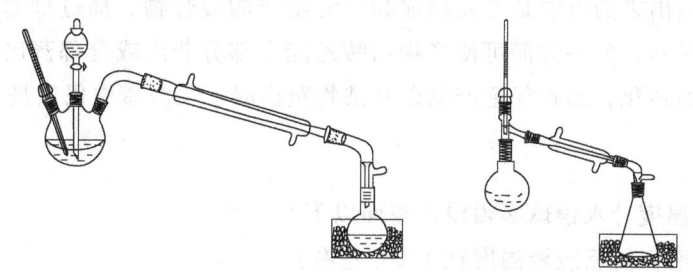

图 5-27　滴加蒸出法制备乙酸乙酯的实验装置

【实验步骤】

在干燥的 100mL 三颈烧瓶中加入 8mL 乙醇，在冰水冷却下，边振荡边缓慢加入 8mL 浓硫酸[1]。在滴液漏斗中加入 8mL 乙醇和 8mL 乙酸，摇匀，滴液漏斗的末端和温度计的水银球必须浸到液面以下（距瓶底 0.5～1 cm 处）。加热，当温度计读数升到 110℃ 时，通过滴液漏斗缓慢滴加乙醇和乙酸混合液（速度以 30 滴/min 为宜），并始终保持反应液温度在 120℃ 左右[2]。滴加完毕，继续加热 15min，直到反应液温度升到 130℃，不再有馏出液为止[3]。后续操作步骤与方法一相同，即依次用饱和碳酸钠溶液（至无二氧化碳气体逸出，酯层用 pH 试纸检验应呈中性）和饱和食盐水（5mL）洗涤馏出液，然后用饱和氯化钙溶液（5mL）洗涤 2 次，再用无水硫酸镁干燥，过滤后将干燥的粗产品转入 50mL 圆底烧瓶中，蒸馏，收集 73～78℃ 馏分。

【注意事项】

[1] 加浓硫酸时，必须慢慢加入并充分振荡烧瓶，使其与乙醇均匀混合，以免在加热时因局部酸过浓引起有机物炭化等副反应。

[2] 本实验的关键在于反应温度和滴加速度的控制，反应温度应保持在 110～120℃ 左右，温度过低，酯化反应不完全；温度过高（>140℃），易发生醇脱水和氧化等副反应，故要严格控制反应温度。要正确控制滴加速度，控制注入混合液的速度和馏出液大致相同。滴加速度过快，会使大量乙醇来不及发生反应而被蒸出，同时也造成反应混合物温度下降，导致反应速度减慢，从而影响产率；滴加速度过慢，又会浪费时间，影响实验进程。

[3] 本实验一方面加入过量乙醇，另一方面在反应过程中不断蒸出产物，促进平衡向生成酯的方向移动。乙酸乙酯和水、乙醇形成二元或三元共沸混合物，共沸点都

比原料的沸点低，故可在反应过程中不断将其蒸出。这些共沸物的组成和沸点如下：

共沸物组成	共沸点
乙酸乙酯 91.9%，水 8.1%	70.4℃
乙酸乙酯 69.0%，乙醇 31.0%	71.8℃
乙酸乙酯 82.6%，乙醇 8.4%，水 9.0%	70.2℃

三元共沸物的共沸点最低，为 70.2℃，二元共沸物的共沸点为 70.4℃ 和 71.8℃，三者很接近。蒸出来的可能是二元组成和三元组成的混合物。加过量的乙醇，一方面使乙酸转化率提高，另一方面可使产物乙酸乙酯大部分蒸出或全部蒸出反应体系，进一步促进乙酸的转化，即在保证产物以共沸物蒸出时，反应瓶中仍然是乙醇过量。

【思考题】

1. 为什么温度计水银球必须浸入液面以下？
2. 为什么要保持反应液温度在 120℃ 左右？
3. 本实验乙酸乙酯是否可以使用无水 $CaCl_2$ 干燥？
4. 本实验乙酸乙酯为什么必须彻底干燥？

乙酸乙酯的红外光谱图见图 5-28。

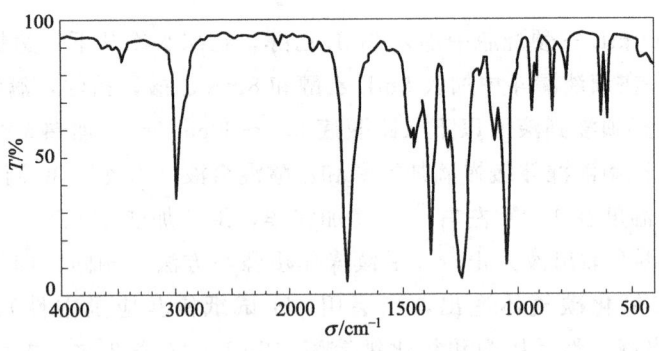

图 5-28　乙酸乙酯红外光谱图

实验三十九　乙酰水杨酸的制备

【实验目的】

1. 掌握利用酚类的酰化反应制备乙酰水杨酸的原理和方法。
2. 掌握减压过滤、洗涤、干燥等基本实验操作。

【实验原理】

乙酰水杨酸又称阿司匹林（Aspirin），分子式为 $C_9H_8O_4$，分子量 180，熔点 135~136℃。它是一种白色结晶或结晶性粉末，微溶于水，可溶于乙醇、乙醚、氯仿，水溶液呈酸性。经近百年的临床应用，已证明乙酰水杨酸对血小板聚集有抑制作用，对缓解轻度或中度疼痛效果较好，亦可用于感冒、流感等发热疾病的退热，治疗风湿痛等。

阿司匹林是由水杨酸（邻羟基苯甲酸）与乙酸酐进行酯化反应而得到的。水杨酸分子中的羧基与酚羟基之间形成分子内氢键，阻碍了酚羟基的酰化，为了使酰化反应顺利进行，常加入浓硫酸或磷酸将氢键破坏。合成乙酰水杨酸的反应式如下：

$$\text{邻-COOH, OH} + (CH_3CO)_2O \xrightarrow{\text{浓 }H_2SO_4} \text{邻-OCOCH}_3\text{, COOH} + CH_3COOH$$

副反应：

$$2\ \text{邻-COOH, OH} \xrightarrow[\Delta]{\text{浓 }H_2SO_4} \text{产物} + H_2O$$

$$\text{邻-COOH, OH} + \text{邻-OCOCH}_3\text{, COOH} \xrightarrow[\Delta]{\text{浓 }H_2SO_4} \text{产物} + H_2O$$

$$n\ \text{邻-COOH, OH} \xrightarrow{\text{浓 }H_2SO_4} \text{聚合物} + (n-1)H_2O$$

【实验药品】

水杨酸，乙酸酐，饱和 $NaHCO_3$ 溶液，浓盐酸，浓硫酸，1% $FeCl_3$ 溶液。

【实验仪器】

圆底烧瓶，水浴锅，球形冷凝管，温度计，布氏漏斗，抽滤瓶，循环水式真空泵。

【实验装置】

制备乙酰水杨酸的主要实验装置见图 5-29。

【实验步骤】

在 50mL 圆底烧瓶中，加入干燥的水杨酸 2.0g（0.015mol）和新蒸的乙酸酐 5mL（0.05mol）[1,2]，再加 5 滴浓硫酸，水浴加热搅拌，水杨酸全部溶解，保持水浴温度在 85～90℃左右，并继续反应 10min。稍冷后，在不断搅拌下将反应液倒入 50mL 冷水中，并用冰水浴冷却 10min，抽滤，冰水洗涤，得乙酰水杨酸粗产品。

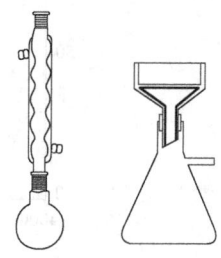

图 5-29 制备乙酰水杨酸的主要实验装置

将粗产品置于 250mL 烧杯中，缓慢加入 25mL 饱和 $NaHCO_3$ 溶液，产生大量气体，固体大部分溶解，搅拌，直至无气体产生。然后抽滤，固体用 5~10mL 水洗，将滤液和洗涤液合并，转移至 250mL 烧杯中，缓缓加入 5mL 浓盐酸和 10mL 水配成的溶液。边加边搅拌，有大量气泡产生，此时检验 pH 应呈强酸性，并会有乙酰水杨酸结晶析出。用冰水冷却 10min，使晶体析出完全[3,4]。抽滤，用冷水洗涤产品 2~3 次，干燥，称重，计算产率。

产品纯度检验：取几粒结晶，加 5mL 水，再滴加 1% $FeCl_3$ 溶液，观察有无颜色反应（若有原料水杨酸，溶液会变成紫色）。

【注意事项】

[1] 仪器要全部干燥，药品也要经干燥处理，要使用新蒸馏的乙酸酐，收集 139~140℃的馏分。

[2] 过量的乙酸酐除了促进可逆反应完全之外，还可吸收生成副产物时所产生的水。

[3] 为得到纯度更高的产品，可用乙醇-水或苯-石油醚（60~90℃）重结晶。

[4] 重结晶时不宜长时间加热，控制水温，产品采取自然晾干。

【思考题】

1. 为什么要使用新蒸馏的乙酸酐？
2. 加入浓硫酸的目的是什么？
3. 为什么控制反应温度在 85~90℃左右？
4. 为什么用乙酸酐而不用乙酸？
5. 反应中有哪些副产物？如何除去？
6. 阿司匹林在沸水中受热时，分解得到一种溶液，它对三氯化铁呈阳性，试解释之，并写出相应的化学方程式。

乙酰水杨酸的红外光谱图见图 5-30。

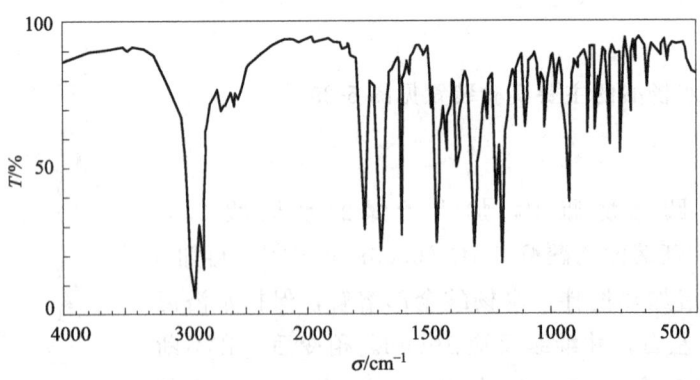

图 5-30 乙酰水杨酸红外光谱图

实验四十　乙酸异戊酯的制备

【实验目的】

1. 熟悉酯化反应的原理，掌握乙酸异戊酯的制备方法。
2. 进一步巩固蒸馏、洗涤、干燥等基本实验操作。

【实验原理】

乙酸异戊酯又称香蕉油，分子式为 $C_7H_{14}O_2$，分子量 130，沸点 142℃，相对密度 0.88，不溶于水，易溶于乙醇、乙醚和苯。乙酸异戊酯是无色透明的液体，具有宜人的香味，它是香蕉、梨等果实的芳香成分，也存在于酒、酱油等饮料或调味品中。乙酸异戊酯易燃，毒性小，多用作食品香料，同时也是很好的有机溶剂，广泛用于医药、涂料、印染等领域。

合成乙酸异戊酯的方法很多，传统的方法是以浓硫酸作催化剂，由乙酸和异戊醇发生酯化反应而得到。虽然浓硫酸价廉且反应活性高，但却存在着反应时间长、设备腐蚀严重、环境污染大等弊端。为此，人们选用性能更佳的催化剂来取代浓硫酸。近几十年来，国内外开发了一系列该类酯化反应的新型催化剂，如 $NaHSO_4$、$FeCl_3$、对甲苯磺酸、氨基磺酸等，这类催化剂具有易分离、环保等优点，受到了人们的广泛关注。本实验采用 $NaHSO_4$ 作催化剂，以乙酸和异戊醇为原料合成乙酸异戊酯，具有反应时间短、污染小、产品纯度和收率高等优点。合成乙酸异戊酯的反应式如下：

$$H_3CC\underset{OH}{\overset{O}{\|}} + CH_3CHCH_2CH_2OH \underset{\triangle}{\overset{NaHSO_4}{\longrightarrow}} H_3CC\underset{OCH_2CH_2CHCH_3}{\overset{O}{\|}} + H_2O$$
（式中异戊醇及产物含 CH_3 支链）

【实验药品】

冰醋酸，异戊醇，硫酸氢钠，10%碳酸钠溶液，无水硫酸镁，饱和食盐水。

【实验仪器】

三颈烧瓶，圆底烧瓶，油浴锅，蒸馏头，球形冷凝管，空气冷凝管，接引管，分水器，温度计，分液漏斗，量筒，锥形瓶。

【实验装置】

制备乙酸异戊酯的实验装置见图 5-31。

【实验步骤】

在装有温度计、分水器、球形冷凝管的 100mL 三颈烧瓶中加入 6mL 冰醋酸 (0.1mol)[1]、9mL

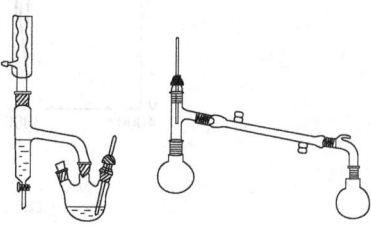

图 5-31　制备乙酸异戊酯的实验装置

异戊醇（0.08mol）和 0.2g 硫酸氢钠[2]，分水器预先加水至支管口后再放水 2mL。开动磁力搅拌，加热回流，控制反应温度 110~136℃，反应时间 30min 左右[3]。反应完毕，冷却，把分水器中的溶液和三颈烧瓶中的反应混合物都倒入分液漏斗中。先用 10mL 水洗涤，分去水层，再用 10mL 10% 的 Na_2CO_3 溶液洗涤至酯层不显酸性[4,5]，将酯层用 10mL 饱和食盐水再洗涤一次，然后将其转移到锥形瓶中，加少量无水硫酸镁干燥。过滤后干燥，将乙酸异戊酯转移至 50mL 圆底烧瓶中，用空气冷凝管蒸馏乙酸异戊酯[6]，收集 138~142℃ 馏分。称重，计算产率。

【注意事项】

[1] 冰醋酸具有强烈的刺激性，要在通风橱内取用。

[2] 催化剂硫酸氢钠不能加太多，因为当催化剂用量超过一定比例后，正逆反应速率增大导致乙酸异戊酯的收率反而下降，而催化剂用量太少则会影响反应进度。

[3] 本实验适宜的控温条件为：反应 5~10min，$T=110~120℃$；反应 10~20min，$T=120~130℃$；反应 20~30min，$T=130~136℃$。

[4] 粗产品一定要洗至中性，否则蒸馏过程中会发生分解。

[5] 碱洗时放出大量热并有二氧化碳产生，因此洗涤时要不断放气，防止分液漏斗内的液体冲出来。

[6] 最后蒸馏时仪器要干燥，不得将干燥剂倒入蒸馏瓶内。

【思考题】

1. 本实验的回流液中，除产品外还有哪些杂质？是如何除去的？
2. 本实验为什么要用过量的冰醋酸？用过量的异戊醇是否可以？
3. 加饱和食盐水的目的是什么？能否用水代替？
4. 酯化反应的实际出水量往往大于理论出水量，这是什么原因造成的？

乙酸异戊酯的红外光谱图见图 5-32。

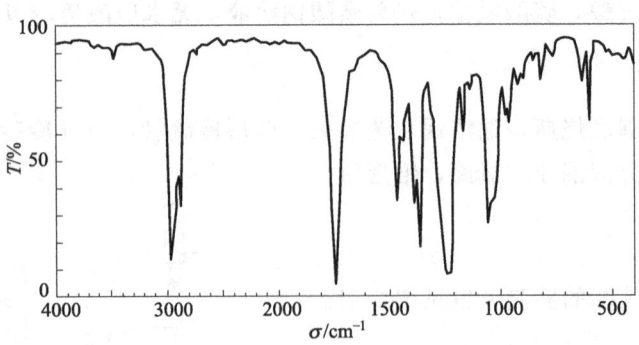

图 5-32 乙酸异戊酯红外光谱图

实验四十一　苯甲酸乙酯的制备

【实验目的】

1. 学习苯甲酸乙酯的制备方法。
2. 学习分水器的使用。

【实验原理】

利用苯甲酸和醇在酸性条件下发生酯化反应，通过环己烷作为带水剂，制备苯甲酸酯。本实验通过苯甲酸与乙醇反应，制备苯甲酸乙酯。

主反应：

$$\text{C}_6\text{H}_5\text{COOH} + \text{C}_2\text{H}_5\text{OH} \xrightleftharpoons{\text{H}_2\text{SO}_4} \text{C}_6\text{H}_5\text{COOCH}_2\text{CH}_3 + \text{H}_2\text{O}$$

副反应：

$$2\text{CH}_3\text{CH}_2\text{OH} \xrightarrow[140\text{℃}]{\text{浓 H}_2\text{SO}_4} \text{CH}_3\text{CH}_2\text{OCH}_2\text{CH}_3 + \text{H}_2\text{O}$$

$$\text{CH}_3\text{CH}_2\text{OH} \xrightarrow[170\text{℃}]{\text{H}_2\text{SO}_4} \text{H}_2\text{C}=\text{CH}_2 + \text{H}_2\text{O}$$

【实验药品】

苯甲酸，乙醇，浓硫酸，环己烷，碳酸钠，乙醚，无水氯化钙。

【实验仪器】

圆底烧瓶，分水器，球形冷凝管，分液漏斗，直形冷凝管，蒸馏头，接引管，温度计。

【实验装置】

制备苯甲酸乙酯的实验装置见图 5-33。

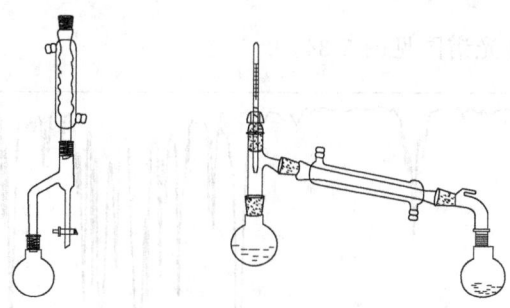

图 5-33　制备苯甲酸乙酯的实验装置

【实验步骤】

在 100mL 圆底烧瓶中，加入 6.1g（0.05mol）苯甲酸，13mL（0.22mol）95%乙醇，10mL 环己烷以及 2mL 浓硫酸，加入沸石，装上分水器。从分水器上端小心加入环已烷至分水器支管处[1]，然后在分水器上端连接球形冷凝管。用水浴加热至回流，开始时回流速度要慢些[2]，随着回流的进行，分水器中分为两层。逐渐分出下层液体至总体积约15mL[3]，即可停止加热。继续用水浴加热，使多余的环已烷和乙醇蒸至分水器中[4]。将瓶中残液倒入盛有20mL冷水的烧杯中，在搅拌下分批加入碳酸钠粉末[5]，中和至无二氧化碳气体产生，用pH试纸检验呈中性。用分液漏斗分出粗产物[6]，用10mL乙醚萃取水层。将醚层和粗产物合并，用无水氯化钙干燥。先用水浴蒸去乙醚，再在石棉网上加热，收集211~213℃的馏分，或改用减压蒸馏，收集95~100℃/1.995kPa的馏分。产量约6g（产率约80%）[7]。纯苯甲酸乙酯的沸点为211~213℃，折射率（n_D^{20}）为1.5001。

【注意事项】

[1] 为了便于观察水层的分出，本实验在油水分离器中加入环已烷，加至支管口。

[2] 如回流速度过快易形成液泛。

[3] 水-乙醇-环已烷三元共沸物的共沸点为62.6℃，其中含水4.8%、乙醇19.7%、环已烷75.5%。根据理论计算，生成的水（包括95%的乙醇的含水量）约1.5g。（分出的15mL液体经较长时间静置可得约1.5mL水。）

[4] 当多余的环已烷和乙醇充满分水器时，可由旋塞放出，注意放出时要移去附近火源。

[5] 加碳酸钠是为了除去硫酸和未反应的苯甲酸，要研细后分批加入。否则，反应过于剧烈，会产生大量的泡沫而使液体溢出。

[6] 若粗产物中含有絮状物难以分层，可直接用适量乙醚萃取。苯甲酸乙酯的相对密度（d_4^{20}）为1.0458，与碳酸钠水溶液的密度非常接近，这样也可能导致分层很不明显。

[7] 本实验也可按以下步骤进行：将6g苯甲酸、18mL 95%的乙醇、2mL浓硫酸混匀，加热回流1.5h，改成蒸馏装置，蒸去乙醇后处理方法同上。若用99.5%的乙醇，可提高产率。

苯甲酸乙酯的红外光谱图见图5-34。

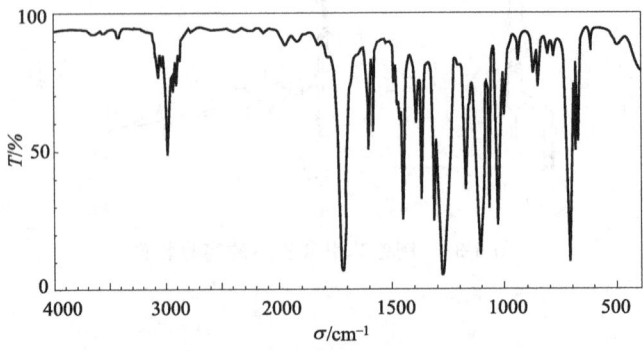

图5-34 苯甲酸乙酯红外光谱图

实验四十二　乙酸正丁酯的制备

【实验目的】

1. 学习乙酸正丁酯制备的反应原理和制备方法。
2. 熟悉回流和蒸馏操作，掌握洗涤和萃取操作。

【实验原理】

以乙酸和正丁醇为原料，在酸催化下发生酯化反应制备乙酸正丁酯。本实验使用浓 H_2SO_4 作为催化剂，为提高反应产率，采用乙酸过量的方法。

主反应：

$$CH_3COOH + CH_3CH_2CH_2CH_2OH \xrightleftharpoons{\text{浓 } H_2SO_4} CH_2COOCH_2CH_2CH_2CH_3 + H_2O$$

副反应：

$$2CH_3CH_2CH_2CH_2OH \xrightleftharpoons{\text{浓 } H_2SO_4} CH_3CH_2CH_2CH_2OCH_2CH_2CH_2CH_3 + H_2O$$

$$CH_3CH_2CH_2CH_2OH \xrightleftharpoons{\text{浓 } H_2SO_4} CH_3CH_2CH=CH_2\uparrow + H_2O$$

【实验药品】

正丁醇，乙酸，浓 H_2SO_4，10%碳酸钠溶液，无水硫酸镁。

【实验仪器】

圆底烧瓶，球形冷凝管，直形冷凝管，分水器，电加热套，蒸馏烧瓶，接引管，分液漏斗，烧杯，锥形瓶，温度计。

【实验装置】

制备乙酸正丁酯的实验装置见图5-35。

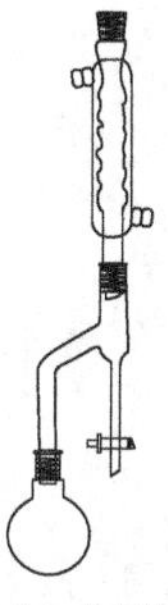

图5-35　制备乙酸正丁酯的实验装置

【实验步骤】

在干燥的 100mL 圆底烧瓶中[1]，加入正丁醇 9.2mL（0.1mol）和乙酸（冰醋酸）12mL（0.2mol），然后小心加入 3～4 滴浓 H_2SO_4[2]。将反应混合物混合均匀后，加入几粒沸石，然后安装分水器及球形冷凝管，同时在分水器[3]中预先加水至略低于支管口（约低于1～2cm），并用记号笔标注水面位置。加热回流[4]，控制冷凝管中液滴流速为 1～2 滴/s，回流过程中不断将水分出，保持分水器中水层液面在原来标记的位置。约回流 40min 后，不再有水生成（即分水器液面不再升高），则表示反应完成，停止加热，并记录分出的水量。待反应溶液充分冷却后，卸下球形冷凝管，将分水器中的酯层和圆底烧瓶中的反应液合并倒入分液漏斗中。在分液漏斗中加入 10mL 水进行洗涤，静置分层后，除去下层水层（除去少量乙酸及少量正丁醇）。上层有机层先用10mL 10%碳酸钠溶液洗涤至中性，然后用 10mL 水洗涤（除去少量的无机盐），最后将有机层转移到干燥的锥形瓶中，用无水硫酸镁干燥。

将干燥后的乙酸正丁酯转移到干燥的蒸馏烧瓶中[5]，加入几粒沸石，安装好蒸馏装置，加热蒸馏，收集 124～126℃的馏分。产量 9.28g（产率约 81%）。测定折射率，纯乙酸正丁酯为无色透明液体，折射率（n_D^{20}）为 1.3951。

【注意事项】

[1] 在加入反应物之前，仪器必须干燥。

[2] 浓 H_2SO_4 起催化剂作用，加入 3～4 滴即可，为避免局部炭化，滴加时应边加边摇动。

[3] 加分水器的目的是使上层酯中的醇回流到圆底烧瓶中继续反应，同时将反应生成的水分离出来，促进反应向正向进行，提高反应产率。

[4] 反应刚开始时，要严格控制升温速度，应保持 80℃反应 15 分钟后再开始加热至回流，以防止乙酸过早的被蒸出，影响产率。

[5] 蒸馏装置必须干燥，在进行分液和干燥产物之前，应将蒸馏装置洗净后放置于烘箱或气流烘干器上进行干燥。

乙酸正丁酯红外光谱图见图 5-36。

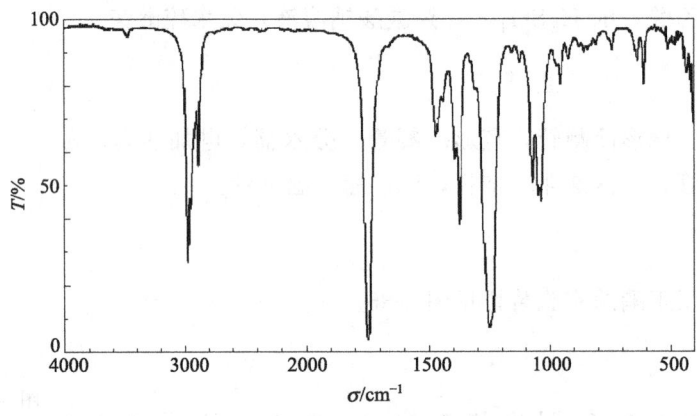

图 5-36 乙酸正丁酯红外光谱图

5.1.8 酰胺

实验四十三 乙酰苯胺的制备

【实验目的】

1. 掌握乙酰苯胺的制备原理和实验操作。
2. 熟悉和掌握分馏、重结晶的操作方法。

【实验原理】

乙酰苯胺分子式为 C_8H_9NO，分子量为 135，熔点 113～115℃，为无色有闪光的小叶状固体或白色结晶性粉末，微溶于冷水，溶于热水、甲醇、乙醇、乙醚、氯仿、丙酮、甘油和苯等。乙酰苯胺是磺胺类药物的原料，可用作止痛剂、退热剂、防腐剂和染料中间体，也可用来制造染料中间体对硝基乙酰苯胺、对硝基苯胺和对苯二胺等。

乙酰苯胺可通过苯胺与冰醋酸、乙酸酐或乙酰氯等试剂作用制备，其中与乙酰氯反应速率最快，乙酸酐次之，冰醋酸最慢。但冰醋酸试剂价格较便宜，且实验操作方便，因此，本实验使用冰醋酸与苯胺反应来制备乙酰苯胺，反应式如下。

$$\underset{}{\text{C}_6\text{H}_5\text{NH}_2} + CH_3COOH \longrightarrow \underset{}{\text{C}_6\text{H}_5\text{NHCOCH}_3} + H_2O$$

【实验药品】

苯胺，冰醋酸，锌粉，活性炭。

【实验仪器】

圆底烧瓶，温度计，刺形分馏柱，锥形瓶，量筒，烧杯，布氏漏斗，循环水式真空泵，熔点仪。

【实验装置】

制备乙酰苯胺的实验装置见图 5-37。

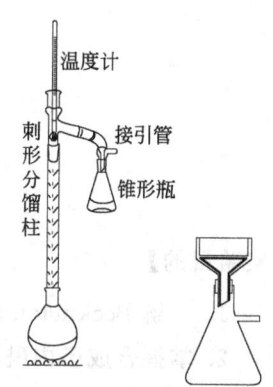

图 5-37 制备乙酰苯胺的实验装置

【实验步骤】

在 50mL 圆底烧瓶中加入 5mL 新蒸馏过的苯胺（5.1g，0.055mol）、7.5mL 冰醋酸（7.85g，0.13mol）以及少许锌粉（约 0.1g）[1]。圆底烧瓶连接分馏柱、温度计及接引管，用锥形瓶收集蒸馏出的水和少量乙酸。小火加热回流约 1h，回流过程中保持温度计读数不超过 105℃。当温度计读数明显下降则表明反应完成，趁热将反应物倒入装有 100mL 冷水的烧杯中[2]，抽滤，固体粗产品用冷水洗涤。然后将粗产品转移到 250mL 烧杯中，烧杯中加入约 150mL 水，缓慢加热至粗产品完全溶解[3]，趁热过滤，滤液冷却析出乙酰苯胺结晶，抽滤[4]。产量 4.5～5.0g，产率 61%～67%。

【注意事项】

[1] 加锌粉可以防止苯胺的氧化，而且可将氧化的苯胺还原。

[2] 冷却后会有固体析出，附着在瓶壁上不利于转移。

[3] 乙酰苯胺在水中溶解度：100℃时，5.55g/100mL；80℃时，3.45g/100mL；50℃时，0.84g/100mL；20℃时，0.46g/100mL。

[4] 若溶液有颜色，可加入活性炭进行脱色，注意不要将活性炭直接加入沸腾的滤液中，否则会导致溶液暴沸。

【思考题】

1. 回流过程中为什么要保持温度计读数不超过 105℃？
2. 用苯胺为原料进行苯环上的取代反应时，为什么常要先进行酰化？
3. 本实验采取了哪些措施来提高乙酰苯胺的产率？

乙酰苯胺的红外光谱图见图 5-38。

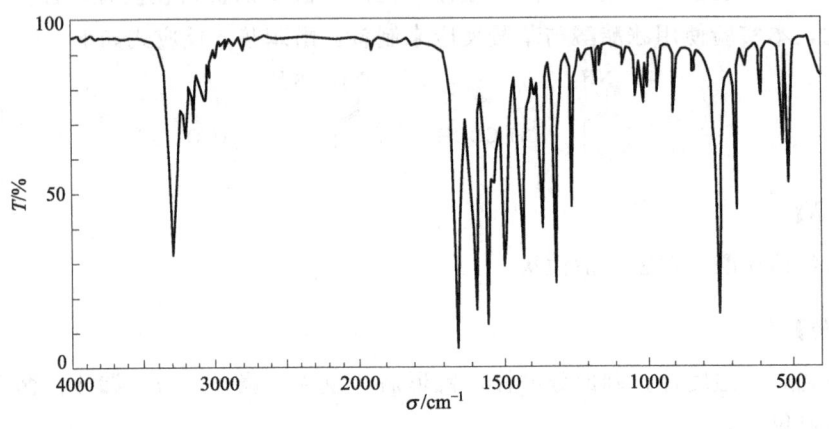

图 5-38　乙酰苯胺红外光谱图

实验四十四　己内酰胺的制备

【实验目的】

1. 了解 Beckmann 重排反应历程。
2. 掌握合成己内酰胺的方法和原理。

【实验原理】

己内酰胺的分子式为 $C_6H_{11}NO$，分子量为 113，熔点 70～72℃，为白色结晶性粉末或鳞片状固体，手触有润滑感，易溶于水、乙醇、乙醚、苯、氯代烷等。己内酰胺是重要的有机化工原料之一，主要用来合成聚己内酰胺树脂（尼龙-6），可进一步加工成工程塑料、合成纤维（锦纶）、人造皮革，亦可用于生产抗血小板药物 6-氨基己酸，生产月桂氮䓬酮等。

脂肪族醛、酮和芳香族醛、酮与氨的衍生物在羟胺作用下生成肟，酮肟或醛肟在五氯化磷、硫酸、多聚磷酸等酸性试剂作用下发生分子重排生成酰胺，这种反应即为贝克曼（Beckmann）重排。不对称的酮肟或醛肟进行重排时，肟羟基反式位置的烃基迁移到 N 原子上，即为反式迁移。在重排过程中，烃基的迁移与羟基的离去是同时发生的，具有立体专一性。通过贝克曼重排反应，可鉴定生成的酰胺或酰胺的水解产物，亦可推知酮肟的结构。应用贝克曼重排可以合成一系列酰胺，特别是环己酮肟重排为己内酰胺更具有重要的工业意义。实验室合成己内酰胺的反应式如下：

$$\text{环己酮} + NH_2OH \cdot HCl \xrightarrow{NaAc} \text{环己酮肟} + H_2O$$

$$\text{环己酮肟} \xrightarrow{85\% H_2SO_4} \xrightarrow{-H_2O} \xrightarrow{H_2O} \xrightarrow{-H^+} \text{己内酰胺}$$

【实验药品】

盐酸羟胺，环己酮，醋酸钠，硫酸（85％），无水硫酸镁，氨水（20％），二氯甲烷，石油醚。

【实验仪器】

圆底烧瓶，温度计，直形冷凝管，蒸馏头，接引管，分液漏斗，布氏漏斗，循环水式真空泵，熔点仪。

【实验装置】

制备己内酰胺的实验装置见图 5-39。

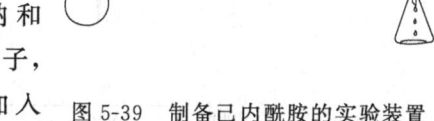

图 5-39　制备己内酰胺的实验装置

【实验步骤】

1. 环己酮肟的合成

将 3g（0.043mol）盐酸羟胺、5g 醋酸钠和 15mL 水加入 50mL 圆底烧瓶中，放入磁力搅拌子，在室温下搅拌使反应物完全溶解。再分批加入 3.7mL（3.5g，0.036mol）环己酮，并不断搅拌，很快有白色固体析出。持续搅拌 5~10min，直至看不到白色小球状固体，此时可得到白色粉末状结晶[1]。冷却后抽滤，用少量水洗涤晶体，烘干可得产品[2]，产率约为 70％，熔点 89~90℃。

2. 己内酰胺的合成

在 100mL 烧杯中加入 2.5g（0.021mol）环己酮肟和 4mL 85％的硫酸[3]，摇匀溶解。用小火加热至有气泡生成后（约 120℃），立即撤掉热源，此时反应强烈放热，温度自行升高，在数秒钟内即可完成，并得到棕色黏稠状液体。冷却后，再把烧杯放在冰水中冷却至 5℃以下，然后在搅拌状态下缓慢滴加 20％的氨水（25mL 左右）至溶液呈碱性（pH 值 7~9）[4]，该过程中控制反应液温度在 20℃以下（避免温度高时己内酰胺发生水解反应），滴加时间约为 30min。将粗产物倒入分液漏斗中，分出有机层，水层用二氯甲烷萃取两次，每次 10mL，合并有机层，用无水硫酸镁干燥。常压蒸馏出多余的二氯甲烷，直至浓缩液的体积为 5mL 左右，冷却放置即可析出白色结晶，抽滤，用石油醚重结晶可得纯品，产率约为 50%。

【注意事项】

[1] 环己酮肟呈白色小球状，说明反应不完全，还需继续搅拌，直至呈粉末状。

[2] 环己酮肟要干燥，否则反应很难进行；此外，它的纯度对反应也有影响。

[3] 由于重排反应剧烈，故用烧杯以利于散热，使反应缓和。

[4] 用氨水中和时，要缓慢滴加，并不断搅拌，否则会导致温度突然升高，影响产率。

【思考题】

1. 环己酮肟制备时为什么要加入醋酸钠？
2. 为什么要加入 20%氨水中和？
3. 粗产品转入分液漏斗，分出水层为哪一层？应从漏斗的哪个口放出？
4. 某肟经 Beckmann 重排后得到 $C_3H_7CONHCH_3$，推测该肟的结构。
5. 反式甲基乙基酮肟经 Beckmann 重排后得到什么产物？

己内酰胺的红外光谱图见图 5-40。

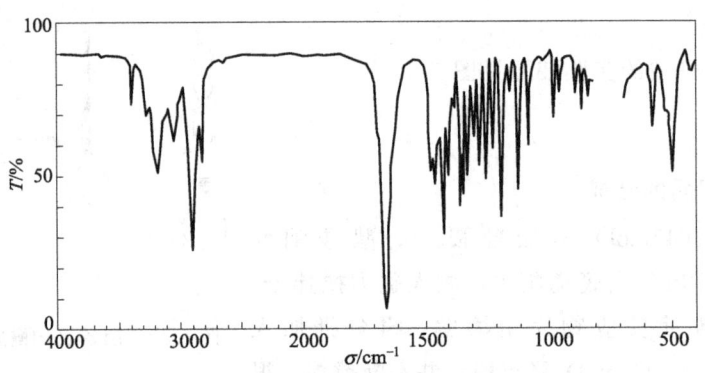

图 5-40 己内酰胺红外光谱图

实验四十五 对乙酰氨基酚的制备

【实验目的】

1. 掌握对乙酰氨基酚合成的原理和方法。
2. 学习易被氧化产品的重结晶方法。

【实验原理】

对乙酰氨基酚又称扑热息痛，分子式为 $C_8H_9NO_2$，分子量 151，熔点 169～

170.5℃，通常为白色结晶性粉末，无臭，味微苦，能溶于乙醇、丙酮和热水，微溶于水，不溶于石油醚及苯。对乙酰氨基酚是一种常用的解热镇痛药，可用于感冒发热、关节痛、神经痛及偏头痛等。其解热作用缓慢而持久，与阿司匹林相比，具有刺激性小、极少有过敏反应等优点，是乙酰苯胺类药物中最好的品种。对乙酰氨基酚用途广泛，是多种其他药物的合成中间体，如新型祛痰药盐酸氨溴索、镇痛药丙帕他莫等。对乙酰氨基酚还是合成贝诺酯的前体药物，也可用于照相用化学药品和过氧化氢的稳定剂等。目前，对乙酰氨基酚已成为全世界应用最广泛的药物之一，是国际医药市场上头号解热镇痛药，同时也是我国原料药中产量最大的品种之一。

合成对乙酰氨基酚可选择硝基苯、苯酚和对硝基苯酚钠等多种化合物作为起始原料，有如下多种合成路线可供选择。

1. 以对氨基苯酚为原料

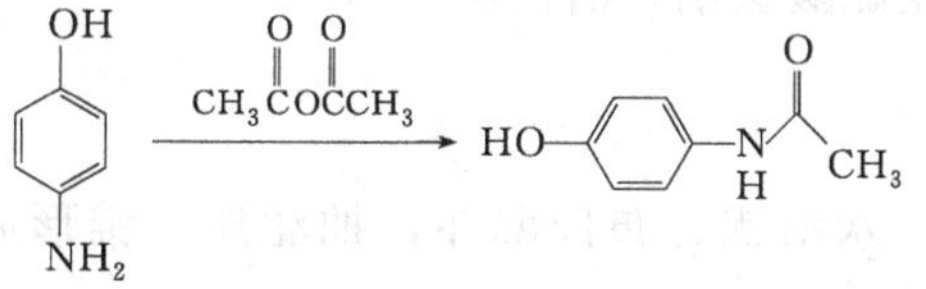

（方法一）

2. 以苯酚为原料

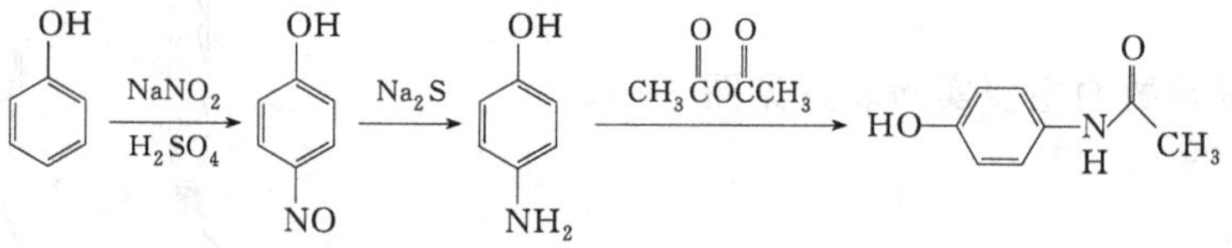

（方法二）

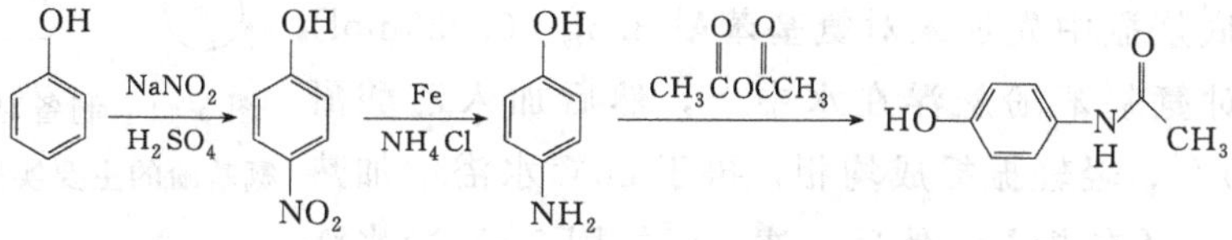

（方法三）

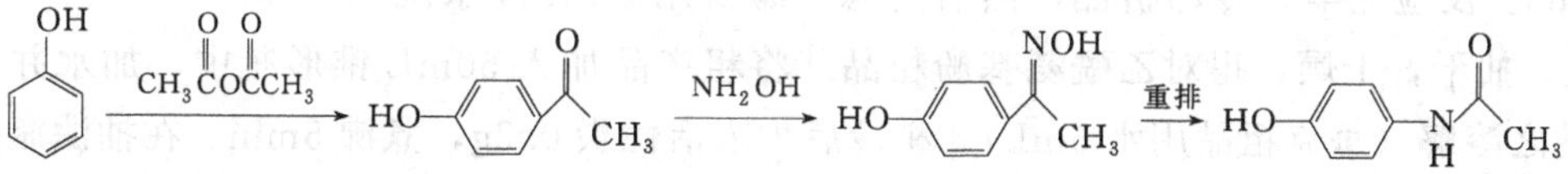

（方法四）

3. 以硝基苯为原料

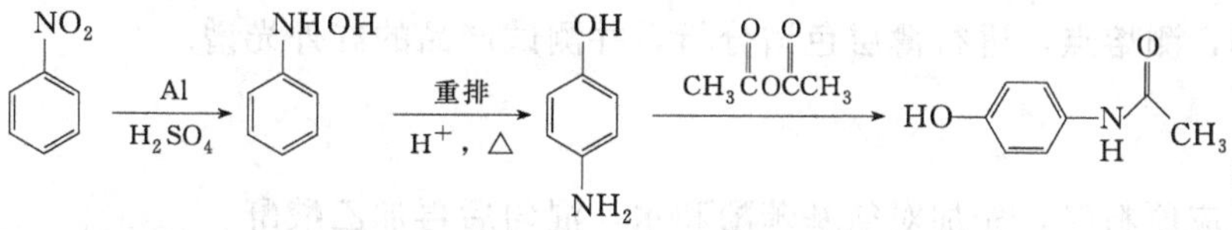

（方法五）

4. 以对硝基苯酚钠为原料

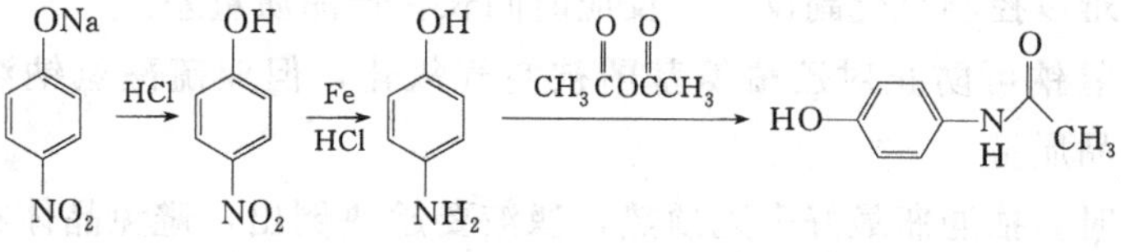

（方法六）

目前，广泛使用的生产工艺是将对氨基酚乙酰化。该工艺最大缺点是获得高纯度对氨基酚原料比较困难，从而造成产品杂质多、色泽差，更重要的是杂质不易精制除去，很难大幅度提高产品纯度，阻碍了产品发展为非处方用药。方法一直接采用对氨基酚作为原料，其易氧化，购买的原料纯度不够高，易引入杂质，后处理复杂。方法二、三、五、六虽采用不同的原料，但最终都要合成对氨基酚，而且副反应多，相应的三废处理成本较高。方法四以苯酚为原料，是通过乙酰化（再进行 Fries 重排）、肟化和 Beckmann 重排合成对乙酰氨基酚的新路线。该方法具有成本低、污染小、原料易得等优点，尤其是大幅度提高了产品纯度和色泽，但总收率低，后处理烦琐。本实验从反应时间、设备的要求等角度考虑，采用较简单的方法一合成对乙酰氨基酚，它与乙酸酐在水中反应可迅速完成 N-乙酰化而保留酚羟基。

【实验药品】

乙酸酐，对氨基苯酚，亚硫酸氢钠，活性炭。

【实验仪器】

圆底烧瓶，球形冷凝管，水浴锅，布氏漏斗，抽滤瓶，锥形瓶，温度计，量筒，循环水式真空泵。

【实验装置】

制备对乙酰氨基酚的主要实验装置见图 5-41。

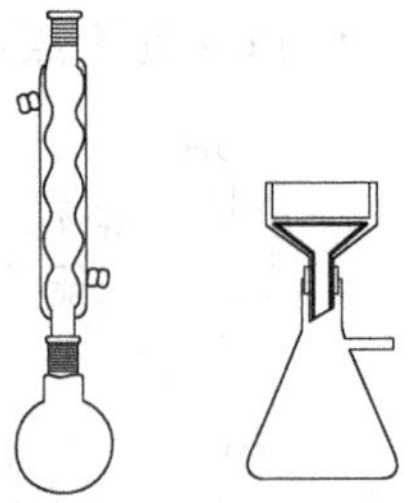

【实验步骤】

在 25mL 圆底烧瓶中先加入对氨基苯酚 3.5g（0.023mol）和水 10mL，使对氨基苯酚悬浮在水中[1]，然后加入乙酸酐 4mL（0.042mol）[2]，轻轻振摇成均相，再于 80℃水浴中加热 30min。反应完毕，冷却析晶，然后过滤，滤饼用 5mL 冷水洗 2 次，抽干，干燥，得对乙酰氨基酚粗品。将粗产品加入 50mL 锥形瓶中，加水并加热使之溶解（每克粗品用水 5mL），稍冷后加入活性炭 0.2g，煮沸 5min。在抽滤瓶中先加入亚硫酸氢钠 0.2g[3]，趁热抽滤[4]，然后将滤液放冷析晶，过滤，滤饼用 5mL 0.5%亚硫酸氢钠溶液分 2 次洗涤。将所得固体用水重结晶，干燥后得白色晶体，称重，计算产率，测熔点，进行薄层色谱分析，并测试产品的红外光谱。

图 5-41 制备对乙酰氨基酚的主要实验装置

【注意事项】

[1] 加反应原料时，先加对氨基苯酚和水，混匀后再加乙酸酐。

[2] 酰化反应中，加水可使乙酸酐选择性地酰化氨基而不与酚羟基作用。若以乙酸代替乙酸酐，则难以控制氧化副反应，反应时间长，产品质量差。

[3] 加亚硫酸氢钠可防止对乙酰氨基酚被空气氧化，但亚硫酸氢钠浓度不宜过高，否则会影响产品质量。

[4] 趁热抽滤时，抽滤瓶最好事先预热，滤液要趁热倒出，避免晶体在抽滤瓶内

析出。

【思考题】

1. 本实验酰化反应为何选用乙酸酐而不用乙酸做酰化剂？若用乙酸做酰化剂，实验条件要作何调整？
2. 本实验采用什么措施尽量避免酚羟基的酰化？
3. 趁热抽滤时，为什么要在滤液中加入亚硫酸氢钠？
4. 简要画出合成对乙酰氨基酚的流程图。
5. 合成对乙酰氨基酚时产生的杂质是什么？是如何产生的？
6. 怎样用简单的实验来验证对乙酰氨基酚存在酚羟基？
7. 分析合成对乙酰氨基酚的各种方法的优缺点。
8. 某实验小组将合成的对乙酰氨基酚放在敞口的小烧杯中，产品本来是白色的，但放置了一段时间后，产品颜色逐渐变为浅粉色，这是什么原因？

对乙酰氨基酚的红外光谱图见图 5-42。

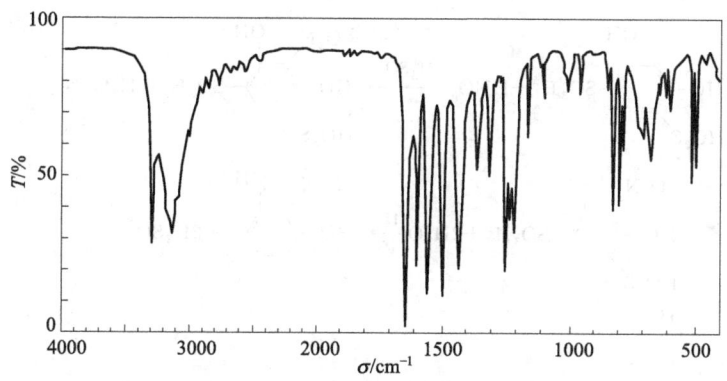

图 5-42　对乙酰氨基酚红外光谱图

5.1.9　硝基化合物、胺及其衍生物

实验四十六　2-硝基-1,3-苯二酚的制备

【实验目的】

1. 理解芳烃亲电取代反应定位规律的应用，掌握 2-硝基-1,3-苯二酚的制备方法和原理。
2. 理解水蒸气蒸馏的原理，掌握水蒸气蒸馏的操作方法。

【实验原理】

2-硝基-1,3-苯二酚的分子式为 $C_6H_5NO_4$，分子量 155，熔点 84～85℃，橘红色片状结晶，微溶于水。2-硝基-1,3-苯二酚主要用于酸性偶氮染料、医药和大环冠醚的合成，还可用于彩色照片显影剂的稳定剂。

在有机合成上常利用体积大的磺酸基占据芳环上某些位置，使此位置不被其他基团取代，在指定合成结束后磺酸基很容易通过水解而被除去。2-硝基-1,3-苯二酚的合成就是一个巧妙地利用磺酸基的占位和定位双重作用的例子。1,3-苯二酚中的酚羟基为强的邻对位定位基，磺酸基为强的间位定位基，间苯二酚磺化时，磺酸基先进入最容易发生反应的4和6位，既降低了芳环的活性，又占据了位阻较小的有利位置。接着再硝化时，受定位规律支配，硝基只能进入位阻较小的2位（两个酚羟基的邻位）。硝化反应结束后，再进行水蒸气蒸馏，既能把磺酸基水解掉，同时又将目标产物随水一起蒸馏出来。合成2-硝基-1,3-苯二酚时，如果对间苯二酚直接硝化，反应太剧烈，不易控制；另外，由于空间效应，硝基会优先进入4和6位，很难进入预期的2位，从而得不到产物。合成2-硝基-1,3-苯二酚的反应式如下：

$$\text{HO}\underset{\text{OH}}{\bigcirc} + 2H_2SO_4 \longrightarrow \text{HO}\underset{\underset{HO_3S}{\text{OH}}}{\bigcirc}\text{SO}_3H + 2H_2O$$

$$\text{HO}\underset{\underset{HO_3S}{\text{OH}}}{\bigcirc}\text{SO}_3H + HNO_3 \xrightarrow{H_2SO_4} \underset{O_2N}{\text{HO}}\underset{\underset{HO_3S}{\text{OH}}}{\bigcirc}\text{SO}_3H + H_2O$$

$$\underset{O_2N}{\text{HO}}\underset{\underset{HO_3S}{\text{OH}}}{\bigcirc}\text{SO}_3H + 2H_2O \xrightarrow[\triangle]{H^+} \underset{O_2N}{\text{HO}}\underset{}{\bigcirc}\text{OH} + 2H_2SO_4$$

【实验药品】

间苯二酚，浓硫酸，浓硝酸，乙醇，尿素。

【实验仪器】

三颈烧瓶，直形冷凝管，接引管，温度计，水浴锅，圆底烧瓶，锥形瓶，量筒，抽滤瓶，布氏漏斗，循环水式真空泵，烧杯。

【实验装置】

制备2-硝基-1,3-苯二酚的实验装置见图5-43。

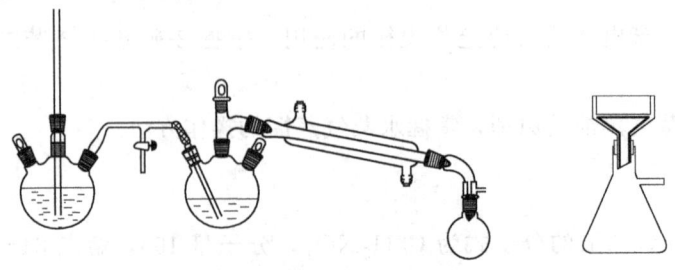

图5-43 制备2-硝基-1,3-苯二酚的实验装置

【实验步骤】

将 2.8g（0.025mol）已研成粉状的间苯二酚放入 100mL 烧杯中[1]，在充分搅拌下小心地加入 13mL（0.24mol，98%）浓硫酸。此时反应放热，并生成白色的磺化产物，在室温下放置 15min，然后在冰水浴中冷至 10℃ 以下[2]。

在锥形瓶中加入 2mL（0.032mol）浓硝酸，在振荡下加入 2.8mL（0.052mol）浓硫酸，所制成的混合酸置于冰水浴中冷却。用滴管将冷却好的混合酸在不断搅拌下逐滴滴加到上述磺化后的反应物中[3]，控制反应温度不超过 30℃（若超过，冰水冷却，防止氧化）[4]，并继续搅拌 15min，此时反应物呈亮黄色黏稠状（不应为棕色或紫色）[5]。

将反应物转移至三颈烧瓶中，小心加入 7mL 水稀释（不能过多加水）[6]，温度控制在 50℃ 以下。再加入约 0.1g 尿素[7]，然后进行水蒸气蒸馏，在冷凝管壁和馏出液中有橘红色固体产生[8]。当无油状物蒸出时，即可停止蒸馏。馏出液经水浴冷却后，减压抽滤得粗产品。用少量乙醇-水（约需 5mL 50%乙醇）混合溶剂重结晶，得约 0.5g 橘红色晶体。

【注意事项】

[1] 间苯二酚需要在研钵中研成粉状，否则磺化反应不完全。间苯二酚有腐蚀性，勿与皮肤接触。

[2] 如无白色磺化产物形成（硫酸浓度不够或温度过低，磺化不完全），可将反应物加热到 60～65℃。当烧杯中反应物变成白色黏稠状后，移出水面，在室温继续放置 15min，使之反应完全。

[3] 添加混酸硝化时绝对不能误加成浓硝酸，否则有爆炸危险。

[4] 硝化反应的温度控制要严格。反应之前的混酸要用冰浴冷却，温度可控制在 8～10℃，加混酸硝化时（仍需冰浴），温度应控制在 20～30℃，如硝化温度过高则易发生副反应，温度过低则会使反应过慢，造成混酸累积。一旦反应加速，温度就难以控制。

[5] 硝化反应一步中所得反应物应为亮黄色黏稠状。若为棕色，则在后步操作中仍可得到产物，但产率较低；若为紫色甚至蓝色，则一般不能得到产物。如遇此情况可酌情补加 1～2mL 浓硝酸，并将反应温度放宽到 35℃，一般可调至棕色，但不能调至黄色。

[6] 稀释的水不可过量，否则，即使是长时间的水蒸气蒸馏也得不到产品。如发现上述情况，可将水蒸气蒸馏装置改为蒸馏装置，先蒸去一部分水，当冷凝管中出现红色油状物时，再改为水蒸气蒸馏装置。

[7] 加入尿素的目的是使多余的硝酸与尿素反应生成络合盐［$CO(NH_2)_2 \cdot HNO_3$］，从而减少二氧化氮气体的污染。

[8] 在水蒸气蒸馏操作中，馏出液最初为橙黄色，很快冷凝管内壁即会沉积大量橘红色固体粗产品。为防止粗产品堵塞蒸馏通道，冷凝水的水流应尽可能开至最小，

当粗产品大量堵塞于冷凝管中、上部时,也可将冷凝水完全关闭,或将冷凝管中的冷凝水排空,利用烧瓶中水蒸气将橘红色的粗产品固体融化为液体。当橘红色液体被水蒸气冲击至冷凝管尾部并即将逸出橙黄色蒸气时,可重新开启冷凝水。

【思考题】

1. 2-硝基-1,3-苯二酚能否用间苯二酚直接硝化来合成,为什么?
2. 本实验为什么要先磺化?
3. 本实验硝化反应温度为什么要控制在30℃以下?温度偏高有何不利?
4. 进行水蒸气蒸馏前为什么先要用水稀释?

2-硝基-1,3-苯二酚的红外光谱图见图 5-44。

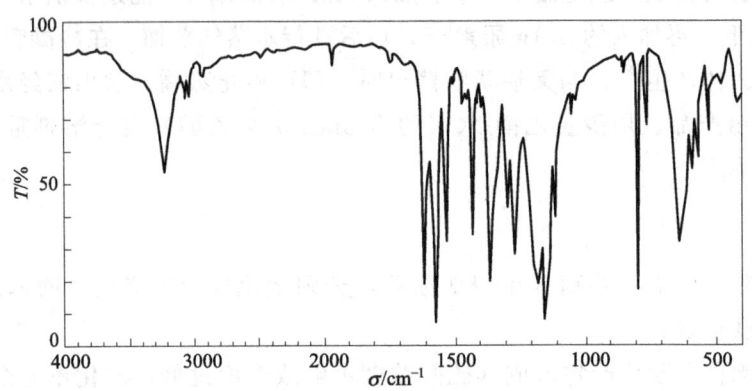

图 5-44　2-硝基-1,3-苯二酚的红外光谱图

实验四十七　甲基橙的制备

【实验目的】

1. 熟悉重氮化反应和偶联反应的原理,掌握甲基橙的合成方法。
2. 进一步巩固重结晶等实验操作。

【实验原理】

甲基橙俗称金莲橙 D,化学名称为对二甲基氨基偶氮苯磺酸钠,分子式为 $C_{14}H_{14}N_3SO_3Na$,分子量 327。橙黄色粉末或鳞片状结晶,稍溶于水而呈黄色,易溶于热水,溶液呈金黄色,几乎不溶于乙醇。甲基橙主要用作酸碱滴定指示剂,也可用于印染纺织品。

芳香族伯胺在酸性介质中和亚硝酸钠作用生成重氮盐,重氮盐与芳香族叔胺偶联,生成偶氮染料。对氨基苯磺酸与氢氧化钠作用生成易溶于水的盐,再进行重氮化,然后和 N,N-二甲基苯胺偶联得到粗产品甲基橙,重结晶可得橙色小叶片状晶体。合成甲基橙的反应式如下:

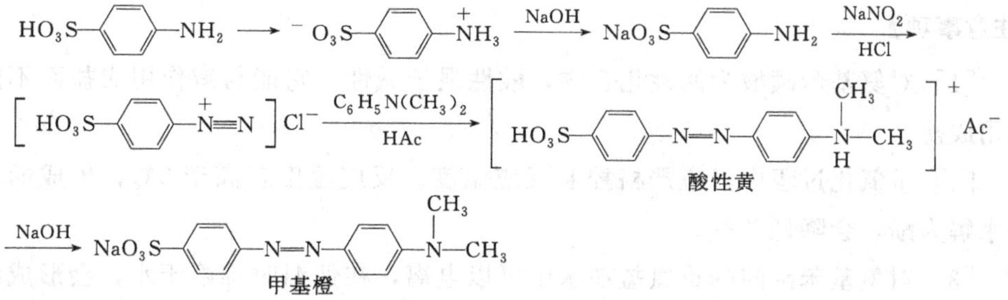

$$HO_3S-\!\!\!\!\bigcirc\!\!\!\!-NH_2 \longrightarrow {}^-O_3S-\!\!\!\!\bigcirc\!\!\!\!-\overset{+}{N}H_3 \xrightarrow{NaOH} NaO_3S-\!\!\!\!\bigcirc\!\!\!\!-NH_2 \xrightarrow[HCl]{NaNO_2}$$

$$\left[HO_3S-\!\!\!\!\bigcirc\!\!\!\!-\overset{+}{N}\!\!=\!\!N\right]Cl^- \xrightarrow[HAc]{C_6H_5N(CH_3)_2} \left[HO_3S-\!\!\!\!\bigcirc\!\!\!\!-N\!\!=\!\!N-\!\!\!\!\bigcirc\!\!\!\!-\overset{CH_3}{\underset{H}{\overset{|}{N}}}-CH_3\right]^+ Ac^-$$

酸性黄

$$\xrightarrow{NaOH} NaO_3S-\!\!\!\!\bigcirc\!\!\!\!-N\!\!=\!\!N-\!\!\!\!\bigcirc\!\!\!\!-N\overset{CH_3}{\underset{CH_3}{\diagdown}}$$

甲基橙

【实验药品】

对氨基苯磺酸，氢氧化钠溶液（1%，5%），亚硝酸钠，浓盐酸，稀盐酸，冰醋酸，N,N-二甲基苯胺，乙醇，乙醚，淀粉碘化钾试纸。

【实验仪器】

圆底烧瓶，球形冷凝管，温度计，锥形瓶，量筒，水浴锅，抽滤瓶，布氏漏斗，循环水式真空泵，烧杯。

【实验装置】

制备甲基橙的主要实验装置见图 5-45。

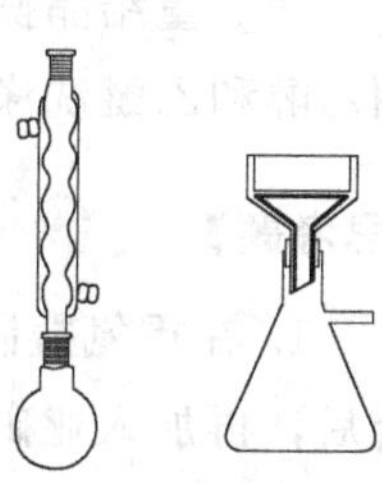

【实验步骤】

1. 重氮盐的制备

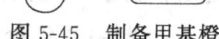

图 5-45 制备甲基橙的主要实验装置

在 100mL 烧杯中加入 10mL 5%氢氧化钠溶液和 2.1g (0.01mol) 对氨基苯磺酸晶体[1]，温热使结晶溶解，用冰盐浴冷却至 0℃以下。另在一试管中配制 0.8g（0.11mol）亚硝酸钠和 6mL 水的溶液，将此配制液也加入烧杯中。维持烧杯内溶液温度 0~5℃[2]，在搅拌下[3]，慢慢用滴管滴入 3mL 浓盐酸与 10mL 水配成的溶液，滴加完后用淀粉碘化钾试纸检测，直至呈现蓝色为止[4]。继续在冰盐浴中搅拌 15min，使之反应完全，这时往往有白色细小晶体析出。

2. 偶联反应

在试管中加入 1.3mL（0.01mol）N,N-二甲基苯胺和 1mL 冰醋酸，并混匀。在搅拌下将此混合液缓慢加到上述冷却的重氮盐溶液中，加完后继续搅拌 10min。然后缓缓加入约 25mL 5%氢氧化钠溶液，直至反应物变为橙色（此时反应液为碱性），甲基橙粗产品呈细粒状沉淀析出[5]。

将反应液置沸水浴中加热 5min，然后冷却至室温，再放入冰浴中冷却，使甲基橙晶体析出完全。抽滤，依次用少量水、乙醇和乙醚洗涤滤饼，压紧抽干，干燥后得粗产品约 3g。

粗产品用 1%氢氧化钠溶液（每克粗产物约需 25mL）进行重结晶，待结晶析出完全，抽滤，依次用少量水、乙醇和乙醚洗涤[6]，压紧抽干。得片状结晶，产量约 2.5g。

将少许甲基橙溶于水中，加几滴稀盐酸，然后再用稀碱中和，观察颜色变化。

【注意事项】

［1］对氨基苯磺酸为两性化合物，酸性强于碱性，它能与碱作用成盐而不能与酸作用成盐。

［2］重氮化过程中，应严格控制反应温度。反应温度若高于5℃，生成的重氮盐易水解为酚，会降低产率。

［3］对氨基苯磺酸的重氮盐在水中可以电离，在低温时难溶于水，会形成细小的晶体析出。为使重氮化反应完全，反应过程必须不断搅拌。

［4］用淀粉碘化钾试纸检验，若试纸变蓝色表明亚硝酸过量，析出的碘使淀粉变蓝；若试纸不显色，需补充亚硝酸钠溶液。

［5］若反应物中含有 N,N-二甲基苯胺醋酸盐，在加入氢氧化钠后就会有难溶于水的 N,N-二甲基苯胺析出，影响产物的纯度。湿的甲基橙受光的照射后，颜色很快变深，一般会得到紫红色粗产物。

［6］重结晶操作要迅速，否则由于产物呈碱性，在温度高时易变质，颜色变深。用乙醇和乙醚洗涤的目的是使产品迅速干燥。

【思考题】

1. 在重氮盐制备前为什么还要加入氢氧化钠？如果直接将对氨基苯磺酸与盐酸混合后，再加入亚硝酸钠溶液进行重氮化操作可行吗？为什么？
2. 制备重氮盐为什么要维持0～5℃的低温，温度高有何不良影响？
3. 重氮化反应为什么要在强酸条件下进行？偶合反应为什么要在弱酸条件下进行？
4. 什么叫偶联反应？试结合本实验讨论一下偶联反应的条件。
5. 试解释甲基橙在酸碱介质中的变色原因，并用反应式表示。
6. N,N-二甲基苯胺与重氮盐偶合为什么总是在氨基的对位上发生？
7. 把冷的重氮盐溶液慢慢倒入低温新制备的氯化亚铜的盐酸溶液中，将会发生什么反应？写出产物的名称。

甲基橙的红外光谱图见图5-46。

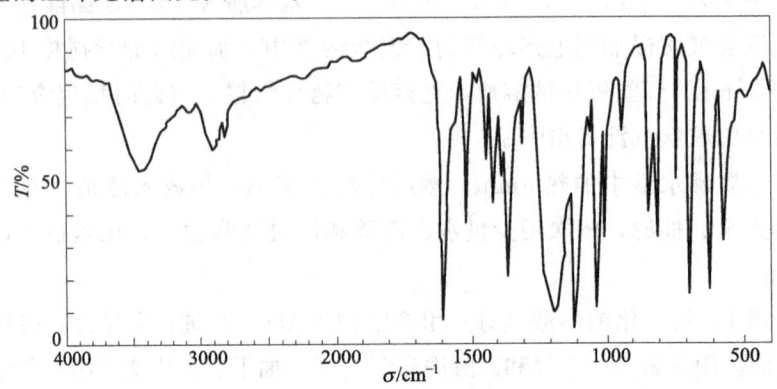

图5-46 甲基橙红外光谱图

5.1.10 杂环化合物

实验四十八　8-羟基喹啉的制备

【实验目的】

1. 掌握合成 8-羟基喹啉的原理和方法。
2. 进一步巩固回流、水蒸气蒸馏等基本操作。

【实验原理】

8-羟基喹啉（8-hydroxyquinoline）分子式为 C_9H_7NO，分子量 145，熔点 75~76℃，白色或淡黄色晶体或结晶性粉末，不溶于水，溶于乙醇、丙酮、氯仿和苯，能升华，低毒，腐蚀性较小。8-羟基喹啉广泛用于金属的测定和分离，是合成染料和药物的中间体，其硫酸盐和铜盐络合物是优良的杀菌剂。

Skraup 反应是合成杂环化合物——喹啉类化合物的重要方法。该反应将芳胺类化合物与无水甘油、浓 H_2SO_4 及弱氧化剂硝基化合物等一起加热而得到喹啉类化合物。浓 H_2SO_4 作用是使甘油脱水成丙烯醛，并使苯胺与丙烯醛的加成物脱水成环。硝基化合物则将 1,2-二氢喹啉氧化成喹啉，自身被还原成芳胺，也可参与缩合反应。另外，Skraup 反应中所用的硝基化合物须与芳胺的结构相对应，否则将导致产生混合产物。合成 8-羟基喹啉的反应式如下：

$$\underset{\text{OH OH OH}}{H_2C-CH-CH_2} \xrightarrow{\text{浓 } H_2SO_4} CH_2=CHCHO + H_2O$$

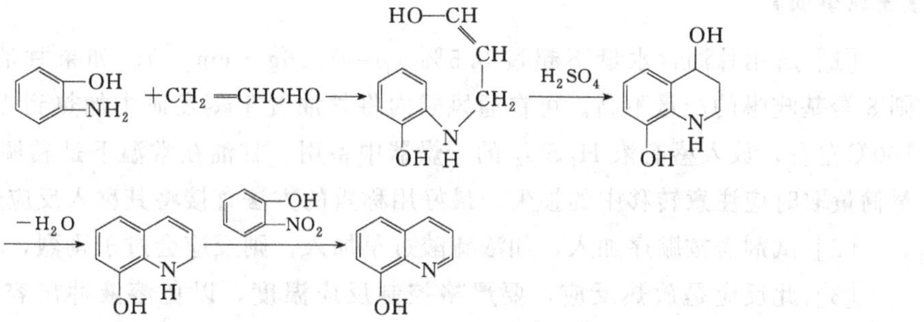

（反应式图）

【实验药品】

甘油，邻硝基苯酚，邻氨基苯酚，浓硫酸，氢氧化钠溶液，饱和碳酸钠溶液，乙醇。

【实验仪器】

三颈烧瓶，球形冷凝管，恒压滴液漏斗，接引管，圆底烧瓶，直形冷凝管，水浴锅，抽滤瓶，布氏漏斗，量筒，循环水式真空泵。

【实验装置】

制备 8-羟基喹啉的实验装置见图 5-47。

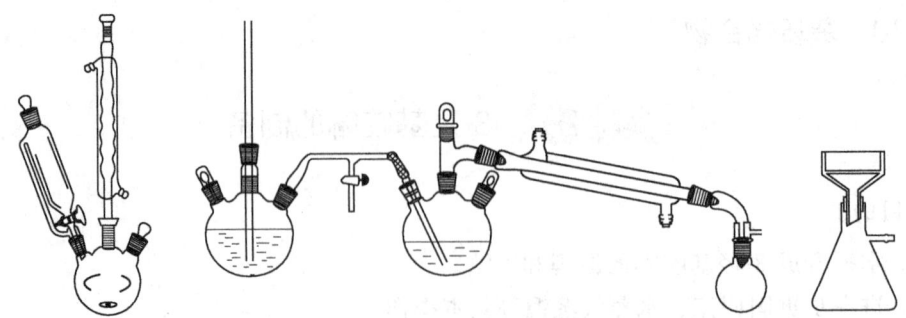

图 5-47　制备 8-羟基喹啉的实验装置

【实验步骤】

在 100mL 三颈烧瓶中加入 1.8g（0.013mol）邻硝基苯酚、2.8g（0.025mol）邻氨基苯酚和 7.5mL（9.5g，0.1mol）无水甘油[1]，振荡，使之混匀。再缓慢滴入 4.5mL 浓硫酸[2]，于冷水浴上冷却。装上球形冷凝管，用电热套加热，当溶液微沸时[3]，移开热源。反应大量放热，待反应缓和后，继续加热，保持反应物微沸 1h。冷却后，加入 15mL 水，充分摇匀，进行水蒸气蒸馏，除去未反应的邻硝基苯酚（约 30min），直至馏分由浅黄色变为无色为止。待瓶内液体冷却后，慢慢滴加约 7mL（质量比 1∶1）氢氧化钠溶液，于冷水中冷却，摇匀后，再小心滴加约 5mL 饱和碳酸钠溶液，使之呈中性[4]。再加入 20mL 水进行水蒸气蒸馏[5]，蒸出 8-羟基喹啉。待馏出液充分冷却后，抽滤，洗涤，干燥，得粗产物约 5g。粗产物用 4∶1（体积比）乙醇-水混合溶剂重结晶，得 8-羟基喹啉 2～2.5g（产率 54%～68%）。

【注意事项】

[1] 所用甘油含水量不超过 0.5%（$\rho=1.26 g \cdot cm^{-3}$）。如果甘油含水量较大，则 8-羟基喹啉的产量不高。可在通风橱内将甘油置于蒸发皿中加热到 180℃，冷却至 100℃左右，放入盛有浓 H_2SO_4 的干燥器中备用。甘油在常温下是黏稠状液体，若用量筒量取时应注意转移中的损失，最好用称重的方法直接将其称入反应烧瓶中。

[2] 试剂需按顺序加入，如浓硫酸过早加入，则反应会过于剧烈，不易控制。

[3] 此反应是放热反应，要严格控制反应温度，以免溶液冲出容器。溶液微沸时，说明反应开始，不应再加热，防止冲料。

[4] 8-羟基喹啉既溶于碱，又溶于酸而成盐，且成盐后不易被水蒸气蒸馏出来，为此必须小心中和，严格控制 pH 值在 7～8 之间。当中和恰当时，瓶内析出的 8-羟基喹啉沉淀最多。

[5] 第一步水蒸气蒸馏是除去未反应的原料，反应最好在搅拌下进行，由于反应物较稠，容易聚热，应经常振荡；第二步水蒸气蒸馏是蒸出产物，所以在这之前的中和至关重要，在加入氢氧化钠后，足以使 8-羟基喹啉硫酸盐（包括原料邻氨基苯酚硫酸盐）中和。为确保产物蒸出，水蒸气蒸馏后，对残液 pH 值再进行一次检查，必要时再进行一次水蒸气蒸馏。

【思考题】

1. 8-羟基喹啉的合成机理是什么？
2. 为什么第一次水蒸气蒸馏在酸性条件下进行，第二次又要在中性条件下进行？
3. 在反应中如用对甲基苯胺作原料应得到什么产物？硝基化合物应如何选择？
4. 为什么在第二次水蒸气蒸馏前，一定要很好地控制 pH 范围？碱性过强时有何不利？若碱性过强应该如何补救？

8-羟基喹啉的红外光谱图见图 5-48。

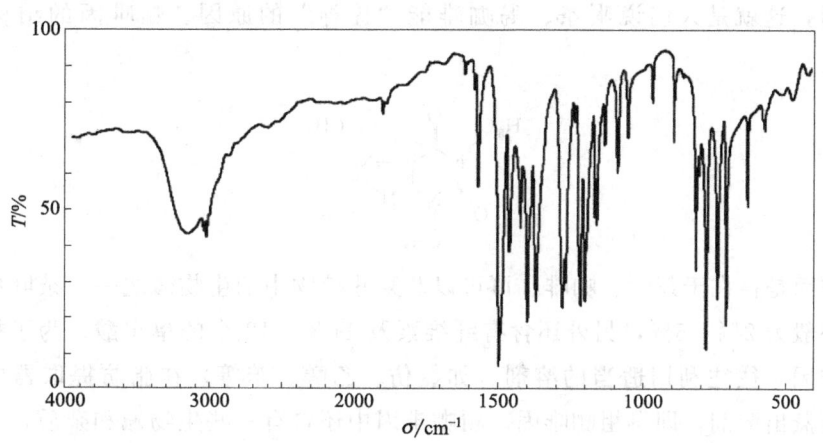

图 5-48　8-羟基喹啉红外光谱图

5.2　天然产物的提取和分离

　　天然产物是从天然植物或者动物资源衍生出来的物质。天然产物种类繁多，广泛存在于自然界中。多数天然产物的提取物具有特殊的生理效能，可用作药物、香料和染料。例如从青蒿中提取的青蒿素，可以有效地治疗疟疾，它拯救了成千上万人的生命，我国科学家屠呦呦由于在这方面做出的杰出贡献而获得了 2015 年诺贝尔生理学或医学奖。天然产物的分离、提纯和鉴定是有机化学中一个十分活跃的领域。我国有着独特和丰富的天然中药资源，因而对中药有效成分的分离和研究有着得天独厚的优势。随着现代色谱和波谱技术的发展，对天然产物的分离和鉴定变得更为有利和方便。本节选择介绍了几种较为典型的天然产物的提取分离方法。

实验四十九　从茶叶中提取咖啡因

【实验目的】

1. 掌握从茶叶中提取咖啡因的原理及方法。
2. 巩固回流、蒸馏的操作，学习升华法提纯物质的操作。

【实验原理】

咖啡因（caffeine）的化学名称为 1,3,7-三甲基-2,6-二氧嘌呤，分子式为 $C_8H_{10}N_4O_2$，分子量 194，无水咖啡因的熔点为 234.5℃。含结晶水的咖啡因系无色针状结晶，味苦，呈弱碱性，能溶于水、丙酮、乙醇、氯仿等。其在 100℃ 时即失去结晶水，并开始升华，120℃ 时升华相当显著，至 178℃ 时升华很快。咖啡因是一种重要的医药工业原料，有消除疲劳的功效，能减弱酒精、烟碱、吗啡等物质的毒害，增加肾脏血流量，具有利尿和强身等作用。咖啡因也有兴奋神经中枢、强心的作用，这就是人们说喝茶、喝咖啡能"提神"的原因。咖啡因的结构式如下所示：

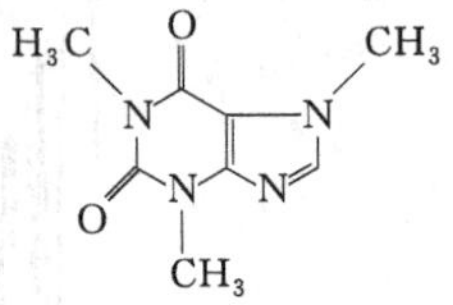

咖啡因是存在于茶叶、咖啡、可可以及某些植物中的生物碱之一。茶叶中咖啡因的含量一般为 2%～5%，另外还含有纤维素及 11%～12% 的单宁酸。为了提取茶叶中的咖啡因，往往利用适当的溶剂（如氯仿、乙醇、苯等）在脂肪提取器中连续萃取，然后蒸出溶剂，即得粗咖啡因。粗咖啡因中还含有一些生物碱和杂质，可利用升华法进一步纯化。

咖啡因可以通过测定熔点及光谱法加以鉴别。此外，还可以通过制备咖啡因水杨酸盐衍生物进一步得到确证。咖啡因作为碱，可与水杨酸作用生成水杨酸盐，此盐的熔点为 137℃。

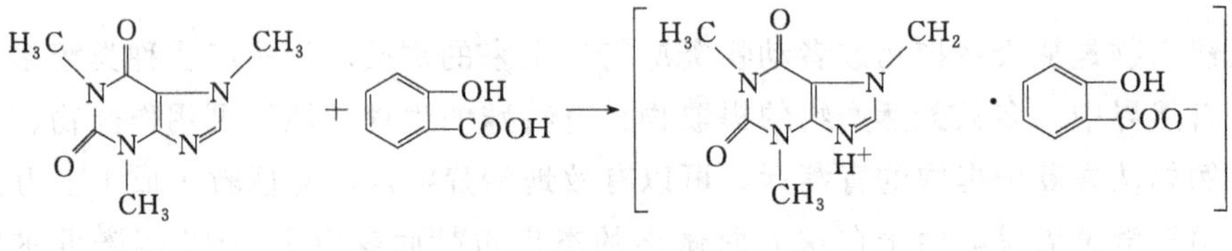

方法一：乙醇提取法

【实验药品】

茶叶，95%乙醇，生石灰。

【实验仪器】

圆底烧瓶，蒸馏头，温度计，直形冷凝管，恒压滴液漏斗，接引管，油浴锅，玻璃漏斗，研钵，蒸发皿，酒精灯，石棉网，熔点测定仪。

【实验装置】

利用乙醇从茶叶中提取咖啡因的实验装置见图 5-49。

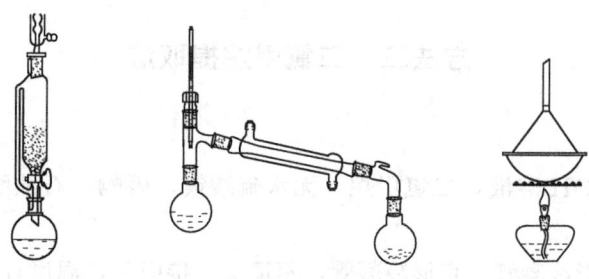

图 5-49 利用乙醇从茶叶中提取咖啡因的实验装置

【实验步骤】

将脱脂棉塞在恒压滴液漏斗颈部[1]，然后装入 10g 研碎的茶叶。在 250mL 圆底烧瓶内加入 80mL 95％乙醇和少许沸石，油浴加热，使沸腾的乙醇蒸气从恒压滴液漏斗侧管上升，当被冷凝管冷凝的乙醇在滴液漏斗内达到一定高度时，调节滴液漏斗活塞，使冷凝液的滴入速度与漏斗的滴出速度一致。连续提取 2h 后停止加热。冷却后，将恒压滴液漏斗改换成蒸馏装置，蒸馏至瓶内剩 10～15mL 左右的墨绿色提取液为止[2]。将残液趁热倾入蒸发皿中，加入 7～8g 生石灰粉，用酒精灯微热，并用玻璃棒不断搅拌，控制温度不超过 100℃，将其炒干，研磨成小颗粒状。将蒸发皿移至石棉网上加热[3]，将一张刺有许多分布均匀小孔的圆滤纸盖在蒸发皿上，再罩上一只干燥的玻璃漏斗，漏斗颈部塞少许脱脂棉，缓慢加热，使咖啡因升华[4]。当滤纸上出现针状结晶时，调节酒精灯高度使升华速度尽可能减慢，以提高咖啡因纯度和收率。当玻璃漏斗出现棕色烟雾时，表示升华完毕，停止加热。待温度冷却至 100℃ 以下，揭开漏斗和滤纸，收集滤纸上及漏斗内壁的咖啡因，称重[5]，测熔点。

【注意事项】

[1] 提取咖啡因一般采用索氏提取器，但虹吸管容易断裂，而且清洗比较困难，在使用和保管中都需要十分小心。用价格相对便宜的恒压滴液漏斗代替索氏提取器，简便易行，能实现平衡状态下的连续萃取，提高了提取效率，缩短了实验时间，可取得满意的效果。

[2] 乙醇不可蒸得太干，否则残液会很黏，转移时不易倒出。

[3] 升华时，蒸发皿中的样品要铺放均匀。

[4] 在整个升华过程中，要严格控制加热温度；若温度太高，将导致滤纸炭化，一些有色物质也会被带出来，使产品发黄，影响产品的质量。

[5] 称量产品时，由于产品质量较少，要用万分之一电子天平来称量。

【思考题】

1. 生石灰的作用是什么？
2. 萃取液中可能含有哪些物质？
3. 为什么从茶叶中提取的粗咖啡因有绿色光泽？
4. 焙炒是为了尽量除去水分，为什么不用大火？

方法二：二氯甲烷提取法

【实验药品】

茶叶，5% NaOH 溶液，二氯甲烷，无水硫酸镁，丙酮，石油醚。

【实验仪器】

圆底烧瓶，球形冷凝管，直形冷凝管，蒸馏头，接引管，温度计，油浴锅，玻璃漏斗，研钵，蒸发皿，酒精灯，石棉网，熔点仪。

【实验装置】

利用二氯甲烷从茶叶中提取咖啡因的实验装置见图 5-50。

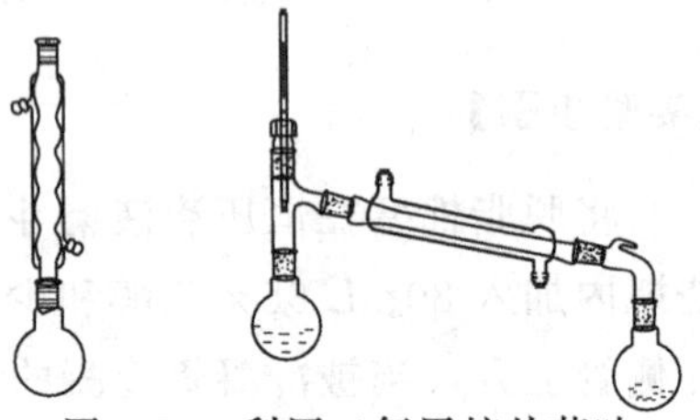

【实验步骤】

取 10g 研细的茶叶置于 250mL 单口圆底烧瓶中，加入 120mL 水，加热煮沸 1h，稍冷后用纱布代替滤纸抽滤。在所得滤液中，加入约 1/7 体积的 5% NaOH 溶液。搅拌，将混合溶液转入分液漏斗中，分别用 20mL 二氯甲烷萃取四次[1]，合并有机相，用无水硫酸镁干燥，过滤，蒸馏回收二氯甲烷。所得粗产品用少量的丙酮溶解[2]，控制溶液温度为 80℃，向其中缓慢加入石油醚，直至溶液刚开始出现浑浊，冷却结晶，抽滤，得白色晶体，干燥称重，测熔点。

【注意事项】

[1] 如果用二氯甲烷萃取时出现乳化层，可加入少量无水硫酸镁消除乳化。

[2] 如残渣中加入 6mL 丙酮温热后仍不溶解，说明其中带入了无水硫酸镁。此时应补加丙酮至 20mL，用折叠滤纸过滤除去无机盐，然后将丙酮蒸发至 5mL，再滴加石油醚。

【思考题】

1. 试评价乙醇提取法和二氯甲烷提取法各自的优缺点。
2. 向抽滤液中加入 5% NaOH 溶液的作用是什么？

咖啡因的红外光谱图见图 5-51。

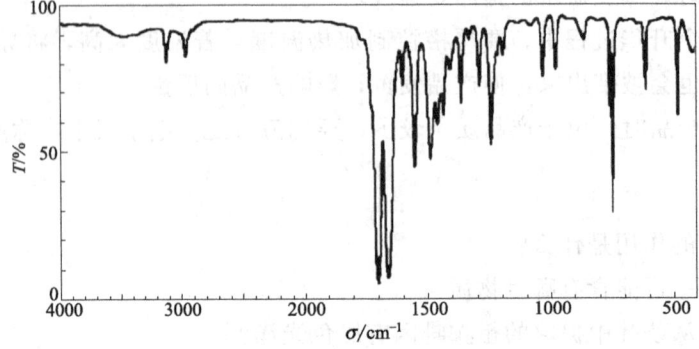

图 5-50　利用二氯甲烷从茶叶中提取咖啡因的实验装置

图 5-51　咖啡因红外光谱图

实验五十　从橙皮中提取柠檬烯

【实验目的】

1. 掌握从橙皮中提取柠檬烯的原理及方法。
2. 巩固水蒸气蒸馏的操作。

【实验原理】

柠檬烯（limonene）的化学名称为 1-甲基-4-(1-甲基乙烯基)环己烯，分子式为 $C_{10}H_{16}$，分子量 136，沸点 175.5~176.5℃，相对密度 1.28，可与乙醇混溶，几乎不溶于水。柠檬烯在常温下是一种无色或浅黄色的油状液体，有类似柠檬的香味。柠檬烯属于萜类化合物。萜类化合物是指基本骨架是由两个或更多的异戊二烯以头尾相连而构成的一类化合物，根据分子中的碳原子数目可以分为单萜、倍半萜和多萜等。柠檬烯是一环状单萜类化合物。柠檬烯分子中有一个手性中心，其 S-(−)-异构体存在于松针油、薄荷油中，R-(＋)-异构体存在于柠檬油、橙皮油中，外消旋体存在于香茅油中。柠檬烯具有良好的镇咳、祛痰、抑菌作用，在食品中作为香精、香料和添加剂被广泛使用，在临床上复方柠檬烯可用于利胆、溶石、促进消化液分泌和排除肠内积气。柠檬烯的结构式如下：

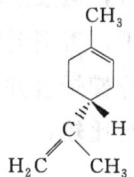

精油是植物组织经水蒸气蒸馏得到的挥发性成分的总称，大部分具有令人愉快的香味，主要组成为单萜类化合物。由于精油温度高时易分解，在工业上经常用水蒸气蒸馏的方法来收集它。柠檬、橙子和柚子等水果果皮通过水蒸气蒸馏得到一种精油，其主要成分（90%以上）是柠檬烯。本实验是先用水蒸气蒸馏法把柠檬烯从橙皮中提取出来，再用二氯甲烷萃取，蒸去二氯甲烷以获得精油，然后测定其折射率和比旋光度。

【实验药品】

新鲜橙子皮，二氯甲烷，无水硫酸钠。

【实验仪器】

三颈烧瓶，止水夹，蒸馏头，圆底烧瓶，温度计，直形冷凝管，接引管，分液漏斗，锥形瓶，阿贝折光仪，旋光仪，循环水式真空泵。

【实验装置】

提取柠檬烯的实验装置见图 5-52。

【实验步骤】

将 2~3 个橙子的外皮剪成细小的碎片[1]，投入 250mL 三颈烧瓶中，加入约

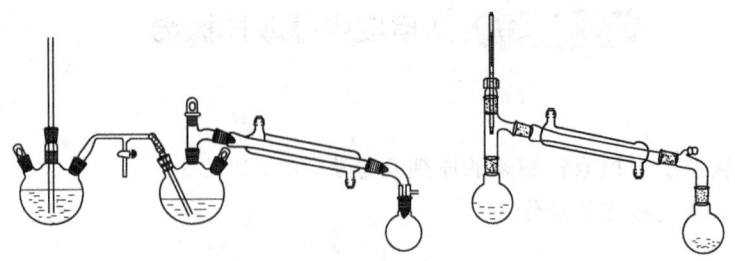

图 5-52　提取柠檬烯的实验装置

30mL 水，安装水蒸气蒸馏装置。加热，水蒸气蒸馏即开始进行，可观察到在馏出液的水面上有一层很薄的油层。当馏出液收集 60～70mL 时，松开止水夹，然后停止加热。将馏出液转移到分液漏斗中，用二氯甲烷萃取 3 次，每次 10mL。合并萃取液，置于干燥的 50mL 锥形瓶中，加入适量无水硫酸钠干燥。将干燥好的溶液滤入 50mL 圆底烧瓶中，水浴加热蒸馏。当二氯甲烷基本蒸完后改用水泵减压蒸馏以除去残留的二氯甲烷[2]。最后瓶中只留下少量橙黄色液体即为柠檬烯，测定柠檬烯的折射率和比旋光度（纯的柠檬烯的折射率为 1.4727；比旋光度为 +125.6°）[3]。

【注意事项】

[1] 橙皮最好是新鲜的，干的亦可，但效果较差。

[2] 产品中的二氯甲烷一定要抽干，否则会影响产品的纯度。

[3] 测定比旋光度可将所得几份柠檬烯合并起来，用 95% 乙醇配成 5% 溶液进行测定，用同样浓度的纯柠檬烯溶液进行比较。

【思考题】

1. 为什么要将橙皮剪碎？
2. 能进行水蒸气蒸馏的物质必须具备哪几个条件？
3. 在催化剂存在下，柠檬烯和两分子氢加成的产物是什么？还有光学活性吗？为什么？柠檬烯的红外光谱图见图 5-53。

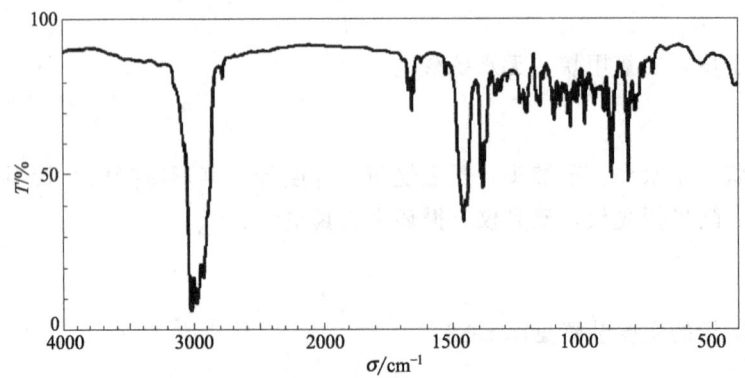

图 5-53　柠檬烯红外光谱图

实验五十一　从黄连中提取黄连素

【实验目的】

1. 掌握从黄连中提取黄连素的原理和方法。
2. 进一步巩固回流提取、减压过滤和重结晶操作。

【实验原理】

黄连素（berberine）又称小檗碱，分子式为 $C_{20}H_{18}NO_4$，分子量 336，熔点 145℃。黄连素是黄色针状晶体，微溶于水和乙醇，较易溶于热水和热乙醇中，几乎不溶于乙醚。黄连素存在三种互变异构体，但自然界多以季铵碱的形式存在，其三种异构体的分子结构如下所示：

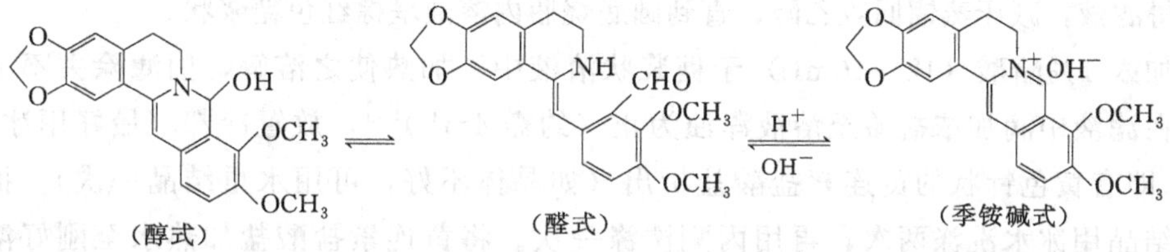

（醇式）　　　（醛式）　　　（季铵碱式）

黄连为我国特产药材之一，有很强的抗菌、消炎、止泻能力，对急性菌痢、急性肠炎、百日咳、猩红热等各种急性化脓性感染和各种急性外眼炎症都有效。黄连中含有多种生物碱，黄连素是其主要有效成分，随野生、栽培和产地的不同，黄连中黄连素的含量 4%～10%。含黄连素的植物很多，如黄连、黄柏、三颗针、伏牛花、白屈菜、南天竹等均可作为提取黄连素的原料，但以黄连和黄柏中的含量较高。

黄连素被硝酸等氧化剂氧化可转变为樱红色的氧化黄连素，黄连素在强碱中可部分转化为醛式黄连素，在此条件下，再加几滴丙酮，即可发生缩合反应，生成丙酮与醛式黄连素缩合产物（黄色沉淀）。黄连素的盐酸盐、氢碘酸盐、硫酸盐和硝酸盐均难溶于冷水，易溶于热水，故可用水对其进行重结晶，从而达到纯化目的。本实验将黄连素提取液浓缩后，再加酸进行酸化，得到相应的盐，粗产品再采取重结晶的方法进一步提纯。

【实验药品】

黄连，乙醇，1%醋酸，石灰乳，丙酮，浓盐酸，浓硫酸，浓硝酸，20%氢氧化钠溶液。

【实验仪器】

圆底烧瓶，球形冷凝管，直形冷凝管，蒸馏头，温度计，接引管，布氏漏斗，抽滤瓶，循环水式真空泵。

【实验装置】

提取黄连素的实验装置见图 5-54。

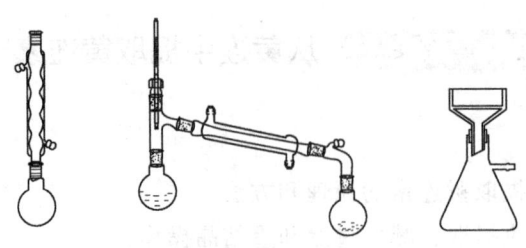

图 5-54　提取黄连素的实验装置

【实验步骤】

1. 提取

称取 4g 磨细的中药黄连，放入 100mL 圆底烧瓶中，加入 30mL 乙醇，装上球形冷凝管，在热水浴中加热回流 0.5h，冷却，抽滤，滤渣重复上述操作处理两次[1]。合并三次所得滤液，减压蒸馏回收乙醇，直到圆底烧瓶内溶液呈棕红色糖浆状。

加入 1%醋酸（12～16mL）于糖浆状溶液中，加热使之溶解，抽滤除去不溶物。然后在滤液中滴加浓盐酸至溶液浑浊为止（约需 4mL）[2]，放置冷却（最好用冰水冷却），即有黄色针状的黄连素盐酸盐析出（如晶体不好，可用水重结晶一次）。抽滤，所得结晶用冰水洗涤两次，再用丙酮洗涤一次。将黄连素盐酸盐加热水至刚好溶解，煮沸，用石灰乳调节 pH 为 8.5～9.8，冷却后滤去杂质，滤液继续冷却到室温以下，即有针状体的黄连素析出。抽滤，结晶在 50～60℃烘干可得黄连素。

2. 产品检验

方法一：取盐酸黄连素少许，加浓硫酸 2mL，溶解后加几滴浓硝酸，即得到红色溶液。

方法二：取盐酸黄连素约 50mg，加蒸馏水 5mL，缓缓加热，溶解后加 20%氢氧化钠溶液 2 滴，显橙色，冷却后过滤。滤液加丙酮 4 滴，即发生浑浊，放置后可生成黄色的丙酮黄连素沉淀。

【注意事项】

［1］本实验也可用索氏提取器连续提取。

［2］滴加浓盐酸前，不溶物要去除干净，否则影响产品的纯度。

【思考题】

1. 黄连素为哪种生物碱类的化合物？
2. 制备黄连素盐酸盐时加醋酸的目的是什么？
3. 将黄连素盐酸盐转化为黄连素时，为何要用石灰乳来调节 pH 值？用强碱氢氧化钠行不行？为什么？
4. 黄连素的紫外光谱上有何特征？

黄连素盐酸盐的红外光谱图见图 5-55。

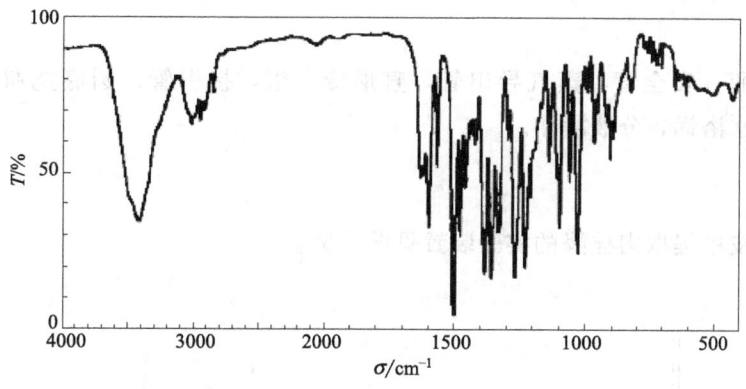

图 5-55 黄连素盐酸盐红外光谱图

实验五十二 从肉桂皮中提取肉桂醛

【实验目的】

1. 掌握分离与提取肉桂醛的原理与方法。
2. 进一步掌握水蒸气蒸馏与官能团鉴定的方法。

【实验原理】

肉桂醛（cinnamaldehyde）是一种醛类有机化合物，分子式为 C_9H_8O，分子量 132，相对密度 1.05，沸点 253℃。肉桂醛为黄色黏稠状液体，大量存在于肉桂等植物体内，有强烈的桂皮油和肉桂油的香气，可作为香料。它难溶于水、甘油和石油醚，易溶于丙酮、乙醇、二氯甲烷、氯仿、四氯化碳等有机溶剂，能随水蒸气挥发。在强酸性或者强碱性介质中不稳定，易变色，在空气中会缓慢氧化成肉桂酸。自然界中天然存在的肉桂醛均为反式结构，化学名称为反-3-苯基丙烯醛，其结构式如下：

由于肉桂醛易被氧化，采用普通蒸馏等其他蒸馏会引入其他杂质，纯度不高。肉桂醛可以随着水蒸气挥发出来，因此本实验采用水蒸气蒸馏法提取粗产品，然后进一步将水中的肉桂醛用二氯甲烷萃取出来，去除溶剂可得产品。根据肉桂醛的结构式，可知它含有醛基、碳碳双键等官能团，可以利用它们的特征反应来进行肉桂醛官能团的鉴定。肉桂醛也可以用薄层色谱、红外光谱等进一步鉴定。

【实验药品】

肉桂皮，二氯甲烷，无水氯化钙，2,4-二硝基苯肼，硝酸银溶液（5%），浓氨水，溴的四氯化碳溶液。

【实验仪器】

三颈烧瓶,安全管,蒸气导出管,直形冷凝管,接引管,圆底烧瓶,球形冷凝管,量筒,水浴锅,分液漏斗。

【实验装置】

从肉桂皮中提取肉桂醛的实验装置见图 5-56。

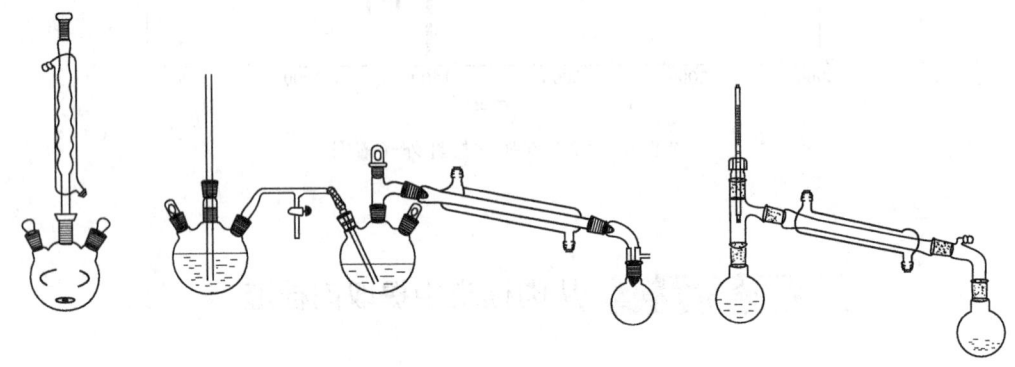

图 5-56　从肉桂皮中提取肉桂醛的实验装置

【实验步骤】

1. 提取

取 10g 肉桂皮,研成粉末[1],加入盛有 100mL 水的 250mL 三颈烧瓶中,加入磁力搅拌子,装上球形冷凝管,加热回流 10min,使肉桂皮粉末充分润湿（防止焦化）。冷却后,改为水蒸气蒸馏装置,调整蒸馏液的流出速度为 2~3 滴/s,此时肉桂醛与水的混合物以乳浊液流出,当馏出液基本澄清后,停止收集。馏出液用二氯甲烷萃取 3 次[2],每次 20mL,萃取液合并后,用无水氯化钙干燥。过滤后蒸馏,回收二氯甲烷,将浓缩液称重[3],计算提取率。

2. 产品检验

（1）羰基的鉴定：取 2,4-二硝基苯肼试剂 2mL 于试管中[4],加入 3~4 滴浓缩液,振荡,静止片刻后有橙黄色或橙红色沉淀生成,说明有羰基存在。

（2）醛基的鉴定：在洁净的试管中加入 2mL 5%的硝酸银溶液,振荡下滴加浓氨水,开始溶液中产生棕色沉淀,继续滴加氨水,直至沉淀恰好溶解为止,得到澄清溶液。然后向试管中加入浓缩液 2~3 滴,无现象。在水浴上加热有银镜生成,说明有醛基。

（3）碳碳双键的鉴定：取少量提纯后的样品于试管中,向其中加入 2~3 滴溴的四氯化碳试液,溴的红棕色褪去且无其他现象,说明有不饱和键,即碳碳双键。

【注意事项】

[1] 肉桂皮要用粉碎机粉碎或用研钵研碎。

[2] 二氯甲烷具有毒性,蒸馏要在通风橱中进行。

[3] 肉桂醛易被氧化,所以不要与空气接触太长时间。

[4] 在进行官能团鉴定时应保持试管的洁净，防止杂质导致实验现象不准确。

【思考题】

1. 简要写出从肉桂皮中提取肉桂醛的流程图。
2. 为什么采用水蒸气蒸馏方法提取肉桂醛？是否有其他的提取方法？
3. 可用哪些方法来鉴定肉桂醛的结构？

肉桂醛的红外光谱图见图 5-57。

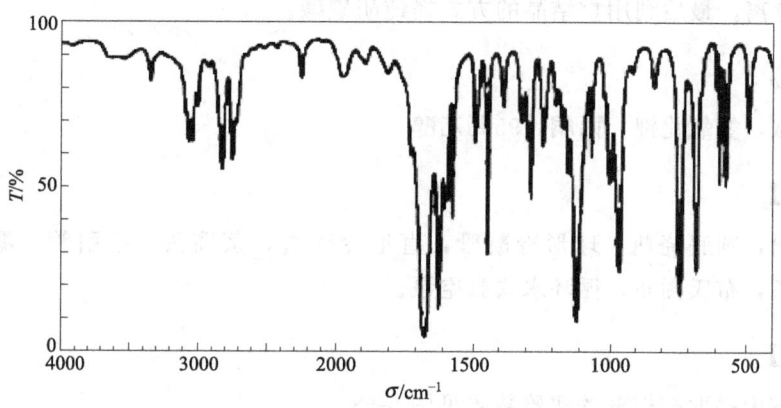

图 5-57　肉桂醛红外光谱图

实验五十三　从胡椒中提取胡椒碱

【实验目的】

1. 了解胡椒碱的性质。
2. 掌握重结晶法分离提纯固态有机物的基本原理和操作。

【实验原理】

胡椒有"香料之王"的美称，它是世界上古老而著名的香料作物，广泛用作厨房烹饪调味料。此外，在食品加工业上，胡椒可用作防腐剂来延长食品的保存期。在医学上，胡椒可以作为驱风剂与退热剂用来治疗消化不良与普通感冒。

胡椒碱（piperine）是一种酰胺类有机化合物，其化学名称为 (E,E)-1-[5-(1,3-苯并二氧戊环-5-基)-1-氧代-2,4-戊二烯基]-哌啶，分子式为 $C_{17}H_{19}NO_3$，分子量 285，熔点 130~133℃，常温下为白色晶体粉末。胡椒碱是胡椒中主要的活性化学物质，在自然界中广泛存在，尤其在胡椒科植物中大量存在。胡椒碱易溶于氯仿、乙醇、丙酮、苯、醋酸中，微溶于乙醚，不溶于水和石油醚，是制药行业多种药物必需的原料和中间体。此外，将胡椒加工成胡椒碱，可提高附加值 10 倍，而且胡椒碱在国内外市场广阔，经济效益十分可观。胡椒碱的结构式如下：

由于胡椒碱结构中共轭链较长,因此具有抗氧化性(其抗氧化能力相当于维生素的60%),另外还具有扩张胆管等作用。胡椒碱属于生物碱,但碱性很弱,在市售的白胡椒中含量大约为2%,而黑胡椒中含量高达6%~8%。本实验利用胡椒来提取胡椒碱,通过回流来增大胡椒碱在有机溶剂中的含量,然后蒸除溶剂浓缩,再加入强碱使胡椒碱游离,最后利用重结晶的方式提纯胡椒碱。

【实验药品】

白胡椒,氢氧化钾,丙酮,95%乙醇。

【实验仪器】

水浴锅,圆底烧瓶,球形冷凝管,直形冷凝管,蒸馏头,接引管,温度计,烧杯,抽滤瓶,布氏漏斗,循环水式真空泵。

【实验装置】

从胡椒中提取胡椒碱的实验装置见图5-58。

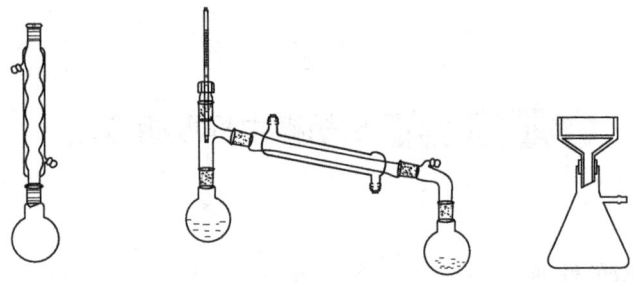

图5-58 从胡椒中提取胡椒碱的实验装置

【实验步骤】

取白胡椒10g[1],清洗干净后粉碎,装入100mL圆底烧瓶中,再向烧瓶中加入40mL 95%乙醇。加热回流,使冷凝液滴回烧瓶的速度控制在1~2滴/s。随着回流的进行,可以观察到乙醇的颜色变深。回流2h,此时溶液变成深棕色,带有一股胡椒的辛味和一股淡淡的香气,应为胡椒精油[2]。

将回流装置改为蒸馏装置,浓缩提取液,同时回收提取液中的大部分乙醇。当浓缩至原提取液的1/10时,过滤除去胡椒的渣滓。将10mL 2mol·L^{-1}氢氧化钾-乙醇溶液倒入胡椒碱的浓缩液中[3],充分搅拌后,再一次过滤。滤液中加入等量的水,会有大量黄色晶体析出,减压抽滤,干燥,得到胡椒碱粗产品。

将得到的胡椒碱粗产品溶解在丙酮中,微热促使胡椒碱粗产品完全溶解。观察是否有沉淀。若有沉淀,进行过滤;若无沉淀,则加入与丙酮等量的水,有大量白色晶体析出。此操作反复进行 2～3 次，待胡椒碱晶体不呈现黄色即可。干燥后得到纯胡椒碱，称重，计算收率，测熔点。

$$胡椒碱收率＝胡椒碱质量/白胡椒质量×100\%$$

【注意事项】

［1］如果使用黑胡椒作为原料进行胡椒碱的提取，则产量更高。

［2］胡椒精油具有很强的刺激性，容易刺激鼻腔黏膜使人打喷嚏。尽量避免回流时乙醇蒸气带着胡椒精油挥发出来，在实验中注意通风。

［3］在乙醇的粗萃取液中，除了含有胡椒碱外还有酸性树脂类物质。为了防止这些杂质与胡椒碱一起析出，把稀的 KOH-乙醇溶液加至浓缩的提取液中，使酸性物质成为钾盐而留在溶液中，以避免胡椒碱与酸性物质一起析出，从而达到提纯胡椒碱的目的。加入 KOH-乙醇溶液后，若无沉淀，过滤可省去。

【思考题】

1. 简要写出用胡椒提取胡椒碱的流程图。
2. 加入氢氧化钾-乙醇溶液的目的是什么？
3. 除了用实验中方法对胡椒中的胡椒碱提取外，还可以采用什么方法进行提取？胡椒碱的红外光谱图见图 5-59。

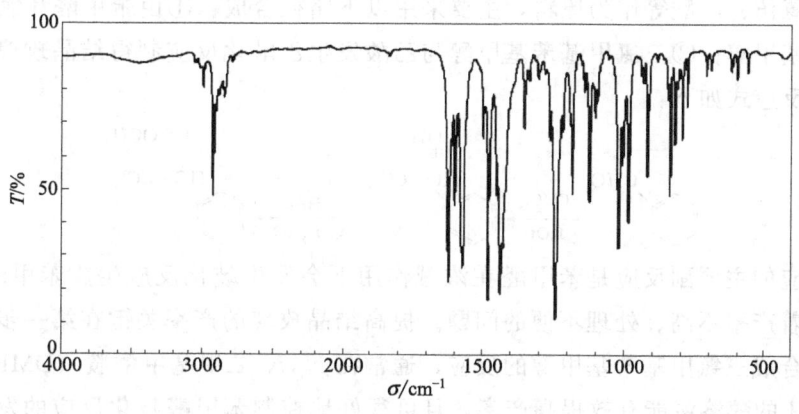

图 5-59　胡椒碱红外光谱图

5.3　综合性实验

有机化学综合实验内容的复杂程度大于有机化学基础实验，体现在采用多种类型反应、多步骤合成才能合成一个有价值的目标化合物。每个综合实验都是由几个关联实验构成，是多个实验的组合，是合成与鉴定手段的组合，或者是几个化学二级学科知识的综合应用，需要较多时间和精力的付出，需要耐心细致的工作，每一个环节都关系到整体实验工作的成败。

有机化学综合实验注重培养学生初步的研究意识和创新性思维方式，学生通过这个阶段的训练可进一步巩固以前在有机化学基础实验课程中所学到的知识和操作技能，更重要的是学会综合运用化学知识，提高分析和解决问题的能力。

实验五十四 结晶玫瑰的制备

【实验目的】

1. 掌握结晶玫瑰的合成方法，了解相转移催化剂的使用方法和原理。
2. 进一步巩固水蒸气蒸馏、重结晶等操作。
3. 掌握薄层色谱检测反应的操作。

【实验原理】

结晶玫瑰（rosone）是香精的优良定香剂，其化学名称为三氯甲基苄醇乙酸酯，分子式为 $C_{10}H_9Cl_3O_2$，分子量 267，熔点 86~88℃，密度 $1.381g/cm^3$，纯品为白色结晶。结晶玫瑰不溶于水，微溶于乙醇，固态香气较弱，在溶液中有强烈的玫瑰香气，香气持久而有力，是花香型香精优良的定香剂。它的合成方法有多种，一般采用苯甲醛、氯仿、乙酸等作为原料，主要采用以下路径合成：①由苯甲醛和氯仿合成三氯甲基苯基甲醇；②三氯甲基苯基甲醇与乙酸发生乙酰化反应制得结晶玫瑰。合成结晶玫瑰的反应式如下：

$$\text{PhCHO} \xrightarrow[\text{KOH}]{\text{CHCl}_3} \text{PhCH(OH)CCl}_3 \xrightarrow[\text{浓 H}_2\text{SO}_4]{\text{HAc}} \text{PhCH(OCOCH}_3)\text{CCl}_3$$

该反应的主要副反应是苯甲醛在浓碱作用下会发生歧化反应生成苯甲酸和苄醇，因此存在着产率不高、处理不便的问题。提高结晶玫瑰的产率关键在第一步，即苯甲醛和氯仿合成三氯甲基苯基甲醇的反应，通常在 N,N-二甲基甲酰胺（DMF）溶剂中滴加 KOH 的醇溶液能有效提高产率，且可很好地控制苯甲醛歧化反应的发生，最终结晶玫瑰的收率可达 80%。但是这种方法使用了大量昂贵的 DMF 溶剂，回收较难，增加了成本。

一般在相转移催化的反应中，存在水溶液和有机溶剂两相，相转移催化剂可以与水相中的离子结合，并利用自身对有机溶剂的亲和性，将水相中的反应物转移到有机相中，促进反应发生。研究发现，若采用相转移催化剂四丁基溴化铵同样可以得到较高收率的结晶玫瑰，简化了实验操作过程，提高了产率，降低了生产成本，且不再采用大量的 DMF 作溶剂，是一条较好的绿色合成工艺路线。

【实验药品】

苯甲醛，氯仿，四丁基溴化铵，甲醇，氢氧化钾溶液（50%），冰醋酸，浓硫酸，无水乙醇，盐酸（5%）。

【实验仪器】

水浴锅，三颈烧瓶，圆底烧瓶，球形冷凝管，蒸馏头，温度计，直形冷凝管，接引管，布氏漏斗，抽滤瓶，恒压滴液漏斗，分液漏斗，烧杯。

【实验装置】

制备结晶玫瑰的实验装置见图 5-60。

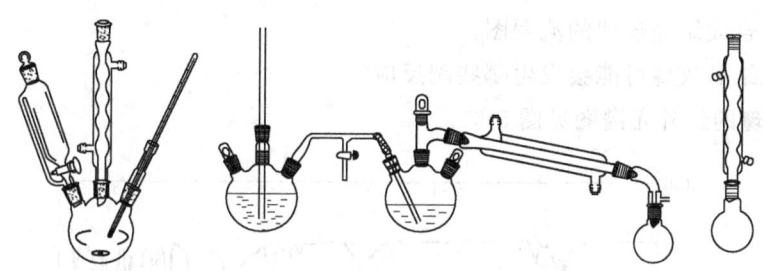

图 5-60　制备结晶玫瑰的实验装置

【实验步骤】

1. 三氯甲基苯甲醇的合成

在 100mL 三颈烧瓶中加入 6.7mL（0.063mol）新蒸的苯甲醛、8mL（0.1mol）氯仿[1]、1mL 甲醇、0.2g 四丁基溴化铵[2]，冰水冷却，搅拌，当温度降到 0～5℃时[3]，用恒压滴液漏斗向反应瓶中滴加 7.8g 50%的氢氧化钾溶液，控制滴加速度，使反应温度不超过 5℃。氢氧化钾滴加完毕，在 10℃左右搅拌 3h，用薄层色谱检验苯甲醛反应完后，停止搅拌。先用 50mL 水分两次洗涤反应液，然后分去水层，有机相用 5%盐酸洗至中性，再水洗一次，常压蒸馏回收氯仿。回收氯仿后的粗品中含少量的苯甲醛，可用水蒸气蒸馏除去，处理后的粗品为淡黄色黏稠液体。

2. 结晶玫瑰的合成

将上一步制得的中间体 9g 和冰醋酸按 1∶1.5 的摩尔比投入 100mL 三颈烧瓶中，加入 0.5mL 浓硫酸作催化剂，再加入 0.1g 相转移催化剂四丁基溴化铵，装上球形冷凝管在 100℃下酯化 2h，反应结束后将反应液倒入盛有 100mL 水的烧杯中，边倒边迅速搅拌，溶液中将会出现固体，抽滤，固体用 5mL 乙醇洗涤后得白色产品，母液减压蒸馏，回收醋酸，残液冷却后又析出产品，处理同上。两次粗品合并，用乙醇和水的混合溶液（$V/V=9∶1$）重结晶[4]，抽滤，干燥，得白色晶状产品，测熔点，计算产率。

【注意事项】

［1］为了增加产物产率，促使反应的进行，应使氯仿过量。

［2］相转移催化之所以能有效提高第一步反应产率，主要是相转移催化剂能有效地将极性的 OH^- 从水相带入有机相，与 $CHCl_3$ 作用产生 CCl_3^-，并在有机相内与苯

甲醛发生亲核加成反应。

[3] 反应温度是第一步反应的关键之一，温度过低则反应较慢，温度过高则苯甲醛在强碱条件下易发生歧化反应。在 0~5℃ 条件下可以有效地防止苯甲醛的歧化副反应发生。

[4] 用乙醇和水的混合溶液重结晶时，为了保证产率，应严格控制溶剂的用量。

【思考题】

1. 若实验反应温度高于 5℃，则有哪些副产物生成？
2. 画出合成结晶玫瑰的流程图。
3. 合成结晶玫瑰可能会发生哪些副反应？

结晶玫瑰的红外光谱图见图 5-61。

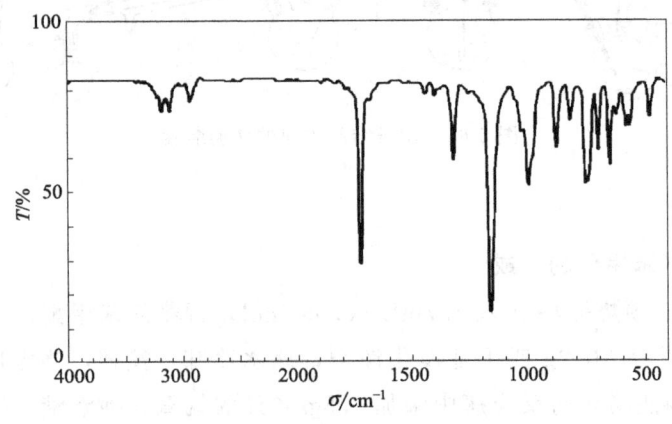

图 5-61　结晶玫瑰红外光谱图

实验五十五　对硝基苯胺的制备

【实验目的】

1. 掌握由苯胺多步连续合成对硝基苯胺的原理及方法。
2. 掌握氨基的保护和去保护的原理和实验操作。
3. 进一步巩固回流、重结晶和低温反应等操作方法。

【实验原理】

对硝基苯胺（p-nitroaniline）是染料工业中极为重要的中间体，分子式为 $C_6H_6N_2O_2$，分子量 138，熔点 148~149℃，密度 $1.4g/cm^3$，纯品为黄色针状结晶，微溶于冷水，溶于沸水、乙醇、乙醚、苯和酸性溶液。对硝基苯胺广泛应用于染料工业，还可作农药和兽药的中间体，在医药工业中可用于生产氯硝柳胺、卡巴胺、硝基安定、喹啉脲硫酸盐等，同时还是合成防老剂、光稳定剂和显影剂等的原料。

芳环上的氨基易被氧化，因此由苯胺制备对硝基苯胺，不能直接硝化，须先保护氨基。将苯胺转化为乙酰苯胺，保护氨基后再硝化，在芳环引入硝基后，再水解去保护恢复氨基，可得到对硝基苯胺。另外，氨基酰化后，降低了氨基对苯环亲电取代反应的活化能力，又因为乙酰基的空间效应，可提高生成对位产物的选择性。由苯胺合成对硝基苯胺的反应式如下所示：

$$\underset{}{C_6H_5NH_2} \xrightarrow[\text{HAc}]{(CH_3CO)_2O} \underset{}{C_6H_5NHCOCH_3} \xrightarrow[\text{浓 } H_2SO_4]{\text{浓 } HNO_3} \underset{NO_2}{\underset{}{p\text{-}O_2NC_6H_4NHCOCH_3}} \xrightarrow[\triangle]{40\%\ H_2SO_4} \underset{NO_2}{\underset{}{p\text{-}O_2NC_6H_4NH_2}}$$

【实验药品】

苯胺，活性炭，乙酸酐，浓硝酸，浓硫酸，40%硫酸，冰醋酸，碳酸钠，氢氧化钠。

【实验仪器】

水浴锅，圆底烧瓶，球形冷凝管，温度计，布氏漏斗，抽滤瓶，烧杯。

【实验装置】

制备对硝基苯胺的主要实验装置见图 5-62。

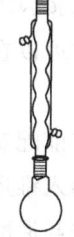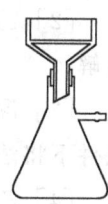

图 5-62　制备对硝基苯胺的主要实验装置

【实验步骤】

1. 乙酰苯胺的合成

将 5mL 新蒸的苯胺[1]、10mL 冰醋酸和 6mL 乙酸酐加入 100mL 圆底烧瓶中，搅拌回流 15min 左右，待反应体系颜色接近橙黄色后，移开热源，从冷凝管口加入 5mL 蒸馏水，再回流 5min。反应结束后，在搅拌条件下趁热将反应物倒入盛有 30mL 水的烧杯中，待反应体系冷却后，抽滤，以冷水洗涤滤饼，抽干，可得粗产品。再向 250mL 圆底烧瓶中加入 100mL 水和刚得到的产品，加热搅拌至完全溶解。若出现熔化呈油滴现象，则继续加热。稍冷，加入活性炭 0.5g，继续加热 10min。趁热抽滤，将滤液转移至锥形瓶中，冷却，待析晶完全后抽滤，干燥，称重，计算产率。

2. 乙酰苯胺的硝化

将 2.4g 已干燥的乙酰苯胺和 4.0mL 冰醋酸加入 50mL 圆底烧瓶中[2]，充分摇动，然后在冰水浴冷却下慢慢加入 5mL 浓硫酸，并放在冰浴中冷却至 0℃ 左右。在充分搅拌下用滴管缓慢地滴加 3.5mL 混酸（2.0mL 浓硫酸和 1.5mL 浓硝酸混合液）[3]，使硝化温度不超过 5℃[4]。混酸加完后，把锥形瓶移出冰浴，在室温中保持30min，并间歇摇动锥形瓶。在搅拌下，将反应混合液缓慢倒入盛有25mL水和25g碎冰的烧杯中，搅拌5min，抽滤。压干滤饼，用30mL冰水洗涤两次后抽干。将滤饼放入250mL烧杯中，加入20~30mL水。在不断搅拌下小心加入碳酸钠粉末[5]，直到混合物呈碱性（pH约为10）。然后将反应混合物加热至沸腾，并保持5min，再冷却到50℃，迅速抽滤[6]。并用适量冰水洗涤两次后抽干，干燥，称重，计算产率。

3. 对硝基乙酰苯胺的水解

在50mL圆底烧瓶中加入3.0g对硝基乙酰苯胺和15mL 40%的硫酸[7]，放入磁力搅拌子，回流20min。将反应液倒入盛有80mL冷水的250mL烧杯中，在搅拌下滴加20% NaOH溶液，直至溶液呈碱性，此时对硝基苯胺完全析出。然后将其冷却至室温，抽滤。滤饼用冷水洗去碱液后，在水中进行重结晶[8]，可得黄色针状晶体。干燥，称重，计算产率，测熔点。

【注意事项】

[1] 久置的苯胺因氧化而颜色较深，会影响乙酰苯胺的质量，使用前需重蒸。

[2] 乙酰苯胺可以在低温下溶解在浓硫酸中，但速度较慢，加入冰醋酸可加速其溶解。

[3] 混酸应提前配制好，冷却后使用。配制硝化反应所需要的混酸，应先在冰浴条件下将浓硝酸加入锥形瓶中，然后边摇动锥形瓶边小心加入浓硫酸。

[4] 乙酰苯胺与混酸在5℃以下作用，其主要产物为对硝基乙酰苯胺；随着温度升高，邻位产物增加，40℃以上作用则生成25%的邻硝基乙酰苯胺。因此，要控制硝化时的温度不高于5℃。

[5] 用碳酸钠洗涤的目的是除去副反应中的邻硝基乙酰苯胺。邻硝基乙酰苯胺由于硝基离乙酰氨基较近，加之p-π共轭和吸电子诱导效应，邻硝基乙酰苯胺的酸性比对硝基苯胺的酸性强，所以可用碳酸钠洗涤除去邻硝基乙酰苯胺。

[6] 当pH为10时，对硝基乙酰苯胺不水解，邻位异构体易水解成邻硝基苯胺，而后者在50℃时又溶于碱液，故可用减压过滤方法除去邻硝基苯胺。

[7] 对硝基乙酰苯胺水解用酸做催化剂的优点：水解产物易与酸反应形成铵盐，促使反应正向进行；另一方面，酸性条件下产品全部溶解，而碱性条件下产生沉淀，影响判断反应是否结束。

[8] 对硝基苯胺在100g水中的溶解度：18.5℃，0.08g；100℃，2.2g。

【思考题】

1. 对硝基苯胺是否可从苯胺直接硝化来制备？为什么？
2. 乙酰苯胺用水重结晶时为什么会出现油珠？
3. 如何除去对硝基乙酰苯胺粗产物中的邻硝基乙酰苯胺？
4. 在酸性或碱性介质中都可以进行对硝基乙酰苯胺的水解反应，试讨论各有何优缺点。

5. 本实验可能存在哪些副反应？

对硝基苯胺的红外光谱图见图 5-63。

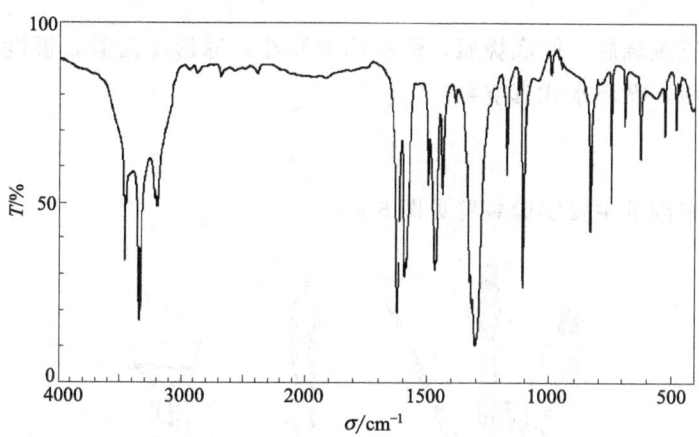

图 5-63　对硝基苯胺红外光谱图

实验五十六　苯佐卡因的制备

【实验目的】

1. 掌握由对硝基苯甲酸通过还原、酯化反应合成苯佐卡因的原理和方法。
2. 进一步巩固回流、重结晶等操作方法。

【实验原理】

苯佐卡因（benzocaine）是一种局部麻醉药，它的化学名称为对氨基苯甲酸乙酯，分子式为 $C_9H_{11}NO_2$，分子量 165，熔点 91～92℃，纯品为白色结晶性粉末，易溶于醇、醚、氯仿，难溶于水。苯佐卡因主要用于手术后的创伤止痛，以及溃疡痛和一般性瘙痒等症状的治疗，其作用比从古柯植物中提取的可卡因更强，且无副作用和危险性。以苯佐卡因为基础，人们合成了许多优良的对氨基苯甲酸类局部麻醉药，如现在还应用于临床的普鲁卡因等。

合成苯佐卡因的方法很多，一般以对硝基甲苯、对硝基苯甲酸等作为起始原料，涉及氧化还原、酯化等多步反应。本实验以对硝基苯甲酸来合成苯佐卡因，先经还原反应得到对氨基苯甲酸，它是一个既含有羧基又有氨基的两性化合物，可通过调节反应液的 pH 将产物分离出来。然后以硫酸作催化剂，对氨基苯甲酸与乙醇进行酯化反应，再经中和、洗涤、结晶、干燥可得苯佐卡因。合成苯佐卡因的反应式如下：

【实验药品】

对硝基苯甲酸，锡粉，浓盐酸，浓硫酸，浓氨水，无水乙醇，冰醋酸，碳酸钠。

【实验仪器】

油浴锅，三颈烧瓶，圆底烧瓶，恒压滴液漏斗，球形冷凝管，温度计，烧杯，布氏漏斗，抽滤瓶，循环水式真空泵。

【实验装置】

制备苯佐卡因的主要实验装置见图5-64。

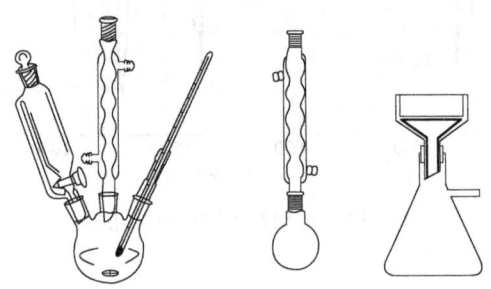

图5-64 制备苯佐卡因的主要实验装置

【实验步骤】

1. 还原反应

在装有温度计、球形冷凝管和恒压滴液漏斗的100mL三颈烧瓶中，加入研细的对硝基苯甲酸4g（0.02mol）和锡粉9g（0.08mol），然后在搅拌的条件下分批滴入20mL浓盐酸[1]。加料完毕，缓慢加热混合物至反应开始。随着反应的进行，温度逐渐升高，对硝基苯甲酸固体和锡粉都逐渐减少，控制反应温度最高不要超过100℃，当反应接近终点时，反应液呈透明状（约1h）。稍冷后，将反应液倒入250mL烧杯中，留下锡块，用少量水洗涤烧瓶，洗液并入烧杯中。待反应液冷至室温，慢慢滴加浓氨水中和[2]，边滴加边搅拌，调节溶液pH为7~8，析出氢氧化锡沉淀，反应液此时为稠厚的糊状。抽滤，用少量水洗涤沉淀，合并滤液和洗涤液，注意总体积不要超过60mL。将滤液倒入烧杯中，在搅拌下滴加冰醋酸，溶液的pH调至4~5，有大量白色沉淀析出[3]。抽滤，得白色固体，晾干后称重，计算产率。

2. 酯化反应

将20mL（0.34mol）无水乙醇和制得的2g（0.015mol）对氨基苯甲酸加入100mL圆底烧瓶中[4]，然后在搅拌条件下缓慢滴加2.5mL（0.045mol）浓硫酸（乙醇和浓硫酸的用量可根据得到的对氨基苯甲酸的多少而作相应调整）[5]，加热回流1h，反应液由浑浊变为澄清透明。趁热将反应液倒入盛有80mL水的250mL烧杯中[6]，溶液稍冷后，慢慢加入碳酸钠固体粉末[7]，边加边搅拌，使碳酸钠粉末充分溶解。当溶液的pH为7时，缓慢加入10%碳酸钠溶液，将溶液pH调至中性。过滤，得固体产品。用少量水洗涤固体，干燥后称重，计算产率，测熔点。

【注意事项】

［1］还原反应中加料次序不要颠倒，浓盐酸的量切不可过量，否则浓氨水用量将增加，最后导致溶液体积过大，造成产品损失。

［2］在还原反应中，如果加浓氨水中和后溶液体积过大，则需要浓缩。浓缩时，氨基可能发生氧化而生成有色杂质。

［3］对氨基苯甲酸是两性物质，碱化或酸化时都要小心控制酸、碱用量。特别是在滴加冰醋酸时，须小心慢慢滴加，避免过量或形成内盐。

［4］酯化反应中，仪器需干燥。

［5］浓硫酸的作用，一是作催化剂，二是作脱水剂。加浓硫酸时要慢慢滴加并不断搅拌，以免加热引起炭化。

［6］酯化反应结束时，反应液要趁热倒出，冷却后可能有苯佐卡因硫酸盐析出。

［7］碳酸钠的用量要适宜，加入太少则产品不析出，加入太多则可能使酯水解。

【思考题】

1. 如何判断还原反应已经结束？为什么？
2. 酯化反应中为何先用固体碳酸钠中和，再用10%碳酸钠溶液中和反应液？
3. 画出用对硝基苯甲酸合成苯佐卡因的反应流程图。

苯佐卡因的红外光谱图见图5-65。

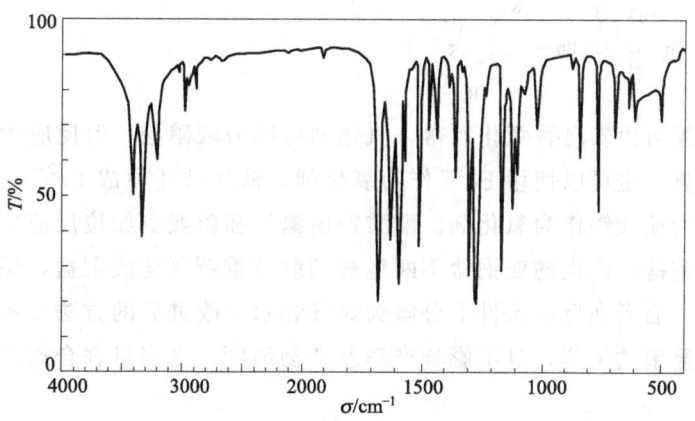

图5-65 苯佐卡因红外光谱图

实验五十七 二苯乙二酮的制备

【实验目的】

1. 掌握安息香缩合反应和安息香氧化合成二苯乙二酮的原理。

2. 进一步巩固回流、重结晶等操作方法。

【实验原理】

二苯乙二酮（1,2-diphenyl ethanedione）是合成抗癫痫药物苯妥英钠的中间体，分子式为 $C_{14}H_{10}O_2$，分子量210，熔点95～96℃，纯品为黄色针状晶体，溶于乙醇、乙醚、丙酮、苯、氯仿等有机溶剂，不溶于水。二苯乙二酮也可用作紫外线固化树脂的光感剂、印刷油墨组分和杀虫剂等。

芳香醛在NaCN或KCN作用下，分子间发生缩合生成二苯羟乙酮（安息香）的反应，称为安息香缩合。由于氰化物是剧毒品，现在使用具有生物活性的辅酶维生素B_1（硫胺素盐酸盐）代替，反应条件温和，无毒且产率高。合成安息香的反应式和可能的反应机理如下：

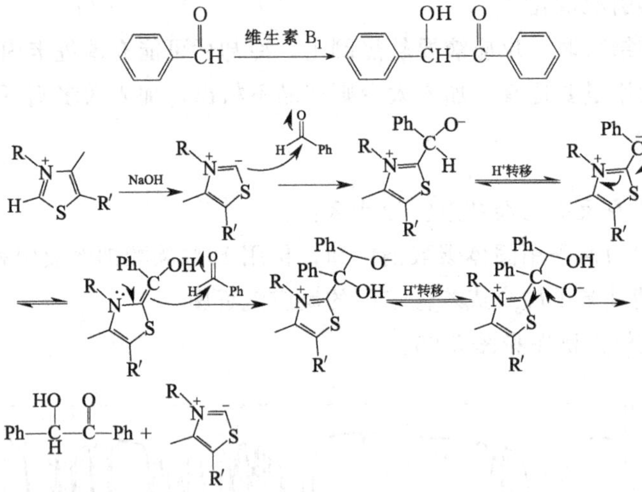

二苯乙二酮可由安息香氧化制得，氧化剂可以为浓硝酸，但反应生成的二氧化氮对环境污染严重。也可以使用Fe^{3+}作为氧化剂，铁盐被还原成Fe^{2+}。本实验经改进后采用催化量的醋酸铜作为氧化剂。醋酸铜由醋酸和硫酸铜原位反应生成。反应中铜盐被还原为亚铜盐，产生的亚铜盐不断地被硝酸铵重新氧化成铜盐，硝酸铵本身被还原成亚硝酸铵，后者在反应条件下分解为氮气和水。改进后的方法在不延长反应时间的情况下可明显节约试剂，且不影响产率及产物纯度。由安息香合成二苯乙二酮的反应式如下：

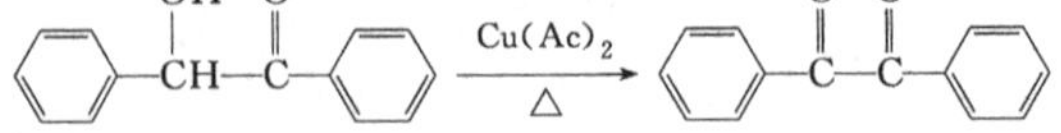

【实验药品】

苯甲醛，维生素B_1，氢氧化钠，95％乙醇，硝酸铵，冰醋酸，一水合醋酸铜。

【实验仪器】

油浴锅，圆底烧瓶，球形冷凝管，烧杯，量筒，试管，布氏漏斗，抽滤瓶，循环水式真空泵。

【实验装置】

制备二苯乙二酮的主要实验装置见图 5-66。

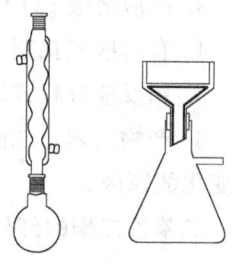

图 5-66 制备二苯乙二酮的主要实验装置

【实验步骤】

1. 安息香的合成

在 50mL 圆底烧瓶中加入 1.75g 维生素 B_1、3.5mL 蒸馏水和 15mL 95%乙醇溶液,摇匀溶解后用冰水冷却烧瓶。加 5mL 10%氢氧化钠溶液于一试管中,浸入冰水冷却[1]。然后在冰水浴冷却下,将冷的氢氧化钠溶液逐滴加入烧瓶中,最后加入 10mL 新蒸的苯甲醛[2],充分摇匀,调节 pH 在 9~10 之间[3]。撤去冰水浴,于 60~75℃水浴中回流 60min,然后将水浴温度上升到 80~90℃,继续回流 20min,其间反应液 pH 保持 9~10(必要时加氢氧化钠溶液调节)。反应结束后,于冰水中冷却结晶[4],抽滤,用冷水洗涤结晶 2 次(每次 20mL),抽干。所得粗品用 95%乙醇溶液重结晶,干燥后称重,计算产率。

2. 二苯乙二酮的合成

在 50mL 圆底烧瓶中加入 3g 安息香、8mL 冰醋酸、1g 粉状的硝酸铵和 2mL 2%醋酸铜溶液,搅拌回流 1.5h 使之反应完全。将反应混合物冷却至 50~60℃,在搅拌条件下倒入 10mL 冰水中,析出二苯乙二酮结晶。抽滤,用冷水充分洗涤,所得粗产物用 75%乙醇-水溶液重结晶可得黄色结晶[5],干燥后称重,计算产率,测熔点。

【注意事项】

[1] 维生素 B_1 在酸性条件下是稳定的,但易吸水,在水溶液中易被空气氧化失效。另外,光及 Cu、Fe、Mn 等金属离子均可加速其氧化,在氢氧化钠溶液中噻唑环易开环而失效,因此在反应前维生素 B_1 溶液及氢氧化钠溶液必须用冷水浴冷却充分。

[2] 苯甲醛放置过久,常被氧化成苯甲酸,但本实验苯甲醛中不能含有苯甲酸,所以实验时要用新蒸的苯甲醛。

[3] 合成安息香时,反应溶液应调节 pH 在 9~10 之间。强碱性易使噻唑环开环,维生素 B_1 失效。达不到一定的碱性又无法使质子离去,产生碳负离子作为反应中心,形成安息香。

[4] 将合成的安息香放在冰水中冷却结晶时,若冷却太快,产物易呈油状物析出,可加热溶解后再慢慢冷却重新结晶。

[5] 对二苯乙二酮重结晶时,若有黄色以外的杂质产生,可加活性炭进行脱色。

【思考题】

1. 本实验为什么要使用新蒸的苯甲醛?若使用浓碱,苯甲醛会发生什么化学反应?

2. 本实验采用维生素 B_1 作催化剂有什么优点?

3. 反应溶液 pH 保持在 9~10，过高或过低会有什么影响？

4. 有哪些氧化剂可以氧化安息香得到二苯乙二酮，这些氧化剂有哪些优缺点？

5. 用反应方程式表示硫酸铜和硝酸铵在与安息香反应过程中的变化。

6. 产物二苯乙二酮为黄色结晶固体，而安息香为白色固体。试从结构方面说明颜色变化的原因。

二苯乙二酮的红外光谱图见图 5-67。

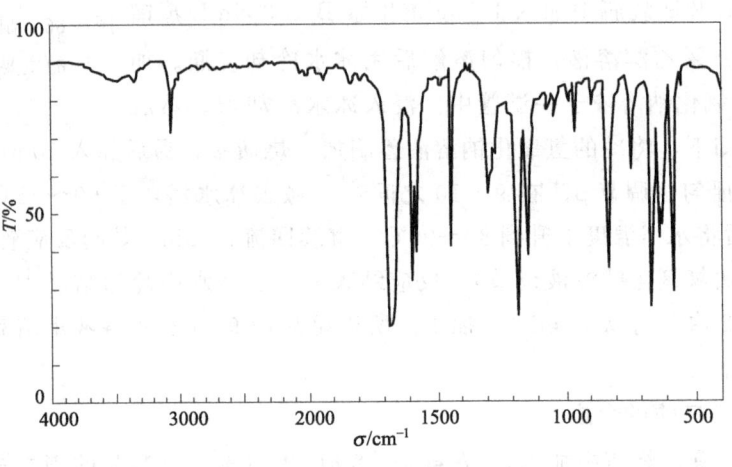

图 5-67 二苯乙二酮红外光谱图

实验五十八 植物生长调节剂 2,4-D 的制备

【实验目的】

1. 掌握芳烃卤化反应和 Williamson 醚合成法的原理及实验方法。
2. 培养绿色化学理念，进一步巩固回流、重结晶等操作方法。

【实验原理】

2,4-D 又称 2,4-二氯苯氧乙酸（2,4-dichlorophenoxycetic acid），是一种应用十分广泛的除草剂和植物生长素，被认为是 20 世纪开发最成功、全球应用最广的除草剂之一。2,4-D 的分子式为 $C_8H_6Cl_2O_3$，分子量 221，熔点 138~140℃，纯品为白色结晶，溶于乙醇、丙酮、乙醚和苯等有机溶剂，不溶于水。低浓度的 2,4-D 对植物生长具有刺激作用，能促进作物早熟增产，防止果实如番茄等早期落花落果，并可以导致无籽果实的形成。而高浓度的 2,4-D 对植物具有灭杀作用，对于双子叶杂草具有良好的防治效果。

2,4-D 的合成方法有多种，本实验采用先缩合后氯化的方法，即以苯酚和氯乙酸为原料，在碱性溶液中进行 Williamson 反应先合成苯氧乙酸，然后再氯化合成 2,4-D。合成 2,4-D 的反应式如下：

$$\text{ClCH}_2\text{COOH} \xrightarrow{\text{Na}_2\text{CO}_3} \text{ClCH}_2\text{COONa} \xrightarrow[\text{NaOH}]{\text{C}_6\text{H}_5\text{OH}} \text{C}_6\text{H}_5\text{OCH}_2\text{COONa} \xrightarrow{\text{HCl}}$$

$$\text{C}_6\text{H}_5\text{OCH}_2\text{COOH} \xrightarrow[\text{HCl/H}_2\text{O}_2]{\text{FeCl}_3} \text{Cl-C}_6\text{H}_4\text{-OCH}_2\text{COOH} \xrightarrow[\text{HCl}]{\text{NaClO}} \text{Cl}_2\text{C}_6\text{H}_3\text{-OCH}_2\text{COOH}$$

芳环上的卤化是一种芳环亲电取代反应，一般是在三氯化铁催化下与氯气反应。本实验通过浓盐酸加过氧化氢和用次氯酸钠在酸性介质中氯化，避免了直接使用氯气带来的危险和不便，体现了绿色化学理念，H_2O^+Cl 和 Cl_2O 也是良好的氧化试剂，其反应原理如下：

$$2HCl + H_2O_2 \longrightarrow Cl_2 + 2H_2O$$
$$Cl_2 + FeCl_3 \rightleftharpoons [FeCl_4]^- + Cl^+$$
$$HOCl + H^+ \rightleftharpoons H_2\overset{+}{O}Cl$$
$$2HOCl \rightleftharpoons Cl_2O + H_2O$$

【实验药品】

苯酚，一氯乙酸，次氯酸钠水溶液（5%），冰醋酸，二氯甲烷，乙醚，氢氧化钠溶液（35%），饱和碳酸钠溶液，浓盐酸，过氧化氢（30%），乙醇，四氯化碳。

【实验仪器】

水浴锅，三颈烧瓶，滴液漏斗，球形冷凝管，温度计，烧杯，量筒，锥形瓶，烧杯，恒压滴液漏斗，布氏漏斗，抽滤瓶，循环水式真空泵。

【实验装置】

制备 2,4-D 的主要实验装置见图 5-68。

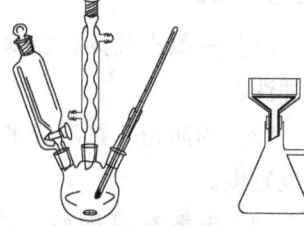

图 5-68　制备 2,4-D 的主要实验装置

【实验步骤】

1. 苯氧乙酸的合成

在装有球形冷凝管和恒压滴液漏斗的 100mL 三颈烧瓶中，加入 3.8g 一氯乙酸和 5mL 水[1]。开动搅拌器，缓慢滴加饱和碳酸钠溶液[2]，调至溶液 pH 为 7~8。然后加入 2.5g 苯酚[3]，再慢慢滴加 35% 的氢氧化钠溶液，调至反应混合物 pH 为 12。将反应物在沸水浴中加热约 0.5h。反应过程中 pH 值会下降，应补加氢氧化钠溶液，保持 pH 值为 12，在沸水浴上再继续加热 15min。反应完毕后，将三颈烧瓶移出水浴，趁热转入锥形瓶中，在搅拌下用浓盐酸酸化至 pH 为 3~4。在冰浴中冷却，析出固体，待结晶完全后，抽滤，粗产物用冷水洗涤 2~3 次，在 60~65℃ 下干燥，计算产率，测熔点（纯苯氧乙酸的熔点为 98~99℃）。粗产物可直接用于对氯苯氧乙酸的合成。

2. 对氯苯氧乙酸的合成

在装有球形冷凝管和恒压滴液漏斗的 100mL 三颈烧瓶中加入 3g（0.02mol）上述

制备的苯氧乙酸和 10mL 冰醋酸,加热并搅拌。待水浴温度上升至 55℃时,加入少许(约 20mg)三氯化铁和 10mL 浓盐酸[4]。当水浴温度升至 60~70℃时,在 10min 内慢慢滴加 3mL 30%的过氧化氢[5],滴加完毕后保持此温度继续反应 20min。升高温度使瓶内固体全部溶解,慢慢冷却,有结晶析出。抽滤,粗产物用水洗涤 3 次。粗品用乙醇-水(体积比为 1:3)重结晶,干燥,计算产率,测熔点(纯对氯苯氧乙酸的熔点为 158~159℃)。

3. 2,4-D 的合成

在 250mL 锥形瓶中,加入 2g(0.0132mol)干燥的对氯苯氧乙酸和 24mL 冰醋酸,搅拌使固体溶解。将锥形瓶置于冰浴中冷却,在摇荡下分批加入 40mL 5%的次氯酸钠溶液[6]。然后将锥形瓶从冰浴中取出,待反应物升至室温后再保持 5min,此时反应液颜色变深。向锥形瓶中加入 80mL 水,并用 6mol·L^{-1} 的盐酸酸化至刚果红试纸变蓝。反应物用乙醚萃取 3 次,每次 25mL。合并乙醚萃取液,在分液漏斗中用 25mL 水洗涤后,再用 25mL 10%的碳酸钠溶液萃取产物(小心!有二氧化碳气体逸出)。将碱性萃取液移至烧杯中,加入 40mL 水,用浓盐酸酸化至刚果红试纸变蓝,析出晶体,抽滤,晶体用冷水洗涤 2~3 次,所得粗品用四氯化碳重结晶,干燥,计算产率,测熔点(2,4-D 的熔点为 138~140℃)。

【注意事项】

[1] 一氯乙酸具有强刺激性和腐蚀性,能灼伤皮肤。若不慎触及皮肤,应立即用水冲洗。

[2] 为防止一氯乙酸水解,先用饱和碳酸钠溶液使之成盐,因此,滴加碳酸钠的速度宜慢。

[3] 苯酚有腐蚀性,若不慎触及皮肤,应立即用肥皂和水冲洗,再用酒精棉擦洗。

[4] $FeCl_3$ 水解会有 $Fe(OH)_3$ 沉淀生成,继续加 HCl 又会溶解。$FeCl_3$ 不可加多,否则会影响产品的颜色。

[5] 合成对氯苯氧乙酸时,HCl 勿过量,滴加 H_2O_2 宜慢,严格控制反应温度,让生成的 Cl_2 充分参与亲电取代反应。Cl_2 有刺激性,特别是对眼睛、呼吸道和肺部器官,操作时应注意勿使之逸出,并注意开窗通风。

[6] 严格控制温度、pH 和试剂用量是 2,4-D 制备实验的关键。NaOCl 用量勿多,反应保持在室温以下。若次氯酸钠过量,会使产量降低。

【思考题】

1. 以苯酚和一氯乙酸作原料制醚时,为什么要先使一氯乙酸成盐?可否用苯酚和一氯乙酸直接反应制备醚?

2. 2,4-D 制备时温度应该控制在多少?萃取的目的是什么?

3. 以苯氧乙酸为原料,如何制备对溴苯氧乙酸?为何不能用本法制备对碘苯氧乙酸？

4. 芳环上的卤化反应有哪些方法？本实验所用方法有什么优缺点？

5. 什么是 Williamson 醚合成法？对原料有什么要求？

2,4-D 的红外光谱图见图 5-69。

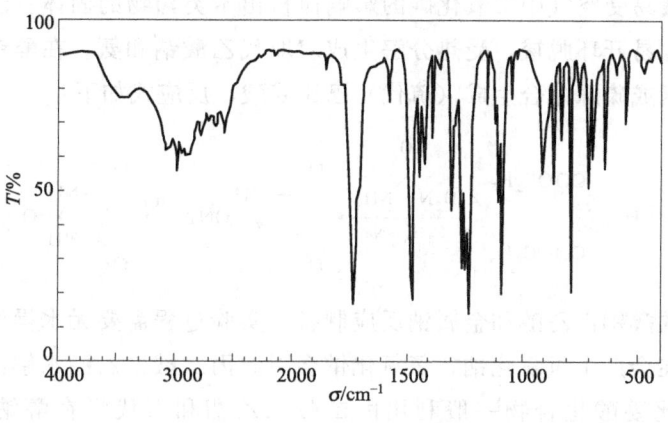

图 5-69 2,4-D 红外光谱图

实验五十九 巴比妥酸的制备

【实验目的】

1. 学习用丙二酸二乙酯与尿素缩合合成巴比妥酸的原理和方法。
2. 掌握无水操作技术，进一步巩固回流、重结晶等操作。

【实验原理】

巴比妥酸（barbituric acid）又称丙二酰脲，化学名称为 2,4,6-嘧啶三酮。它是一种有机合成中间体，用于制造巴比妥类药物及塑料。巴比妥酸的分子式为 $C_4H_4N_2O_3$，分子量 128，熔点 248～252℃（部分分解），无臭，在空气中易风化，微溶于水和乙醇，溶于乙醚，白色结晶。巴比妥及其衍生物是一类广泛用于镇静、催眠的药物。在 1864 年该类药物首先以丙二酸和尿素为原料合成，它的结构通式为：

巴比妥类药物的共同结构是丙二酰脲衍生物，其差异是 5-位取代基 R^1 和 R^2 不同，因此其合成方法都相似。巴比妥类药物在镇静、催眠方面的药理活性作用的强弱、快慢与该类药物的解离常数和脂溶性有关，作用时间的长短与 5-位双取代基在体内的代谢过程有关。巴比妥酸和硫代巴比妥酸及其 5-位单取代物，在生理 pH 值下主要为离子形式，很难通过血脑屏障，因此它在脑内的药物浓度极微，疗效差。而其 5-位的双取代物降低了解离度，增加了脂溶性，因此它在脑内浓度增加，活性明显增强。

巴比妥类药物在空气中稳定，具有酸性，可与苛性碱生成可溶性盐类作为注射用药，但其水溶液易受空气中二氧化碳的影响而析出本类药物的固体。巴比妥类的钠盐水溶液不稳定，易开环脱羧，受热分解生成双取代乙酸钠和氨。在醇钠催化下，丙二酸二乙酯和尿素或硫脲缩合生成（硫代）巴比妥酸，反应式如下：

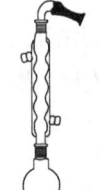

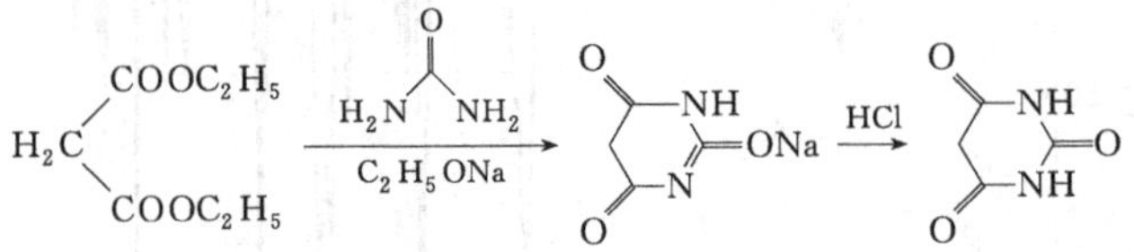

反应所需的醇钠由乙醇和金属钠反应制备，实验过程需要无水操作，如有水或金属钠氧化物存在会产生氢氧化钠，氢氧化钠会引起丙二酸二乙酯水解而降低产率。其他同系列的巴比妥酸化合物一般利用丙二酸二乙酯和卤代烃在醇钠催化下制得单（双）取代丙二酸二乙酯，再在醇钠催化下与尿素（硫脲）缩合而生成一系列（硫代）巴比妥酸类的衍生物。

【实验药品】

丙二酸二乙酯，金属钠，尿素，无水乙醇，浓盐酸，无水氯化钙。

【实验仪器】

圆底烧瓶，球形冷凝管，干燥管，布氏漏斗，抽滤瓶，循环水式真空泵。

【实验装置】

制备巴比妥酸的主要实验装置见图 5-70。

图 5-70 制备巴比妥酸的主要实验装置

【实验步骤】

在 100mL 干燥的圆底烧瓶中加入 20mL 无水乙醇[1]，装上球形冷凝管，从其上口分数次加入 1g 切成细丝的金属钠[2]，待其全部溶解后，加入 6.5mL 丙二酸二乙酯[3]，摇匀，加入由 2.4g 干燥的尿素和 12mL 无水乙醇配成的溶液[4]。冷凝管上端装有无水氯化钙的干燥管，加热回流 2h。反应液冷却后为黏稠的白色固体，加入 30mL 热水，再用浓盐酸酸化（pH≈3），得一澄清溶液，过滤除去杂质。用冰水冷却滤液使其析出晶体，抽滤，用少量冰水洗涤，得白色棱柱状结晶[5]，干燥，称重，计算产率。

【注意事项】

[1] 实验所用仪器和药品均应保证无水。

［2］金属钠遇水会燃烧、爆炸，使用时严格防止与水接触。由于金属钠与醇反应缓慢，因而，金属钠无须切得太小，以免暴露太多的表面，在空气中会迅速吸水转化为氢氧化钠而皂化丙二酸二乙酯。

［3］若丙二酸二乙酯的质量不够好，可进行一次减压蒸馏，收集 82～84℃/1.07kPa 的馏分。

［4］尿素要事先干燥。

［5］反应物在溶液中析出时为有光泽的晶体，长久放置时会转变为粉末状，粉末状产物有较好的熔点。

【思考题】

1. 本实验中为什么要保证仪器干燥、药品无水？
2. 反应完成后使用浓盐酸酸化的目的是什么？
3. 粗产物用水重结晶是为了除去什么杂质？
4. 本实验所需的无水乙醇能否用 95% 乙醇代替？为什么？

巴比妥酸的红外光谱图见图 5-71。

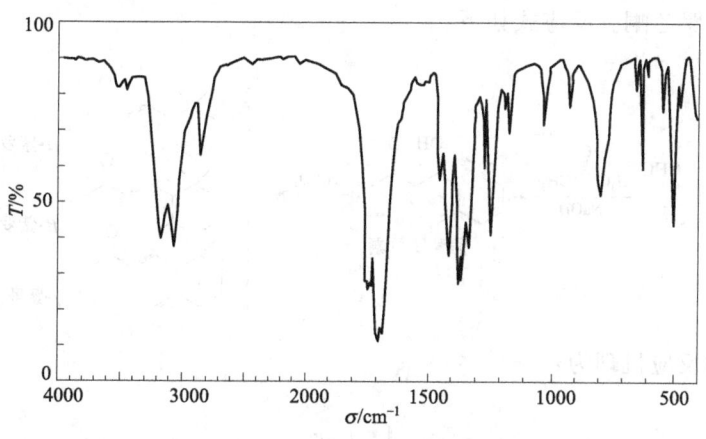

图 5-71　巴比妥酸红外光谱图

实验六十　紫罗兰酮的制备

【实验目的】

1. 学习香料的基本知识，掌握羟醛缩合的反应机理。
2. 进一步巩固蒸馏、回流和分液等操作方法。

【实验原理】

紫罗兰酮（ionone）是一种十分重要的香料，广泛应用于香精、香水和化妆品等产品中。它是一种萜，分子式为 $C_{13}H_{20}O$，分子量 192，存在于精油中。紫罗兰酮为浅黄色黏稠液体，存在α-、β-和γ-三种同分异构体，主要是α-紫罗兰酮［4-(2,6,6-三甲基-2-环己烯-1-基)-3-丁烯-2-酮］及β-紫罗兰酮［4-(2,6,6-三甲基-1-环己烯-1-基)-3-丁烯-2-酮］，γ-紫罗兰酮含量很少。紫罗兰酮的异构体因双键的位置不同，它们之间香气有差别，应用范围亦有所差异。α-紫罗兰酮稀释后具有柔和而浓郁的紫罗兰花香，香气较β-紫罗兰酮更受人欢迎，常用于需要花香较强的香精中。β-紫罗兰酮稀释后具有类似柏木和紫罗兰花香，木香、果香气较重，用在配制需要花香较弱而需较重木香或果香的香精中。β-紫罗兰酮还用于进一步合成系列香料产品及合成维生素A、β-胡萝卜素、斑蝥黄素等保健用品。γ-紫罗兰酮香气类似α-紫罗兰酮，但更浓更重，更为刺鼻。

工业生产的紫罗兰酮产品主要为α-和β-异构体的混合物，且α-异构体占多数。这种混合型的紫罗兰酮具有甜的花香兼木香并带膏香和果香，是配制紫罗兰花、桂花、树兰、玫瑰、金合欢、晚香玉、铃兰、草兰、素心兰、木香型等香料的常用原料，也适用于龙涎香、膏香类香精，有协调各种香精的作用，亦可用作调配粉底的香料。紫罗兰酮的合成是以柠檬醛为原料，在碱性条件下，首先与丙酮进行羟醛缩合，制成假紫罗兰酮，再用硫酸、磷酸、三氯化铝、氯化锌、分子筛等作催化剂，使假紫罗兰酮闭环，生成紫罗兰酮。反应式如下：

第一步的反应机理为：

第二步的反应机理为：

【实验药品】

柠檬醛，丙酮，45%氢氧化钠溶液，50%乙酸溶液，10%食盐水，饱和食盐水，

60%硫酸溶液，甲苯，15%碳酸钠溶液。

【实验仪器】

水浴锅，三颈烧瓶，蒸馏头，恒压滴液漏斗，温度计，球形冷凝管，直形冷凝管，接引管，烧杯，量筒，锥形瓶，分液漏斗，布氏漏斗，抽滤瓶，循环水式真空泵。

【实验装置】

制备紫罗兰酮的实验装置见图 5-72。

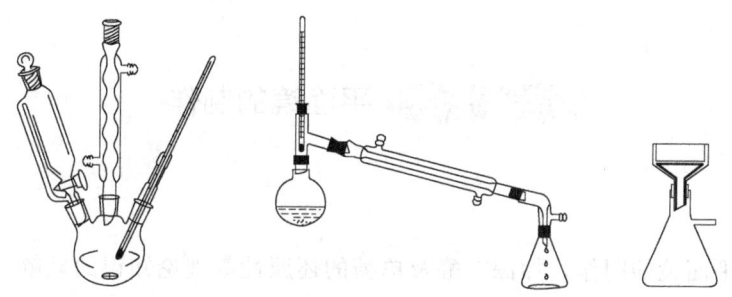

图 5-72 制备紫罗兰酮的实验装置

【实验步骤】

1. 假紫罗兰酮的合成

在装有恒压滴液漏斗、温度计和球形冷凝管的 100mL 三颈烧瓶中加入 30g（0.52mol）丙酮和 2mL 45%氢氧化钠溶液，搅拌下升温至 50℃后，用恒压滴液漏斗向反应瓶中加入 10g（0.066mol）柠檬醛[1]，加完后继续在 50℃下搅拌反应 2h。随着反应的进行，溶液颜色逐渐加深，由浅淡黄色变为橘黄色，反应过程中会闻到越来越浓烈的紫罗兰花香。反应结束后，用 50%的乙酸溶液中和有机层至 pH 值为 5[2]，常压蒸馏除去过量的丙酮。残液用 20mL 10%食盐水洗涤后，常温减压蒸去水分和低沸点杂质，得到假紫罗兰酮粗产品（红棕色液体），直接用于环化反应。

2. 紫罗兰酮的合成

在三颈烧瓶中先加入 10mL 60%的硫酸溶液和 14mL 甲苯，搅拌下滴加 10g 假紫罗兰酮。保持反应温度在 25~28℃，继续反应 15min。反应结束后，加 10mL 水，搅拌分出有机层。有机层用 15%的碳酸钠溶液中和，再用饱和食盐水洗涤，常压下蒸去甲苯。所得残留物进行减压蒸馏，收集 125~135℃的馏分，得浅黄色油状液体紫罗兰酮，计算产率，测产品的折射率（1.499~1.504）。

【注意事项】

[1] 要控制柠檬醛的滴加速度，滴加速度过快容易产生副反应。

[2] 由于柠檬醛和假紫罗兰酮接触氢氧化钠水溶液后均易聚合，所以在蒸馏时将溶液中和至微酸性是很重要的。

【思考题】

1. 在合成假紫罗兰酮时，实验中采用将柠檬醛加到含氢氧化钠的丙酮溶液中的顺序，并且丙酮过量。如果顺序反过来，将丙酮加到含氢氧化钠的柠檬醛溶液中，并且柠檬醛过量行吗？为什么？

2. 用即时制备的粗品假紫罗兰酮生产紫罗兰酮有什么好处？

3. 合成假紫罗兰酮时，为什么要控制反应温度在 50℃？

4. 通过什么方法可以区别 α-紫罗兰酮和 β-紫罗兰酮？

实验六十一 平面镜的制作

【实验目的】

1. 通过平面镜的制作，加深对醛及单糖的还原性等理论知识的理解。

2. 了解平面镜的制作及有关玻璃镀银工艺的生产过程。

【实验原理】

古代将黑曜石、金、银、水晶和铜等经过研磨抛光制成镜子。公元前 3000 年，埃及已有用于化妆的铜镜。12 世纪末至 13 世纪初，出现以银片或铁片为背面的玻璃镜。16 世纪发明了圆筒法制造板玻璃，同时发明了用汞在玻璃上贴附锡箔的锡汞齐法，金属镜逐渐减少。17 世纪下半叶，法国发明用浇注法制平板玻璃，制出了高质量的大玻璃镜，18 世纪末制出大穿衣镜并且用于家具上。锡汞齐法虽然对人体有害，但一直延续应用到 19 世纪。现代镜子是 1835 年德国化学家利比格发明化学镀银法制造的，使玻璃镜的应用更加普及。1929 年英国的皮尔顿兄弟以连续镀银、镀铜、上漆、干燥等工艺改进了此法。20 世纪 70 年代，科学家又发明了铝镜，其制造方法是将金属铝在真空中蒸发，让铝蒸气凝结在玻璃面上而成为一层薄薄的铝膜。这种镀铝的玻璃镜比镀银的玻璃镜便宜、耐用，在镜子的历史上写下了崭新的一页。

在工业生产中，平面镜的制作和热水瓶胆等玻璃镀银工艺是利用具还原性的化合物（如醛、单糖等）将银氨络合离子还原，使其中的金属银以紧密排列成银箔的方式附着于洁净的玻璃表面而形成银镜。反应方程式如下：

$$AgNO_3 + 3NH_4OH \longrightarrow [Ag(NH_3)_2]^+ OH^- + NH_4NO_3 + 2H_2O$$

$$R-CHO + 2[Ag(NH_3)_2]^+ OH^- \longrightarrow 2Ag\downarrow + RCOONH_4 + 3NH_3 + H_2O$$

或者 $C_6H_{12}O_6 + 2[Ag(NH_3)_2]^+ OH^- \longrightarrow 2Ag\downarrow + C_6H_{12}O_7NH_4 + 3NH_3 + H_2O$

由于葡萄糖的价格较贵，目前许多制镜均采用廉价的蔗糖（白砂糖）为原料。蔗糖在酸性条件下水解，可以得到两分子均具还原性的单糖（葡萄糖和果糖）：

$$C_{12}H_{22}O_{11} \xrightarrow{H^+} C_6H_{12}O_6 + C_6H_{12}O_6$$
蔗糖　　　　葡萄糖　　　果糖

上述反应在实际生产过程中，由于种种原因，银在镜面上的析出率往往低于40%。为了提高银在镜面上的析出率，常增加几种添加剂，如 5% 碘的酒精溶液（加入量控制在 0.05～0.08mL），微量的 KCl 和明胶，主要是增加银在镜面上的附着力。

为了使金属银能在镜面上均匀析出并牢固附着，除了要用酸碱处理、洗涤，使镜面清洁外，还要对镜面进行"敏化"处理，其原因在于：镜面的硅酸钠经酸碱处理时一部分成为硅酸，当镀银时，银与硅酸交换速度较慢，而镀液中的碱性离子与硅酸交换速度很快，这种活性的差异影响了镀层的均匀。通常使用 $SnCl_2$ 溶液（敏化液）处理镜面，然后用去离子水冲洗干净后，才可在镜面上开始镀银。

制造银镜需要耗费大量贵重的银，因此目前制镜技术朝着真空镀铝（铝镜）或离子真空镀膜（钨镜和钛镜）方向发展。后者要求设备复杂，技术难度大，厂家一次性投资大，而且镀层的面积有限（如受离子真空镀膜机容积所局限）。因此，目前仍广泛采用镀银技术。

【实验药品】

$AgNO_3$，5%（质量分数）氨水，5% NaOH 溶液，2% $SnCl_2$ 溶液，去离子水，洗衣粉，葡萄糖，5% 碘的酒精溶液，KCl，明胶。

【实验仪器】

烧杯，玻璃片，容量瓶。

【实验步骤】

1. 玻璃片的清洁与敏化处理

用少量洗衣粉将玻璃片洗净，再用自来水冲洗干净。沥去表面积水，水平放置在搭有两根细木条的方盘上，用 2% $SnCl_2$ 溶液敷镀玻璃片表面一次（这样可以在玻璃片上形成一层极细的晶种，对镀银工艺有利），停留 2～3min 后再用水冲洗，最后用去离子水洗净。此时玻璃片表面无任何油膜，透明而清亮，不得让手或任何东西触碰玻璃片表面，以防沾污[1]。

2. 配制镀液

甲液：在 50mL 容量瓶中放入 10mL 去离子水，加入 0.175g $AgNO_3$，使之溶解。再缓慢加入 NaOH 溶液 2.5mL，即产生大量沉淀。逐滴加入氨水直至沉淀完全溶解，溶液完全透明。用去离子水定容至 50mL，实际生产中视镜面大小，按上述配比放大即可[2]。

乙液：称取 2g 葡萄糖溶解在 48g 蒸馏水中混匀备用。生产中也按甲液配比相应放大。

3. 镀镜

在方盘上方放两根细木条，把洁净的玻璃片平放在木条的上方（注意调成水平位置）。将甲乙两液各取 1/10 及 2 滴碘的酒精溶液和微量的 KCl、明胶混合均匀后倾倒于玻璃片表面[3]，注意让液层厚度均匀。小心调整玻璃片，务必不使上面银混合液沿玻璃片边缘外流[4]。室温下放置 3~5min，即可出现牢固的银镜。小心把玻璃片倾斜，倒去残液，然后用去离子水冲洗镜面 2~3 次，取出置于通风处晾干。将漆料用排笔均匀地在晾干后的银层上面涂一层漆，以保护银箔不被刮碰[5]。

常用的漆料有以下三种：

① 30g 虫胶片，溶解在 80mL 95％的乙醇中。

② 红丹粉（四氧化三铅）与滑石粉按 1∶1 混合。按这个混合物 500g 溶解于 250g 清漆的比例混合，再用汽油稀释到适当稠度。

③ 市售的专用涂银漆（灰色）。

【注意事项】

[1] 要确保玻璃镜面或其他反射材料都认真处理，没有裂痕。制作的过程一定要小心，特别是遇到镜面或玻璃边缘锋利的部分。

[2] 银氨溶液只能临时配制，不能久置。如果久置会析出叠氮化银、氮化银等爆炸性沉淀物。这些沉淀物即使用玻璃棒摩擦也会分解而发生猛烈爆炸。所以，实验完毕应将废弃的银氨溶液用盐酸处理。

[3] 镀银混合液应当一次加足，不可中途补加。否则，镜面上会形成斑状、条状或漩涡痕迹等瑕疵，甚至造成镀液浪费。

[4] 镀镜用的镀液必须现用现配。

[5] 在银层上面涂一层漆，既可防止银层受机械磨损、撞击，又可防止银层受空气中的氧气氧化和硫化氢等气体的侵蚀而变黑。

【思考题】

1. 写出银氨溶液久置极其易爆所发生的化学反应。
2. 分析制镜时掉银现象的影响因素。
3. 画出制镜的工艺流程图。

5.4 设计性实验

在设计性实验中，学生必须根据实验的要求，通过查阅文献、设计合理的实验方案、拟定可行的实验步骤、运用学过的化学知识进行实验操作，从而培养和锻炼学生的查阅文献能力、动手能力和分析解决问题的能力。一般而言，学生的设计性实验方案须经指导教师同意后才可进行实验。实验完成后，应上交实验报告。

合理设计一个实验，要考虑到以下几方面：

(1) 科学性

科学性是指实验原理、实验操作程序和方法要正确。

(2) 安全性

实验设计时，要按照绿色化学的原则，应尽量减少三废的产生，避免使用剧毒药品和进行具有一定危险性的实验操作。

(3) 可行性

实验设计应合理且具有可操作性，所选用的化学药品、仪器设备和方法等在现有的实验条件下能得到满足。

(4) 简单性

实验设计要尽可能简单易行，应选用简单的实验装置，用较少的实验步骤和实验药品，并能在短时间（2~6h）内完成实验。

实验六十二　对氯甲苯的制备

对氯甲苯（4-chlorotoluene）是一种重要的精细化工原料，分子式为 C_7H_7Cl，分子量126，沸点162℃，密度 $1.07g/cm^3$，无色透明液体，有特殊气味，易溶于苯、乙醇、乙醚、氯仿等有机溶剂，微溶于水。对氯甲苯易发生侧链上的卤代、氧化和氨氧化和苯环上氯化、硝化、磺化等反应，广泛应用于医药、农药、染料等的合成。工业上一般以甲苯为原料来合成对氯甲苯。

【要求】

1. 查阅文献，结合本校实际情况，设计并确定一种切实可行的合成路线。
2. 合成1~2g产品。

实验六十三　对氨基苯磺酰胺的制备

对氨基苯磺酰胺（p-aminobenzenesulfonamide）又称磺胺，分子式为 $C_6H_8N_2O_2S$，分子量为172，熔点165~166℃，无臭，味微苦，白色颗粒或粉末状晶体，微溶于冷水、乙醇、甲醇、丙酮，易溶于沸水、甘油、盐酸、氢氧化钾及氢氧化钠溶液，不溶于苯、氯仿、乙醚和石油醚。磺胺类药物是指具有对氨基苯磺酰胺结构的一类药物的总称，是一类用于预防和治疗细菌感染性疾病的抗菌消炎药。合成对氨基苯磺酰胺的方法有多种，涉及到磺化、氨化和水解等多步骤的反应。

【要求】

1. 查阅文献，设计并确定一种可行的小量制备实验方案。
2. 合成1~2g产品。

实验六十四　昆虫信息素 2-庚酮的制备

2-庚酮（2-heptanone）又称甲基戊基酮，有类似梨的水果香味，分子式为 $C_7H_{14}O$，分子量为 114，沸点 149～150℃，无色液体，溶于乙醇、乙醚等有机溶剂，微溶于水。2-庚酮主要用作硝化纤维素的溶剂和惰性反应介质，也用作香料原料。昆虫信息素起着在昆虫之间传递各种信息的作用，对昆虫的行为有重要影响。昆虫信息素大多是结构简单的醇、酮、酸或酯类化合物。2-庚酮微量存在丁香油、肉桂油和椰子油中，作为一种警戒信息素，它也存在于工蜂的颈腺中，可使工蜂聚集并对入侵者发起进攻。合成 2-庚酮的方法主要有天然原料提取法、格氏试剂法、生物发酵法、乙酰乙酸乙酯法、丙二酸二乙酯法、羟醛缩合法、催化加氢法等，实验室中一般采用乙酸乙酯和乙酰乙酸乙酯为原料合成。

【要求】

1. 查阅文献，设计并确定一种可行的小量制备实验方案。
2. 合成 1～2g 产品。

实验六十五　驱蚊剂 N,N-二乙基间甲基苯甲酰胺的制备

N,N-二乙基间甲基苯甲酰胺（N,N-diethyl-m-toluamide）是许多市售驱蚊剂的主要活性成分，分子式为 $C_{12}H_{17}NO$，分子量为 191，浅黄色透明油状液体，不溶于水，可与乙醇、乙醚、苯和丙二醇混溶。它对蚊子、跳蚤、扁虱、牛虻等多种叮人的小虫都有驱逐作用。N,N-二乙基间甲基苯甲酰胺是一种二元取代酰胺，即酰胺中氮原子上的两个氢被乙基所取代，其合成可以用间二甲苯为原料，经氧化、酰氯化和胺化的途径而得到。

【要求】

1. 查阅文献，设计并确定一种可行的小量制备实验方案。
2. 合成 1～2g 产品。

实验六十六　手工皂的设计与制作

制作手工皂的原材料主要为油脂（如橄榄油、椰子油等含不饱和脂肪酸较多的油脂）、碱、蒸馏水和添加物，其中关键是确定油脂的配比和碱的用量。制作手工皂首先要根据自身的需求，确定油脂的配比。个性手工皂的制作是兼趣味性与创造性于一体的设计性实验，制作过程富于创造性。学生在制作过程中添加各种物质，做出个性化十足的手工皂，不仅可体验到实验带来的乐趣，锻炼了实验操作技能，而且激发了

学习热情，提高了创新能力。

【要求】

1. 查阅文献，选择合理的手工皂制作配方，设计并确定一种可行的实验方案。
2. 制作 1 种个性手工皂。

实验六十七　外消旋 α-苯乙胺的合成与拆分

α-苯乙胺（α-phenylethylamine）又称为 1-苯乙胺，分子式为 $C_8H_{11}N$，分子量为 121，沸点 188℃，无色透明液体，有芳香气味，微溶于水，能与醇、醚混溶，具有强碱性，能吸收空气中的二氧化碳。它是一种重要的精细化工中间体，其衍生物广泛用于医药化工领域，主要用于合成药物、染料、香料及乳化剂等。

α-苯乙胺为手性化合物，外消旋的（±）-α-苯乙胺经拆分后可得到（＋）-α-苯乙胺和（－）-α-苯乙胺，具有旋光性的 α-苯乙胺是一种良好的拆分剂。α-苯乙胺的常见合成方法是通过刘卡特反应制备，其他合成方法可归纳为在不同催化剂作用下的"苯乙酮还原氨化反应"。（±）-α-苯乙胺的拆分方法通常有酒石酸法和苹果酸法。苹果酸法获得的（＋）-α-苯乙胺纯度较高，但其费用昂贵，工业上及实验室均较少采用。酒石酸法为目前实验室常用方法，其缺点是拆分效率较低，纯度不高，仍需进一步改进。

【要求】

1. 查阅文献，设计合理的 α-苯乙胺的合成路线，简要说明选择该路线的原因；再从文献中选择一种拆分方法，并说明选择该方法的理由。
2. 合成 1～2g 外消旋体产品，并对产品进行拆分。

实验六十八　肉桂酸的绿色合成

肉桂酸（cinnnamic acid）化学名为 3-苯基-2-丙烯酸，又名桂皮酸、桂酸，分子式为 $C_9H_8O_2$，分子量为 148，熔点 133～134℃，无色针状晶体或白色结晶粉末，易溶于醚、苯、丙酮、冰醋酸、二硫化碳等，不溶于冷水，微溶于热水。它是一种重要的精细化工中间体，主要用于合成香料、化妆品、医药产品、塑料、感光树脂等。

目前合成肉桂酸的方法有两种，即 Perkin 反应和 Knoevenagel-Doebner 反应。Perkin 反应是芳香醛和乙酸酐在碱性催化剂作用下发生羟醛缩合作用，生成 α,β-不饱和芳香酸的反应。Knoevenagel-Doebner 反应是芳香醛与丙二酸二乙酯的亚甲基发生缩合，缩合物在室温下或于 100℃加热即可脱羧，生成 α,β-不饱和芳香酸的反应。

这两种合成方法的缺点是反应温度高、反应时间长、反应收率较低。以苯甲醛为原料,改用无水 K_2CO_3 作为催化剂,在微波辐射条件下合成肉桂酸,可得到较好的效果。因此,优化催化剂及微波辐射辅助进行反应可以克服上述反应的缺陷,也符合绿色化学理念。

【要求】

1. 查阅文献,设计并确定一种可行的肉桂酸绿色合成实验方案。
2. 合成 1~2g 产品。

附　录

附录一　常用溶剂物理常数表

溶剂名称	极性	黏度(20℃)/cP	沸点/℃	紫外截止波长/nm
异戊烷	0	—	30	—
正戊烷	0	0.23	36	210
石油醚	0.01	0.3	30~60	210
正己烷	0.06	0.33	69	210
环己烷	0.1	1	81	210
异辛烷	0.1	0.53	99	210
三氟乙酸	0.1	—	72	—
三甲基戊烷	0.1	0.47	99	215
环戊烷	0.2	0.47	49	210
正庚烷	0.2	0.41	98	200
丁酰氯	1	0.46	78	220
三氯乙烯	1	0.57	87	273
四氯化碳	1.6	0.97	77	265
三氯三氟代乙烷	1.9	0.71	48	231
丙基醚	2.4	0.37	68	220
甲苯	2.4	0.59	111	285
对二甲苯	2.5	0.65	138	290
氯苯	2.7	0.8	132	—
邻二氯苯	2.7	1.33	180	295
乙醚	2.9	0.23	35	220
苯	3	0.65	80	280

续表

溶剂名称	极性	黏度(20℃)/cP	沸点/℃	紫外截止波长/nm
异丁醇	3	4.7	108	220
二氯甲烷	3.4	0.44	40	245
二氯化乙烯	3.5	0.79	84	228
丁醇	3.9	2.95	117	210
乙酸丁酯	4	—	126	254
丙醇	4	2.27	98	210
四氢呋喃	4.2	0.55	66	220
乙醇	4.3	1.2	79	210
乙酸乙酯	4.3	0.45	77	260
异丙醇	4.3	2.37	82	210
氯仿	4.4	0.57	61	245
甲基乙基酮	4.5	0.43	80	330
二噁烷	4.8	1.54	102	220
吡啶	5.3	0.97	115	305
丙酮	5.4	0.32	57	330
硝基甲烷	6	0.67	101	380
乙酸	6.2	1.28	118	230
乙腈	6.2	0.37	82	210
苯胺	6.3	4.4	184	—
二甲基甲酰胺	6.4	0.92	153	270
甲醇	6.6	0.6	65	210
乙二醇	6.9	19.9	197	210
二甲基亚砜	7.2	2.24	189	268
水	10.2	1	100	268

附录二 有机化学常见物质名称

缩写	英文名称	中文名称
Ac	acetyl	乙酰基
acac	acetylacetonate	乙酰基丙酮化物
AIBN	2,2′-azobisisobutyronitrile	偶氮二异丁腈
Ar	aryl	芳基
BBN	borabicyclo[3.3.1]nonane	硼双环[3.3.1]壬烷
BCME	bis(chloromethyl)ether	双氯甲醚
BHT	butylatedhydroxytoluene(2,6-di-t-butyl-p-cresol)	2,6-二叔丁基-4-甲基苯酚
BINAP	2,2′-bis(diphenylphosphino)-1,1′-binaphthyl	双二苯基磷酰联萘
BINOL	1,1′-bi-2,2′-naphthol	1,1′-联-2,2′-萘酚
bipy	2,2′-bipyridyl	2,2′-联吡啶
BMS	borane-dimethyl sulfide	硼烷二甲基硫醚

续表

缩写	英文名称	中文名称
Bn	benzyl	苯甲基(苄基)
Boc	t-butoxycarbonyl	叔丁氧羰基
BOM	benzyloxymethyl	苄氧甲基
Bs	4-bromobenzenesulfonyl	4-溴苯磺酰基
BSA	N,O-bis(trimethylsilyl)acetamide	N,O-双三甲硅基乙酰胺
Bu	n-butyl	正丁基
Bz	benzoyl	苯甲酰
CAN	cerium(Ⅳ)ammonium nitrate	硝酸铈(Ⅳ)铵
Cbz	benzyloxycarbonyl	苄氧羰基
CDI	N,N'-carbonyldiimidazole	N,N'-羰基二咪唑
cod	cyclooctadiene	环辛二烯
Cp	cyclopentadienyl	环戊二烯基
cot	cyclooctatetraene	环辛四烯
CRA	complex reducing agent	复合还原试剂
CSA	10-camphorsulfonic acid	10-樟脑磺酸
CSI	chlorosulfonyl isocyanate	氯磺酰异氰酸酯
Cy	cyclohexyl	环己基
DABCO	1,4-diazabicyclo[2.2.2]octane	1,4-二氮二环[2.2.2]辛烷
DAST	N,N'-diethylaminosulfur trifluoride	N,N'-二乙胺基三氟化硫
dba	dibenzylideneacetone	二亚苄基丙酮
DBAD	di-t-butyl azodicarboxylate	偶氮二甲酸二叔丁酯
DBN	1,5-diazabicyclo[4.3.0]non-5-ene	1,5-二氮杂二环[4,3,0]壬-5-烯
DBU	1,8-diazabicyclo[5.4.0]undec-7-ene	1,8-二氮杂二环-双环[5,4,0]-7-十一烯
DCC	N,N'-dicyclohexylcarbodiimide	N,N'二环己基碳二亚胺
DCME	dichloromethyl methyl ether	二氯甲基甲醚
DDO	dimethyldioxirane	二甲基二环氧乙烷
DDQ	2,3-dichloro-5,6-dicyano-1,4-benzoquinone	2,3-二氯-5,6-二氰基-1,4-苯醌
DEAD	diethyl azodicarboxylate	偶氮二甲酸二乙酯
DET	diethyl tartrate	酒石酸二乙酯
DIBAL	diisobutylaluminum hydride	二异丁基氢化铝
DIPEA	diisopropylethylamine	二异丙基乙基胺
DIPT	diisopropyl tartrate	二异丙基酒石酸盐
DMA	dimethylacetamid	二甲基乙酰胺
DMAD	dimethyl acetylenedicarboxylate	丁炔二酸二甲酯
DMAP	4-(dimethylamino)pyridine	4-二甲基氨基吡啶
DME	1,2-dimethoxyethane	乙二醇二甲醚
DMF	dimethylformamide	二甲基甲酰胺
DMPU	N,N'-dimethylpropyleneurea	N,N'-二甲基丙烯基脲
DMS	dimethyl sulfide	二甲基硫
DMSO	dimethyl sulfoxide	二甲基亚砜

223

续表

缩写	英文名称	中文名称
dppb	1,4-bis(diphenylphosphino)butane	1,4-双(二苯基膦)丁烷
dppe	1,2-bis(diphenylphosphino)ethane	1,2-双(二苯基膦)乙烷
dppf	1,1'-bis(diphenylphosphino)ferrocene	1,1'-双(二苯基磷)二茂铁
dppp	1,3-bis(diphenylphosphino)propane	1,3-双(二苯基膦)丙烷
DTBP	di-t-butyl peroxide	二叔丁基过氧化物
EDA	ethyl diazoacetate	重氮乙酸乙酯
EE	1-ethoxyethyl	乙氧基乙基
Et	ethyl	乙基
ETSA	ethyltrimethylsilylacetate	(三甲基硅基)乙酸乙酯
Fc	ferrocenyl	二茂铁基
Fmoc	9-fluorenylmethoxycarbonyl	9-芴甲氧羰酰基
Hex	n-hexyl	正己基
HMDS	hexamethyldisilazane	六甲基二硅氮烷
HMPA	hexamethylphosphoric triamide	六甲基磷酰三胺
HOSu	N-hydroxysuccinimide	N-羟基琥珀酰亚胺
Im	imidazole(imidazolyl)	咪唑
KHDMS	potassium hexamethyldisilazide	六甲基二硅氨基钾
LAH	lithium aluminum hydride	氢化铝锂
LDA	lithium diisopropylamide	二异丙基氨基锂
LDMAN	lithium 1-(dimethylamino)naphthalenide	1-(二甲氨基)萘锂
LHMDS	lithium hexamethyldisilazide	六甲基叠氮乙硅锂
LTA	lead tetraacetate	四乙酸铅
lut	2,6-lutidine	2,6-二甲基吡啶
MCPBA	m-chloroperbenzoic acid	间氯过氧苯甲酸
MA	maleic anhydride	顺丁烯二酸酐
Me	methyl	甲基
MEK	methyl ethyl ketone	甲基乙基酮
MIC	methyl isocyanate	甲基异氰酸酯
MOM	methoxymethyl	甲氧甲基
Ms	methanesulfonyl(mesyl)	甲基磺酰基
MTEE	methyl t-butyl ether	甲基叔丁基醚
MTM	methylthio methyl	二甲硫醚
MVK	methyl vinyl ketone	甲基乙烯基酮
NaHDMS	sodium hexamethyldisilazide	六甲基二硅氨基钠
Naph(Np)	naphthyl	萘基
NBA	N-bromoacetamide	N-溴乙酰胺
NBD	norbornadiene(bicyclo[2.2.1]hepta-2,5-diene)	二环庚二烯(别名:降冰片二烯)
NBS	N-bromosuccinimide	N-溴代丁二酰亚胺

续表

缩写	英文名称	中文名称
NCS	N-chlorosuccinimide	N-氯代丁二酰亚胺
NIS	N-iodosuccinimide	N-碘代丁二酰亚胺
NMO	N-methylmorpholine-N-oxide	N-甲基吗啉-N-氧化物
NMP	N-methyl-2-pyrrolidone	N-甲基-2-吡咯烷酮
PCC	pyridinium chlorochromate	氯铬酸吡啶盐
PDC	pyridinium dichromate	重铬酸吡啶盐
Pent	n-pentyl	正戊基
Ph	phenyl	苯基
Phen	1,10-phenanthroline	1,10-菲罗啉
Phth	phthaloyl	邻苯二甲酰基
PMB	p-methoxybenzyl	对甲氧苄基
PPA	polyphosphoric acid	多聚磷酸
PPE	polyphenylene ether	聚苯醚
PPTS	pyridinium p-toluenesulfonate	吡啶对甲苯磺酸
Pr	propyl	丙基
PTSA(TsOH)	p-toluenesulfonic acid	对甲苯磺酸
Py	pyridine	吡啶
TBAB	tetra-n-butylammonium bromide	四丁基溴化铵
TBAF	tetra-n-butylammonium fluoride	四丁基氟化铵
TBDMS	t-butyldimethylsilyl	叔丁基二甲基硅烷
TBHP	t-butyl hydroperoxide	叔丁基过氧化氢
TBS	t-butyldimethylsilyl	叔丁基二甲基硅烷
TCNE	tetracyanoethylene	四氰基乙烯
TEA	triethylamine	三乙胺
TEBAC	triethylbenzylammonium chloride	苄基三乙基氯化铵
TES	triethylsilyl	三乙基硅烷
Tf	trifluoromethanesulfonyl	三氟甲磺酰基
TFA	trifluoroacetic acid	三氟乙酸
TFAA	trifluoroacetic anhydride	三氟乙酸酐
THF	tetrahydrofuran	四氢呋喃
THP	2-tetrahydropyranyl	2-四氢吡喃基
Tol	p-tolyl	对甲苯
Tr	triphenylmethyl(trityl)	三苯(三苯甲基)
Ts	p-toluenesulfonyl(tosyl)	对甲苯磺酰(磺酰)
TTN	thallium(Ⅲ)-trinitrate	硝酸铊(Ⅲ)
Cbz	benzyloxycarbonyl	苄氧羰基

附录三 水饱和蒸气压

温度/℃	压力/Pa	温度/℃	压力/Pa	温度/℃	压力/Pa	温度/℃	压力/Pa
−20	102.92	11	1311.87	42	8199.18	73	354323.12
−19	113.32	12	1402.53	43	8639.14	74	36956.30
−18	124.65	13	1497.18	44	9100.42	75	38542.81
−17	136.92	14	1598.51	45	9583.04	76	40182.65
−16	150.39	15	1705.16	46	10085.66	77	41875.81
−15	165.05	16	1817.15	47	10612.27	78	43635.64
−14	180.92	17	1937.14	48	11160.22	79	45462.12
−13	198.11	18	2063.79	49	11734.83	80	47341.93
−12	216.91	19	2197.11	50	12333.43	81	49288.40
−11	237.31	20	2338.43	51	12958.70	82	51314.87
−10	259.44	21	2486.42	52	13611.97	83	53407.99
−9	283.31	22	2646.42	53	14291.90	84	55567.78
−8	309.44	23	2809.05	54	14998.50	85	57807.55
−7	337.57	24	2983.70	55	15731.76	86	60113.99
−6	368.10	25	3167.68	56	16505.02	87	62220.44
−5	401.03	26	3361	57	17304.94	88	64940.17
−4	436.76	27	3564.98	58	18144.85	89	67473.25
−3	475.42	28	3779.62	59	19011.43	90	70099.66
−2	516.75	29	4004.93	60	19910.00	91	72806.05
−1	562.08	30	4242.24	61	20851.25	92	75592.44
0	610.47	31	4492.88	62	21837.82	93	78472.15
1	657.27	32	4754.19	63	22851.05	94	81445.19
2	705.26	33	5030.16	64	23904.28	95	84511.55
3	758.59	34	5319.47	65	24997.50	96	87671.23
4	813.25	35	5623.44	66	26144.05	97	90937.57
5	871.91	36	5940.74	67	27330.60	98	94297.24
6	934.57	37	6257.37	68	28557.14	99	97750.22
7	1001.23	38	6619.34	69	29823.68	100	101325.00
8	1073.23	39	6991.3	70	31156.88		
9	1147.89	40	7375.26	71	32516.75		
10	1227.88	41	7777.89	72	33943.27		

附录四　关于有毒化学药品的知识

1. 高毒性固体

很少量就能使人迅速中毒甚至致死。

名称	TLV/(mg·m^{-3})	名称	TLV/(mg·m^{-3})
三氧化锇	0.002	砷化合物	0.5(按 As 计)
汞化合物(特别是烷基汞)	0.01	五氧化二钒	0.5
铊盐	0.1(按 Tl 计)	草酸和草酸盐	1
硒和硒化合物	0.2(Se 计)	无机氰化物	5(按 CN 计)

2. 毒性危险气体

名称	TLV/(μg·g^{-1})	名称	TLV/(μg·g^{-1})
氟	0.1	氟化氢	3
光气	0.1	二氧化氮	5
臭氧	0.1	硝酰氯	5
重氮甲烷	0.2	氰	10
磷化氢	0.3	氰化氢	10
三氟化硼	1	硫化氢	10
氯	1	一氧化碳	50

3. 毒性危险液体和刺激性物质

长期少量接触可能引起慢性中毒，其中许多物质的蒸气对眼睛和呼吸道有强刺激性。

名称	TLV/(μg·g^{-1})	名称	TLV/(μg·g^{-1})
羰基镍	0.001	硫酸二甲酯	1
丙烯醛	0.1	四溴乙烷	1
溴	0.1	烯丙醇	2
3-氯丙烯	1	2-丁烯醛	2
苯氯甲烷	1	氢氟酸	3
苯溴甲烷	1	四氯乙烷	5
三氯化硼	1	苯	10
三溴化硼	1	溴甲烷	15
2-氯乙醇	1	二硫化碳	20

4. 其他有害物质

① 许多溴代烷和氯代烷，以及甲烷和乙烷的多卤衍生物，特别是下列化

合物：

名称	TLV/(μg·g^{-1})	名称	TLV/(μg·g^{-1})
溴仿	0.5	1,2-二溴乙烷	20
碘甲烷	5	1,2-二氯乙烷	50
四氯化碳	10	溴乙烷	200
氯仿	10	二氯甲烷	200

② 低级脂肪族胺的蒸气有毒。全部芳胺，包括它们的烷氧基、卤素、硝基取代物都有毒性。下面是一些代表例子：

名称	TLV	名称	TLV
对苯二胺(及其异构体)	0.1mg/m^3	苯胺	5μg/g
甲氧基苯胺	0.5mg/m^3	邻甲苯胺(及其异构体)	5μg/g
对硝基苯胺(及其异构体)	1μg/g	二甲胺	10μg/g
N-甲基苯胺	2μg/g	乙胺	10μg/g
N,N-二甲基苯胺	5μg/g	三乙胺	25μg/g

③ 酚和芳香族硝基化合物。

名称	TLV	名称	TLV
苦味酸	0.1mg/m^3	硝基苯	1μg/g
二硝基苯酚，二硝基甲酚	0.2mg/m^3	苯酚	5μg/g
对硝基氯苯(及其异构体)	1mg/m^3	甲酚	5μg/g
间二硝基苯	1mg/m^3		

5. 致癌物质

下面列举一些已知的危险致癌物质：

(1) 芳胺及其衍生物

联苯胺(及某些衍生物)　β-萘胺　二甲氨基偶氮苯　α-萘胺

(2) N-亚硝基化合物

N-甲基-N-亚硝基苯胺　N-亚硝基二甲胺　N-甲基-N-亚硝基脲

N-亚硝基氢化吡啶

(3) 烷基化剂

双(氯甲基)醚　硫酸二甲酯　氯甲基甲醚　碘甲烷　重氮甲烷　β-羟基丙酸内酯

(4) 稠环芳烃

苯并[a]芘　二苯并[c,g]咔唑　二苯并[a,h]蒽　7,12-二甲基苯并[a]蒽

(5) 含硫化合物

硫代乙酰胺　硫脲

（6）石棉粉尘

6. 具有长期积累效应的毒物

这些物质进入人体不易排出，在人体内累积，引起慢性中毒。这类物质主要有：

① 苯。

② 铅化合物，特别是有机铅化合物。

③ 汞和汞化合物，特别是二价汞盐和液态的有机汞化合物。

附录五 常用干燥剂的性能与应用范围

干燥剂	吸水作用	吸水容量	效能	干燥速度	应用范围
氯化钙	$CaCl_2 \cdot nH_2O$ $n=1,2,4,6$	0.97（按 $CaCl_2 \cdot 6H_2O$ 计）	中等	较快，但吸水后表面为薄层液体所覆盖，故放置时间应长些为宜	能与醇、酚胺、酰胺及某些醛、酮形成配合物，因而不能用于干燥这些化合物。其工业品中可能含氢氧化钙和碱式氧化钙，故不能用于干燥酸类
硫酸镁	$MgSO_4 \cdot nH_2O$ $n=1,2,4,5,6,7$	1.05（按 $MgSO_4 \cdot 7H_2O$ 计）	较弱	较快	中性，应用范围广，可代替 $CaCl_2$，并可用于干燥酯、醛、酮、腈、酰胺等不能用 $CaCl_2$ 干燥的化合物
硫酸钠	$Na_2SO_4 \cdot 10H_2O$	1.25	弱	缓慢	中性，一般用于有机液体的初步干燥
硫酸钙	$2CaSO_4 \cdot H_2O$	0.06	强	快	中性，常与硫酸镁（钠）配合，作最后干燥之用
碳酸钾	$K_2CO_3 \cdot 0.5H_2O$	0.2	较弱	慢	弱碱性，用于干燥醇、酮、胺及杂环等碱性化合物；不适于酸、酚及其他酸性化合物的干燥
氢氧化钾（钠）	溶于水	—	中等	快	强碱性，用于干燥胺、杂环等碱性化合物；不能用于干燥醇、醛、酮、酸、酚等
金属钠	$2Na+2H_2O \longrightarrow 2NaOH+H_2$	—	强	快	限于干燥醚、烃类中的痕量水分，用时切成小块或压成钠丝
氧化钙	$CaO+H_2O \longrightarrow Ca(OH)_2$	—	强	较快	适于干燥低级醇类
五氧化二磷	$P_2O_5+3H_2O \longrightarrow 2H_3PO_4$	—	强	快，但吸水后表面为黏浆液覆盖，操作不便	适于干燥醚、烃、卤代烃、腈等化合物中的痕量水分；不适用于干燥醇、酸、胺、酮等
分子筛	物理吸附	约 0.25	强	快	适用于各类有机化合物干燥

附录六 常见共沸混合物组成

表1 常见二元共沸物

组分 A(沸点)	组分 B(沸点)	共沸点/℃	共沸物质量组成 A	共沸物质量组成 B	组分 A(沸点)	组分 B(沸点)	共沸点/℃	共沸物质量组成 A	共沸物质量组成 B
水(100℃)	苯(80.6℃)	69.3	9%	91%	乙醇(78.3℃)	苯(80.6℃)	68.2	32%	68%
	甲苯(110.6℃)	84.1	19.6%	80.4%		氯仿(61℃)	59.4	7%	93%
	氯仿(61℃)	56.1	2.8%	97.2%		四氯化碳(76.8℃)	64.9	16%	84%
	乙醇(78.3℃)	78.2	4.5%	95.5%		乙酸乙酯(77.1℃)	72	30%	70%
	正丁醇(117.8℃)	92.4	38%	62%					
	异丁醇(108℃)	90.0	33.2%	66.8%					
	仲丁醇(99.5℃)	88.5	32.1%	67.9%	甲醇(64.7℃)	四氯化碳(76.8℃)	55.7	21%	79%
	叔丁醇(82.8℃)	79.9	11.7%	88.3%		苯(80.6℃)	58.3	39%	61%
	烯丙醇(97.0℃)	88.2	27.1%	72.9%					
	苄醇(205.2℃)	99.9	91%	9%	乙酸乙酯(77.1℃)	四氯化碳(76.8℃)	74.8	43%	57%
	乙醚(34.6℃)	34.2	1.3%	98.7%		二硫化碳(46.3℃)	46.1	7.3%	92.7%
	二噁烷(101.3℃)	87	20%	80%					
	四氯化碳(76.8℃)	66	4.1%	95.9%	丙酮(56.5℃)	二硫化碳(46.3℃)	39.2	34%	66%
	丁醛(75.7℃)	68	6%	94%		氯仿(61℃)	65.5	20%	80%
	三聚乙醛(115℃)	91.4	30%	70%		异丙醚(69℃)	54.2	61%	39%
	甲酸(100.8℃)	107.3(最高)	22.5%	77.5%	己烷(69℃)	苯(80.6℃)	68.8	95%	5%
	乙酸乙酯(77.1℃)	70.4	8.2%	91.8%		氯仿(61℃)	60.0	28%	72%
	苯甲酸乙酯(212.4℃)	99.4	84%	16%	环己烷(80.8℃)	苯(80.6℃)	77.8	45%	55%

表2 常见三元共沸物

组分A(沸点)	组分B(沸点)	组分C(沸点)	共沸物质量组成 A	共沸物质量组成 B	共沸物质量组成 C	共沸点/℃
水(100℃)	乙醇(78.3℃)	乙酸乙酯(77.1℃)	7.8%	9.0%	83.2%	70.3
		四氯化碳(76.8℃)	4.3%	9.7%	86%	61.8
		苯(80.6℃)	7.4%	18.5%	74.1%	64.9
		环己烷(80.8℃)	7%	17%	76%	62.1
		氯仿(61℃)	3.5%	4.0%	92.5%	55.6
	正丁醇(117.8℃)	乙酸乙酯(77.1℃)	29%	8%	63%	90.7
	异丙醇(82.4℃)	苯(80.6℃)	7.5%	18.7%	73.8%	66.5
	二硫化碳(46.3℃)	丙酮(56.4℃)	0.81%	75.21%	23.98%	38.04

附录七　常用有机溶剂纯化方法

1. 无水乙醚

bp34.5℃，n_D^{20}1.3526，d_4^{20}0.7137

在250mL圆底烧瓶中，放置100mL除去过氧化物的普通乙醚和几粒沸石，装上冷凝管。冷凝管上端通过一带有侧槽的橡皮塞，插入盛有10mL浓硫酸的滴液漏斗。通入冷凝水，将浓硫酸慢慢滴入乙醚中，由于脱水作用所产生的热，乙醚会自行沸腾。加完后摇动反应物，待乙醚停止沸腾后，拆下冷凝管，改成蒸馏装置，蒸馏速度不宜太快，以免乙醚蒸气冷凝不完全而逸散室内。然后将蒸馏收集的乙醚倒入干燥的锥形瓶中，加入1g钠屑或1g钠丝，然后用带有氯化钙干燥管的软木塞塞住，或在木塞中插入一末端拉成毛细的玻璃管，这样可以防止潮气侵入并可使产生的气泡逸出。放置24h以上，使乙醚中残留的少量水和乙醇转化为氢氧化钠和乙醇钠。如不再有气泡逸出，同时钠的表面较好，则可储放备用。如放置后，金属钠表面已全部发生作用，需重新压入少量钠丝，放置至无气泡发生。

2. 无水乙醇

bp78.5℃，n_D^{20}1.3611，d_4^{20}0.7893

通常工业用的95.5％乙醇不能直接用蒸馏法制取无水乙醇，因95.5％乙醇和4.5％的水形成恒沸点混合物。要把水除去，第一步是加入氧化钙（生石灰）煮沸回流，使乙醇中的水与氧化钙作用生成氢氧化钙，然后再将无水乙醇蒸出。这样得到无水乙醇，纯度最高约99.5％。纯度更高的无水乙醇可用金属镁或金属钠进行处理。

3. 无水甲醇

bp64.9℃，n_D^{20}1.3288，d_4^{20}0.7914

由于甲醇和水不能形成共沸点的混合物，为此可借高效的精馏柱将少量水除去。如要制得无水甲醇，可用金属镁处理的方法使含水量低于0.1％，亦可用3A或4A型分子筛干燥。

4. 苯

bp80.1℃，n_D^{20}1.5011，d_4^{20}0.8786

在分液漏斗内将普通苯及相当苯体积15％的浓硫酸一起振摇，振摇后将混合物静置，弃去底层的酸液，再加入新的浓硫酸，这样重复操作直至酸层呈现无色或淡黄色，且检验无噻吩为止。分去酸层，苯层依次用水、10％碳酸钠溶液、水洗涤，用氯化钙干燥，蒸馏，收集80℃的馏分。若要高度干燥可加入钠丝进一步除水。

5. 丙酮

bp77.06℃，n_D^{20}1.3588，d_4^{20}0.7899

普通丙酮中往往含有少量水及甲醇、乙醛等还原性杂质，可用下列方法精制：在 100mL 丙酮中加入 0.5g 高锰酸钾回流，以除去还原性杂质，若高锰酸钾紫色很快消失，需要加入少量高锰酸钾继续回流，直至紫色不再消失为止。蒸出丙酮，用无水碳酸钾或无水硫酸钙干燥，过滤，蒸馏收集 55～56.5℃ 的馏分。

6. 乙酸乙酯

bp77.06℃，n_D^{20} 1.3723，d_4^{20} 0.9003

于 100mL 乙酸乙酯中加入 10mL 乙酸酐、1 滴浓硫酸，加热回流 4h，除去乙醇及水等杂质，然后进行分馏。馏液用 2～3g 无水碳酸钾振荡干燥后蒸馏，最后产物的沸点为 77℃，纯度达 99.7%。

7. 氯仿

bp61.7℃，n_D^{20} 1.4459，d_4^{20} 1.4832

普通用的氯仿含有 1% 的乙醇，这是为了防止氯仿分解为有毒的光气，作为稳定剂加进去的。为了除去乙醇，可以将氯仿用一半体积的水振荡数次，然后分出下层氯仿，用无水氯化钙干燥数小时后蒸馏。另一种精制方法是将氯仿与少量浓硫酸一起振荡两三次。每 1000mL 氯仿，用浓硫酸 50mL。分去酸层以后的氯仿用水洗涤，干燥，然后蒸馏。除去乙醇的无水氯仿应保存于棕色瓶子里，并且不要见光，以免分解。

8. 石油醚

石油醚中含有少量不饱和烃，沸点与烷烃相近，用蒸馏法无法分离，必要时可用浓硫酸和高锰酸钾除去。通常将石油醚用其体积十分之一的浓硫酸洗涤两三次，再用 10% 的硫酸加入高锰酸钾配成的饱和溶液洗涤，直至水层中的紫色不再消失为止。然后再用水洗，经无水氯化钙干燥后蒸馏。如要绝对干燥的石油醚则加入钠丝处理。

9. 吡啶

bp115.5℃，n_D^{20} 1.5095，d_4^{20} 0.9819

分析纯的吡啶含有少量水分，但已可供一般应用。如要制得无水吡啶，可与粒状氢氧化钾或氢氧化钠一同回流，然后隔绝潮气蒸出备用。干燥的吡啶吸水性很强，保存时应将容器口用石蜡封好。

10. N,N-二甲基甲酰胺

bp149～156℃，n_D^{20} 1.4305，d_4^{20} 0.9487

用硫酸钙、硫酸镁、氧化钡、硅胶或分子筛干燥，然后减压蒸馏，收集 76℃/4.79kPa（36mmHg）的馏分。如其中含水较多时，可加入十分之一体积的苯，在常压及 80℃ 以下蒸去水和苯，然后用硫酸镁或氧化钡干燥，再进行减压蒸馏。

11. 四氢呋喃

bp67℃，n_D^{20} 1.4050，d_4^{20} 0.8892

要制得无水四氢呋喃，可与氢化锂铝在隔绝潮气下回流（通常 1000mL 约需 2～4g 氢化锂铝）除去其中的水和过氧化物，然后在常压下蒸馏，收集 66℃ 的馏分。精

制后的液体应在氮气氛中保存,如需较久放置,应加 0.025% 4-甲基-2,6-二叔丁基苯酚作抗氧剂。

12. 二甲亚砜

bp189℃,mp18.5℃,n_D^{20}1.4783,d_4^{20}1.0954

通常先减压蒸馏,然后用 4A 型分子筛干燥;或用氢化钙粉末搅拌 4～8h,再减压蒸馏收集 64～65℃/533Pa(4mmHg)馏分。蒸馏时,温度不宜高于 90℃,否则会发生歧化反应生成二甲砜和二甲硫醚。

13. 二噁烷

bp101.5℃,mp12℃,n_D^{20}1.4224,d_4^{20}1.0336

二噁烷与醚相似,可与水任意混合。普通二噁烷中含有少量二乙醇缩醛与水,久储的二噁烷还可能含有过氧化物。二噁烷的纯化,一般加入质量分数为 10% 的盐酸回流 3h,同时慢慢通入氮气,以除去生成的乙醛,冷至室温,加入粒状氢氧化钾直至不再溶解。然后分去水层,用粒状氢氧化钾干燥后,过滤,再加金属钠加热回流数小时,蒸馏后压入金属钠丝保存。

参考文献

[1] 王清廉,李瀛,高坤,等. 有机化学实验. 4版. 北京:高等教育出版社,2017.
[2] 刘宝殿. 化学合成实验. 北京:高等教育出版社,2005.
[3] 高占先,于丽梅. 有机化学实验. 5版. 北京:高等教育出版社,2016.
[4] 曾和平. 有机化学实验. 5版. 北京:高等教育出版社,2020.
[5] 吉卯祉,黄家卫,胡冬华. 有机化学实验. 4版. 北京:科学出版社,2016.
[6] 曾向潮. 有机化学实验. 4版. 武汉:华中科技大学出版社,2015.
[7] 孙世清,王铁成. 有机化学实验. 2版. 北京:化学工业出版社,2015.
[8] 王玉良,陈华. 有机化学实验. 2版. 北京:化学工业出版社,2014.
[9] 郗英欣,白艳红. 有机化学实验. 西安:西安交通大学出版社,2014.
[10] 刘大军,王媛,程红,等. 有机化学实验. 北京:清华大学出版社,2014.
[11] 蒋华江,朱仙弟. 基础实验Ⅱ(有机化学实验). 2版. 杭州:浙江大学出版社,2012.
[12] 武汉大学化学与分子科学学院实验中心. 基础有机化学实验. 武汉:武汉大学出版社,2014.
[13] 陈锋,王宏光. 有机化学实验. 北京:冶金工业出版社,2013.
[14] 北京大学化学与分子工程学院有机化学研究所. 有机化学实验. 3版. 北京:北京大学出版社,2015.
[15] 陈锋,王宏光. 有机化学实验. 北京:冶金工业出版社,2013.
[16] 李长恭,冯喜兰. 有机化学实验. 北京:化学工业出版社,2015.
[17] 林璇,谭昌会,尤秀丽,等. 有机化学实验. 厦门:厦门大学出版社,2012.
[18] 刘湘,刘士荣. 有机化学实验. 2版. 北京:化学工业出版社,2013.
[19] 吴玉兰,陈正平. 有机化学实验. 武汉:华中科技大学出版社,2011.
[20] 熊洪录,周莹,于兵川. 有机化学实验. 北京:化学工业出版社,2011.
[21] 张敏,陈杰,黄培刚,等. 有机化学实验. 上海:上海大学出版社,2012.
[22] 赵骏,杨武德. 有机化学实验. 北京:中国医药科技出版社,2015.
[23] 周建峰. 有机化学实验. 上海:华东理工大学出版社,2002.